普通高等教育应用技术型“十三五”规划系列教材

传感器原理与检测技术

主　编　余　愿　刘　芳

副主编　蔡晓燕　叶玉杰　王珊珊　马华玲

华中科技大学出版社

中国·武汉

内 容 简 介

本书系统地介绍了各种传感器的一般结构、工作原理、主要特性、测量电路及其典型应用。

全书共12章。第1章介绍传感器的基本概念，第2章介绍传感器的特性，第3章至第10章分别对电阻应变式传感器、压阻式传感器、电容传感器、电感传感器、压电式传感器、热电式传感器、光电传感器、霍尔传感器进行单独介绍，第11章介绍其他类型的传感器，第12章对传感技术未来的智能化发展进行介绍。

本书内容丰富，由浅入深，便于读者从了解各类传感器的基本原理延伸至目前传感器在实际中的应用，将理论与应用技术紧密结合。

本书可作为高等院校自动控制、测控技术、电子与信息工程、计算机应用技术、仪器与仪表及机电类各专业的教材，也可供有关工程技术人员使用、参考。

图书在版编目(CIP)数据

传感器原理与检测技术/余愿，刘芳主编. —武汉：华中科技大学出版社，2017.1(2023.7重印)
ISBN 978-7-5680-2496-9

Ⅰ.①传… Ⅱ.①余… ②刘… Ⅲ.①传感器 Ⅳ.①TP212

中国版本图书馆CIP数据核字(2017)第012302号

传感器原理与检测技术
Chuanganqi Yuanli yu Jiance Jishu

余 愿 刘 芳 主编

策划编辑：范 莹
责任编辑：熊 慧
封面设计：原色设计
责任校对：张 琳
责任监印：周治超
出版发行：华中科技大学出版社(中国·武汉) 电话：(027)81321913
武汉市东湖新技术开发区华工科技园 邮编：430223
录 排：武汉楚海文化传播有限公司
印 刷：武汉邮科印务有限公司
开 本：787mm×1092mm 1/16
印 张：13
字 数：322千字
版 次：2023年7月第1版第2次印刷
定 价：32.00元

前　言

传感器技术是信息社会和新技术革命的重要技术基础，它与计算机技术、通信技术构成信息产业的三大支柱。在信息时代的今天，以传感器为核心的检测系统像神经和感官一样向人类源源不断地提供各种信息，可以说没有传感器就没有现代科学技术。因此，传感器在现代科学技术领域占据极其重要的地位。

全书共12章。第1章介绍传感器的基本概念，第2章介绍传感器的特性，第3章至第10章分别对电阻应变式传感器、压阻式传感器、电容传感器、电感传感器、压电式传感器、热电式传感器、光电传感器、霍尔传感器进行单独介绍，第11章介绍其他类型的传感器，第12章对传感技术未来的智能化发展进行介绍。

本书立足于基本知识，重点介绍常用传感器的工作原理、测量电路，并结合实例，与应用挂钩，加强了理论知识和实际应用的衔接。本书可作为高等院校自动控制、测控技术、电子与信息工程、计算机应用技术、仪器与仪表及机电类各专业的教材，也可供有关工程技术人员使用、参考。

本书由余愿、刘芳等人编写，其中第1、6、9章由余愿编写，第2、5、12章由刘芳编写，第3、4章由叶玉杰编写，第7章由王珊珊编写，第8、11章由蔡晓燕编写，第10章由马华玲编写。本书在编写过程中，参考了很多宝贵的文献，在此向这些文献的作者表示诚挚的谢意。

传感器技术发展迅速，且检测技术涉及的知识面非常广泛，限于编者水平，书中不免有疏漏和错误之处，敬请读者批评指正。

编　者

2016年12月

目　录

第 1 章　绪论…………………………………………………………………… (1)

1.1　传感器的地位与作用 …………………………………………………… (1)

1.2　传感器的定义与分类 …………………………………………………… (2)

1.3　传感器的发展趋势 ……………………………………………………… (4)

1.4　测量方法及测量误差 …………………………………………………… (6)

思考题……………………………………………………………………………… (9)

第 2 章　传感器的特性 ……………………………………………………… (10)

2.1　传感器的静态特性………………………………………………………… (10)

2.2　传感器的动态特性………………………………………………………… (15)

2.3　传感器的标定与校准……………………………………………………… (26)

思考题 …………………………………………………………………………… (31)

第 3 章　电阻应变式传感器 ………………………………………………… (32)

3.1　电阻应变片的工作原理…………………………………………………… (32)

3.2　电阻应变片的种类………………………………………………………… (33)

3.3　电阻应变片的测量电路…………………………………………………… (35)

3.4　电阻应变片的温度补偿…………………………………………………… (38)

3.5　电阻应变式传感器的应用………………………………………………… (40)

思考题 …………………………………………………………………………… (45)

第 4 章　压阻式传感器 ……………………………………………………… (46)

4.1　压阻式传感器的工作原理………………………………………………… (46)

4.2　压阻式传感器的温度补偿………………………………………………… (47)

4.3　压阻式传感器的应用……………………………………………………… (48)

思考题 …………………………………………………………………………… (50)

第 5 章　电容传感器 ………………………………………………………… (51)

5.1　电容传感器的基本原理…………………………………………………… (51)

5.2　电容传感器的分类………………………………………………………… (52)

5.3　电容传感器的测量电路…………………………………………………… (58)

5.4　电容传感器的抗干扰问题………………………………………………… (64)

5.5　电容传感器的应用………………………………………………………… (68)

思考题 …… (73)
第6章 电感传感器 …… (74)
6.1 自感式传感器 …… (74)
6.2 差动式变压器传感器 …… (80)
6.3 电涡流式传感器 …… (85)
6.4 电感传感器的应用 …… (89)
思考题 …… (95)
第7章 压电式传感器 …… (96)
7.1 压电式传感器的工作原理 …… (96)
7.2 压电元件常用结构形式 …… (101)
7.3 压电元件的等效电路及测量电路 …… (101)
7.4 压电式传感器的抗干扰问题 …… (104)
7.5 压电式传感器的应用 …… (105)
思考题 …… (109)
第8章 热电式传感器 …… (110)
8.1 热电偶 …… (110)
8.2 热电阻 …… (115)
8.3 热敏电阻 …… (119)
8.4 集成温度传感器 …… (124)
思考题 …… (125)
第9章 光电传感器 …… (126)
9.1 光源 …… (126)
9.2 光电效应 …… (129)
9.3 光敏电阻 …… (131)
9.4 光敏晶体管 …… (135)
9.5 光电池 …… (138)
9.6 光电发射器件 …… (141)
9.7 光电传感器的应用 …… (144)
思考题 …… (147)
第10章 霍尔传感器 …… (148)
10.1 霍尔效应与霍尔元件 …… (148)
10.2 集成霍尔传感器 …… (150)
10.3 霍尔传感器的应用 …… (151)

思考题…………………………………………………………………………………………（156）
第11章　其他传感器原理与应用 ………………………………………………………（157）
11.1　超声波传感器…………………………………………………………………………（157）
11.2　红外辐射传感器………………………………………………………………………（159）
11.3　光纤传感器……………………………………………………………………………（162）
思考题…………………………………………………………………………………………（166）
第12章　传感技术的智能化发展 ………………………………………………………（167）
12.1　智能化传感器的概述…………………………………………………………………（167）
12.2　智能化传感器的实现…………………………………………………………………（169）
12.3　无线传感器应用分析…………………………………………………………………（170）
12.4　智能化传感器的应用…………………………………………………………………（180）
思考题…………………………………………………………………………………………（185）
附录A　常用热电偶分度表………………………………………………………………（186）
附录B　Pt100热电阻分度表 ……………………………………………………………（197）
参考文献……………………………………………………………………………………（200）

第1章　绪　　论

1.1　传感器的地位与作用

随着科学技术的高度发展，人类已经进入信息时代，而在利用外部信息的过程中，首先要解决的问题就是如何获取准确可靠的信息，而传感器是获取外部信息的主要途径和重要手段。

如果用计算机控制的自动化装置或设备来替代人的劳动，则可以说计算机相当于人的大脑，而传感器则相当于人的五官部分，能感知各种信息，例如色彩、光线、声音、湿度、温度、压力，等等。它又具备人类五官在许多方面所不具备的能力，能够在人类无法忍受的缺氧、高温、放射性以及其他各种各样的恶劣环境下工作，还可以感知一些人类五官无法感知的信息，例如微弱的电流、磁场、射线等。

收集和处理信息是传感器必不可少的两个重要作用，其中处理信息是将收集的信息进行一系列变换，变换成一种与被测量具有确定的数学或物理上的函数关系的量，这种量便于传输和处理，一般是电量。例如，温度传感器将温度值转变成与被测温度值有某种确定关系的电流或电压的变化；压力传感器把压力转变成相应的电阻变化；化学传感器把被测液体中的 pH 值转变成电压的变化。

传感器技术是信息社会和新技术革命的重要技术基础，它与计算机技术、通信技术构成信息产业的三大支柱，它们在信息系统中分别起到“感官”“大脑”和“神经”的作用。在现代工业生产过程中，需要利用各种各样的传感器来监督和控制生产过程中的各个参数，使机器设备工作在正常状态或是最佳状态，以保证生产出来的产品达到最好的质量，可以说传感器是现代科学技术的开路先锋。同时，在基础学科研究中，传感器更具有突出的地位。宏观上的茫茫宇宙、微观上的粒子世界、超高温、超低温、超高压、超高真空、超强磁场、弱磁场等极端技术研究中的大部分障碍，主要在于所需对象信息的获取存在困难，而一些采用新机理和具有高灵敏度的检测传感器的问世，往往会带来相关领域内的突破。

传感器技术的应用领域涉及基础学科研究、现代工业生产、现代农业生产、家用电器、公共交通、宇宙开发、航空航天、海洋探测、环境保护、资源调查、医学诊断、生物工程、军事国防等。

在工农业生产领域，工厂的自动流水生产线、全自动加工设备、许多智能化的检测仪器设备，都大量采用了各种类型的传感器来检测生产中的温度、湿度、压力、流量等参数；在交通领域，一辆汽车中的传感器就有十几种之多，分别用于检测方位、负载、车速、振动、温度、油压、油量、燃烧过程等；在家用电器领域，洗衣机要控制衣物重量、水位，空调要控制房间温度、湿度，都离不开传感器的作用；在医学诊断领域，超声波诊断仪、血压仪、电子脉搏仪，都大量使用了各种各样的传感器。

可以说“没有传感器就没有现代化的科学技术，没有传感器也就没有人类现代化的生活环境和条件”，传感器在发展科学和经济、推动社会进步方面具有十分重要的作用。

1.2 传感器的定义与分类

1.2.1 传感器的定义及组成

1. 传感器的定义

中华人民共和国国家标准《传感器通用术语》(GB/T 7665－1987)对传感器下的定义是：能感受规定的被测量件按照一定的规律(数学函数法则)转换成可用信号的器件或者装置，通常由敏感元件和转换元件组成。其中“可用信号”即便于加工处理、便于传输利用的信号，一般指电信号。

目前，对传感器定义的普遍认识局限性在于非电量与其电量的转换，即传感器是把被测的非电量(如温度、重量、力、位移、速度、加速度、角度、声音、物体的尺寸等)，转换成相应的、便于精确处理电量(如电流、电压、电阻等)的装置。当然也有少部分传感器的能量转换是可逆的，换句话说，就是传感器不仅可以把非电量转换成为电量，同时也可以把电量转换成为非电量。

通常情况下，传感器也可称为换能器、变换器、探测器。传感器是一种检测装置，能感受到被测量的信息，并能将检测感受到的信息，按一定规律变换成为电信号或其他所需形式的信息输出，以满足信息的传输、处理、存储、显示、记录和控制等要求。它是实现自动检测和自动控制的首要环节。从狭义上讲，传感器就是能把外界非电信息转换成电信号输出的器件。从广义上讲，传感器就是能感受规定的被测量并按照一定规律将其转换成可用输出信号的器件或装置，包括如下三方面的含义。

(1)传感器是一种测量装置，能获取外界信息。

(2)传感器的输入量通常是非电量信号，如物理量、化学量、生物量等；而输出量是某种物理量，这种量要便于传输、转换、处理、显示等，主要是电量。

(3)传感器的输出与输入间有对应关系，且有一定的精确度。

目前，传感器从技术角度而言发展极为迅速，已经逐渐形成一门新的学科。现在，相关技术以传感器为核心逐渐外延，形成与材料学、力学、电学、磁学、微电子学、光学、声学、化学、生物学、精密机械、仿生学、测量技术、半导体技术、计算机技术、信息处理技术，乃至系统科学、人工智能、自动化等众多学科相互交叉的综合性高新密集型前沿技术。例如，美国生产出的一种智能传感器，它将硅膜片作为感知压力的敏感元件，同时其精度以及线性化精度高，并可利用微处理器修正温度漂移问题。

2. 传感器的组成

传感器一般由敏感元件、转换元件和测量电路三部分组成，如图 1-1 所示。

图 1-1 传感器的组成

(1)敏感元件。敏感元件是直接感受被测量，并输出与被测量成确定关系的某一物理量的元件。

(2)转换元件。转换元件是将敏感元件的输出量转换为适合传输和测量的电信号的部分，即将非电量转换为电量的功能元件。

(3)测量电路。测量电路将转换元件输出的电量变换成便于显示、记录、控制和处理的电压、电流、频率等电信号。根据转换元件的不同，测量电路有诸多类型，常见的测量电路有放大器、振荡器、电桥、电荷放大器等。

传感器的核心部分是转换元件，它决定了传感器的工作原理。值得注意的是，并非所有传感器都必须包括敏感元件和转换元件。如果敏感元件直接输出的是电量，它同时也是转换元件，如热电偶；如果转换元件能直接感受被测量，且能输出与之有一定关系的电量，它同时也是敏感元件，如压电元件。

1.2.2　传感器的分类

由于传感器是知识技术密集的器件，与许多学科有关，且种类繁多，因此分类方法也很多。根据国家标准制定的传感器分类体系表，将传感器分为物理型、化学型、生物型传感器三大门类，其中又包含12个小类：热学量、力学量、光学量、电学量、磁学量、声学量、气体、射线、离子、温度传感器，以及生化量、生理量传感器。各小类又有一些更为细致的分类。目前传感器的分类没有统一方法，大体有以下几种：

1. 按工作机理分类

1)物理型传感器

物理型传感器是利用转换元件的物理性质，以及一些材料自身所独有的特殊物理性质制成的一类传感器。如利用磁阻随被测量变化而变化的电感、差动式变压器传感器；利用半导体材料、金属在被测量的作用下引起的电阻变化的电阻传感器；利用被测力作用在压电晶体下产生的压电效应而制成的压电式传感器等。

令人值得注意的是，近年来利用半导体材料制成的传感器层出不穷，主要是因为半导体材料具备一些普通材料没有的特殊性质，如利用半导体材料的压阻效应、光电效应和霍尔效应制成的压敏、光敏和磁敏传感器。

2)化学型传感器

化学型传感器是利用电化学反应原理，监测无机和有机化学物质中的成分、浓度等，再将其转换为电信号的传感器，其中离子选择性电极是最常用的，它通过电极来测量溶液中一些经常需要的量，如pH值或某些离子活度。

电极测量的原理主要是利用电极界面(固相)与被测溶液(液相)间产生的化学反应，电极会对溶液中的离子产生选择性响应而产生电位差。电位差与被测离子活度的对数呈线性关系，因此只要测出被测离子在反应过程中引起的电位差或由其影响的电流值，即可表示成为被测离子的活度。化学传感器广泛应用于化学分析、化学工业的在线检测以及环保检测。

3)生物型传感器

生物型传感器也是近年来发展很快的一类传感器。它是一种能够选择性地识别生物活性物质和测定生物化学物质的传感器。生物活性物质可以选择性地亲和某种物质，这种特殊功能也称功能识别能力。这种识别能力可用来判断某种物质存在与否及其浓度，再利用电化学的方法将其转换为电信号。

生物型传感器主要由两大部分组成。其一为功能识别物质，被测物质可以被它特定识别。其二是电、光信号转换装置，此装置可以将在功能膜上进行的识别被测物所产生的化学反应转换成便于传输的电信号或光信号。生物型传感器最大的特点就是能在分子水平上识别被测物质，因此它在医学诊断上有着广阔的应用前景。

2. 按构成原理分类

1)结构型传感器

结构型传感器是利用物理学中场的定律构成的，包括动力场的运动定律、电磁场的电磁定律等。传感器的工作原理是以传感器中元件相对位置变化引起场的变化为基础而不是以材料特性变化为基础，这是这类传感器的特点。

2)物性型传感器

物性型传感器是利用物质定律构成的，如胡克定律、欧姆定律等。这种定律大多数是以物质本身的常数形式给出的。传感器的主要性能由这些常数的大小决定。因此，物性型传感器的性能随材料的不同而异。

3. 按能量转换情况分类

1)能量转换型传感器

能量转换型传感器主要由能量变换元件构成，不需外加电源(有源传感器)。

2)能量控制型传感器

能量控制型传感器在信息变化过程中，其能量需要外电源供给(无源传感器)。

4. 按测量原理分类

目前市面上传感器的测量原理主要是在电磁原理和固体物理学理论的基础上发展而来的。例如，电位器式、应变式传感器是根据变电阻的原理构成的；电感式、差动变压器式、电涡流式传感器是根据变磁阻的原理构成的；半导体力敏、热敏、光敏、气敏等固态传感器是根据半导体有关理论构成的。

5. 按输入量分类

如输入量分别为加速度、速度、位移、湿度、压力、温度等非电量，则对应的传感器分别称为加速度传感器、速度传感器、位移传感器、湿度传感器、压力传感器、温度传感器等。按输入量分类的优点是比较明确直接地表达了传感器的用途，便于使用者根据用途选用。但缺点是没有区分每种传感器在转换机理上有何共性和差异，不便于使用者比较各种传感器的原理异同点。

当然，还有一些其他的分类方法，诸如：按传感器的功能分类，有单功能传感器、多功能传感器和智能传感器；按传感器的转换原理分类，有机—电传感器、光—电传感器、热—电传感器、磁—电传感器及电化学传感器等。

1.3 传感器的发展趋势

从17世纪初，人们就开始利用温度计测量温度，直到1821年德国物理学家赛贝发明了传感器，才真正把温度变成电信号，这就是后来的热电偶传感器。在半导体经过相当长一段时间的发展以后，又开发了 PN 结温度传感器、半导体热电偶传感器和集成温度传感器。与之相应，根据波与物质的相互作用规律，相继开发了红外传感器、微波传感器和声学温度传感器。

美国早在 20 世纪 80 年代就声称世界已经进入传感器时代。我国的传感器发展也有 50 多年历史。20 世纪 80 年代，改革开放给传感器行业带来了生机与活力，传感器行业进入了新的发展时期。现在，传感器的应用已经遍及工业生产、海洋探测、环境保护、医学诊断、生物工程等多方面的领域，几乎所有的现代化项目都离不开传感器的应用。在我国的传感器市场中，国外的厂商占据了较大的份额，虽然国内厂商也有了较快的发展，但其产品仍然与国际传感器技术有差距。近年来，由于国家的大力支持，我国建立了传感器技术国家重点实验室、微米/纳米国家重点实验室、机器人国家重点实验室等研发基地，初步建立了敏感元件和传感器产业。于此同时，强烈的技术竞争必然会导致技术的飞速发展，促进我国传感器技术的快速进步。

目前，从发展前景来看，传感器今后的发展将会具有以下几个特点：

1. 传感器的固态化

物性型传感器又可以称为固态传感器，目前发展很快。它包括电介质、强磁性体和半导体三类，最引人注目的则是半导体传感器的发展。它不仅小型轻量、灵敏度高、响应速度快，而且对传感器的集成化和多功能化发展十分有利。例如，目前最先进的固态传感器，在一块芯片上集成了差压、静压和温度三个传感器，差压传感器具有温度和压力补偿功能。传感器的固态化是基于新材料的开发才得以发展的。

2. 传感器的集成化

随着传感器应用领域的不断扩大，借助半导体的光刻技术、蒸镀技术、组装技术及精密细微加工等相关技术的发展，传感器正朝着集成化方向发展。将敏感元件、信息处理或转换单元及电源等部分利用半导体技术制作在同一芯片上即是传感器的集成化，如集成压力传感器、集成温度传感器、集成磁敏传感器等。

3. 传感器的多功能化

传感器的多功能化就是把具有不同功能传感器元件集成在一起，传感器也因此具有多种参数的检测功能，这是传感器发展方向之一。例如，美国某大学传感器研究发展中心研制的单片硅多维力传感器可以同时测量 3 个线速度、3 个离心加速度（角速度）和 3 个角加速度。其主要组成是由 4 个正确设计安装在一个基板上的悬臂梁组成的单片硅结构、9 个正确布置在各个悬臂梁上的压阻敏感元件。多功能化不仅可以有效提高传感器的稳定性、可靠性等性能指标，而且可以降低生产成本、减小体积。

4. 传感器的微型化

随着计算机技术的发展，辅助设计（CAD）技术和集成电路技术迅速发展，微机电系统（MEMS）技术应用于传感器技术，从而引发了传感器的微型化。

5. 传感器的图像化

目前，传感器的应用不仅只限于对某一点物理量的测量，从是开始研究从一维、二维到三维空间的测量问题。现在已经研制成功的二维图像传感器有 MOS 型、CCD 型、CID 型全固体式摄像器件等。

6. 传感器的智能化

传感器的智能化就是将传感器与微处理机结合，使其不仅具有检测功能，还具有信息处理、逻辑判断、自诊断及“思维”等人工智能的技术。借助于半导体集成化技术把传感器部分与信号预处理电路、输入/输出接口、微处理器等制作在同一块芯片上，即成为大规模集成智能传感器。可以说智能传感器是传感器技术与大规模集成电路技术相结合的产物，而传感器技术与半导体集成化工艺水平的提高与发展会大大促进传感器智能化的进程。

1.4 测量方法及测量误差

1.4.1 测量方法的分类

测量是借助专门的技术和仪表设备，采用一定方法取得在某一条件下被测量客观存在的实际值的过程，它直接关系到检测任务是否能够顺利完成，是检测系统中十分重要的环节。因此需针对不同的检测目的和具体情况进行分析，然后找出切实可行的测量方法，再根据测量方法选择合适的检测技术工具，组成一个完整的检测系统，进行实际测量。对于测量方法，从不同的角度出发，可有不同的分类方法。

1. 根据测量手段分类

根据测量手段，测量可分为直接测量、间接测量和组合测量(联立测量)。

1)直接测量

在使用传感器仪表进行测量时，只需读出测量仪表的读数，无须任何运算处理，就可以得到测量所需要的结果，称为直接测量。例如，用针式电压表测量电路电压，用弹簧管式压力表测量锅炉的压力等就是直接测量。直接测量的优点是测量过程十分迅速，比较简单，缺点是测量精度不是很高。这种测量方法在工程上被广泛采用。

2)间接测量

有的被测量不便于或无法直接测量，在使用仪表进行测量的过程中，首先测量与被测物理量有确定函数关系的几个量，然后将测量值代入函数关系式，经过计算得到所需结果，这种方法称为间接测量。例如，为了求出生产线传送带传送物件的速度，先用直接测量测出物件被传送的距离和传送时间，然后由速度公式计算出物件的速度。

间接测量比直接测量所需要测量的量要多，而且需要根据函数进行计算，引起误差的因素也比较多，但如果对误差进行分析并选择和确定优化的测量方法，在比较理想的条件下进行间接测量，测量结果的精度不一定低，有时还可得到较高的测量精度。间接测量一般用于不方便直接测量或者缺乏直接测量手段的场合。

3)组合测量

在使用仪表进行测量时，若被测物理量必须经过联立方程组经运算求解，才能得到最后结果，则称这样的测量为组合测量。在使用这种测量方法时，一般需要多次改变测试条件，才能获得一组联立方程所需要的数据。组合测量是一种特殊的精密测量方法，操作较复杂，花费时间很长，一般适用于科学实验或特殊场合。

2. 根据测量方式分类

根据测量方式，测量可分为偏差式测量、零位式测量和微差式测量。

1）偏差式测量

被测量的量值由仪表指针的位移（即偏差）决定，这种测量方法称为偏差式测量。应用偏差式测量时，仪表刻度事先用标准器具标定。在测量过程中，先将被测量输入，按照仪表指针标示在标尺上的测量值，决定被测量的数值。这种方法测量过程比较简单、迅速，但测量结果精度一般都较低。

2）零位式测量

零位式测量是指检测测量系统的平衡状态用仪表的零位表示，在测量系统平衡时，被测量的量值由已知的标准量决定的测量方法。应用这种测量方法进行测量时，将已知标准量直接与被测量相比较，已知量应连续可调。所谓连续可调是指零仪表指零时，已知标准量与被测量相等。例如，天平、电位差计等都属于零位式测量仪器。零位式测量的优点是可以获得比较高的测量精度，但测量过程比较复杂，测量时要进行平衡操作，耗时较长，所以不适用于测量快速变化的信号。

3）微差式测量

微差式测量是将偏差式测量与零位式测量的优点综合起来而得到的一种测量方法。它将被测量与已知的标准量相比较，取得差值后，再用偏差式测量测得此差值。故这种方法的优点是反应快，而且测量精度高，特别适合用于在线控制参数的测量。

3. 根据测量的精度分类

根据测量的精度，测量可分为等精度测量和非等精度测量。

在整个测量过程中，若影响和决定测量精度的全部因素（条件）始终保持不变，如用同一台仪器，用同样的方法，在同样的环境条件下，对同一被测量进行多次重复测量，这种测量称为等精度测量。在实际中，很难做到这些因素（条件）全部始终保持不变，所以一般情况下只是近似地认为是等精度测量。用不同精度的仪表或不同的测量方法，或在环境条件相差很大的情况下对同一被测量进行多次重复测量，称为非等精度测量。

4. 根据被测量变化情况分类

根据被测量变化情况，测量可分为静态测量和动态测量。

被测量在测量过程中认为是固定不变的这种测量称为静态测量。静态测量不需要考虑时间因素对被测量的影响。若被测量在测量过程中是随时间变化而不断变化的，这种测量称为动态测量。

1.4.2　测量误差

1. 测量误差的基本概念

在学习测量误差前需要了解一些基本术语的概念。

真值：被测量在一定条件下客观存在的、实际具备的量值。真值是不可确切获知的，实际测量中常用“约定真值”和“相对真值”。约定真值是由约定的办法而确定的真值，如砝码的质量。相对真值是指具有更高精度等级的计量器的测量值。

标称值：标注在计量或测量器具上的量值，如标准砝码上标注的质量。

测量误差：测量结果与被测量真值之间的差值。

误差公理：一切测量都具有误差，误差自始至终存在于所有科学实验的过程之中。找出适当的方法减小误差是研究误差的目的，使测量结果更接近真值。

准确度：用于综合测量结果中系统误差与随机误差，表示测量结果与真值的一致程度，由于真值未知，准确度是个定性的概念。

测量不确定度：表示不能确定测量结果的程度，或说是表征测量结果分散性的一个参数。它只涉及测量值，是可以量化的。经常由被测量算术平均值的标准差、相关量的标定不确定度等联合表示。

重复性：对同一被测量在相同条件下进行多次测量所得到的结果之间的一致性。相同条件包括相同的测量方法、观测人员、测量程序、测量地点和测量设备等。

2. 误差的表示方法

(1)绝对误差 ΔA：测量值 A_x 与真值 A_0 之差。它的相反数称为修正值。

$$\Delta A = A_x - A_0 \tag{1-1}$$

(2)相对误差 γ_0：绝对误差与真值之比。

$$\gamma_0 = \frac{\Delta A}{A_0} \times 100\% \tag{1-2}$$

(3)引用误差 γ_m：绝对误差与测量仪表量程 A_m 之比。

$$\gamma_m = \frac{\Delta A}{A_m} \times 100\% \tag{1-3}$$

式(1-3)中，当 ΔA 取仪表的最大绝对误差 ΔA_{max} 时，引用误差常被用来评价仪表的精度等级 S，即

$$S = \left| \frac{\Delta A_{max}}{A_m} \right| \times 100 \tag{1-4}$$

我国目前规定的仪表精度等级 S 有 0.005、0.01、0.02、0.04、0.05、0.1、0.2、0.5、1.0、1.5、2.5、4.0、5.0。精度等级数值越小，测量的精确度越高，仪表的价格越昂贵。仪表的精度等级同时也表示对应仪表的引用误差不应超过的百分比。工业上常用等级仪表的精度等级和基本误差如表 1-1 所示。

表 1-1　仪表的精度等级和基本误差

精度等级	0.1	0.2	0.5	1.0	1.5	2.5	4.0	5.0
基本误差	±0.1%	±0.2%	±0.5%	±1.0%	±1.5%	±2.5%	±4.0%	±5.0%

3. 误差的分类

1)按引起误差的原因和类型分类

引起误差的原因和类型很多，表现形式也多种多样。按其分类，误差可分为如下几种。

(1)工具误差：由测量仪器和装置所带来的误差。

(2)方法误差：测量方法不正确引起的误差，包括测量时所依据的原理不正确而产生的误差，这种误差也称原理误差或理论误差。

(3)环境误差：在测量过程中，因环境条件的变化而产生的误差，包括环境的温度、湿度、电

场、磁场、振动等的变化而产生的误差。

(4)人员误差:测量者主观判断和操作熟练程度引起的误差。

2)按误差性质分类

按误差性质,误差可分为以下几种。

(1)粗大误差:指那些误差数值特别大,测量结果中有明显错误的误差,也称粗差。出现粗大误差的原因是测量人员测错、读错、记错、计算错误、测量时仪器出错等。

(2)系统误差:在重复性测量条件下,多次测量同一物理量时,误差不变或按一定规律变化,这样的误差称为系统误差。它是具有确定性规律的误差,可以用非统计的函数来描述。引起系统误差的原因是系统效应,如环境条件的变化、电源电压不稳、机械零件变形移位、仪表零点漂移等。

(3)随机误差:在相同测量条件下,多次测量同一物理量时,误差的绝对值与符号以非预定的方式变化着。也就是说,产生误差的原因及误差数值的大小、正负是随机的,没有确定的规律性,这样的误差就称为随机误差。

思　考　题

1.什么是传感器?

2.传感器的组成是什么?每部分有什么作用?

3.传感器有哪些分类方法?

4.传感器的发展方向是什么?

5.某1.0级电压表,量程为300 V,求测量值U_x分别为100 V和200 V时的最大绝对误差和相对误差。

第2章　传感器的特性

为了更好地掌握和使用传感器，必须充分地了解传感器的基本特性。传感器的基本特性是指系统的输入-输出关系特性，即系统输出信号 $y(t)$ 与输入信号（被测量）$x(t)$ 之间的关系。根据传感器输入信号 $x(t)$ 是否随时间变化而变化，其基本特性分为静态特性和动态特性两类，它们是系统对外呈现的外部特性，但与其内部参数密切相关。不同的传感器，其内部参数不同。因此其基本特性也表现出不同的特点。一个高精度传感器必须具有良好的静态特性和动态特性，才能保证信号无失真地按规律转换。对传感器性能的研究分为静态特性研究和动态特性研究两种。

2.1　传感器的静态特性

静态量指输入量不随时间变化而变化的信号或变化很慢的信号。当传感器的输入信号是常量，不随时间变化而变化（或变化极缓慢）时，其输入-输出关系特性称为静态特性。传感器的静态特性表示输入量 x 不随时间变化而变化，输出量 y 与输入量 x 之间的函数关系。但是，实际上，输出量与输入量之间的关系在不考虑迟滞及蠕变效应下，可由下列代数方程式确定，通常表示为

$$y=a_0+a_1x+a_2x^2+a_3x^3+\cdots+a_nx^n \tag{2-1}$$

式中：y 为输出量；x 为输入量；a_0 为零位（点）输出；a_1 为理论灵敏度；$a_2,a_3,\cdots,a_n$ 为非线性项系数。

当 $a_0=0$ 时，由以上多项式方程获得的静态特性经过原点，此时，静态特性由线性项（a_1x）和非线性项（$a_2x^2,a_3x^3,\cdots,a_nx^n$）叠加而成。各项系数不同，决定了特性曲线的具体形式。

（1）理想线性性：　$y=a_1x$

（2）具有 x 奇次项的非线性性：　$y=a_1x+a_3x^3+a_5x^5+\cdots$

（3）具有 x 偶次项的非线性性：　$y=a_2x^2+a_4x^4+a_6x^6+\cdots$

（4）具有 x 奇、偶次项的非线性性：　$y=a_1x+a_2x^2+a_3x^3+\cdots$

传感器的静态指标包括以下9个。

（1）线性度：指系统标准输入-输出特性（标定曲线）与拟合直线的不一致程度，也称非线性误差。也可以说，线性度是指其输出量与输入量之间的关系曲线偏离理想直线的程度。一般传感器的输入-输出特性关系如图2-1所示。

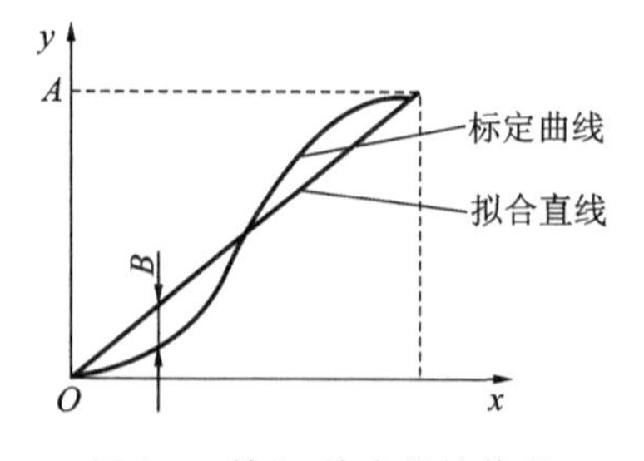

图2-1　输入-输出特性关系

y—输出量；　x—输入量

静态特性曲线可实际测试获得。在获得特性曲线之后，可以说问题已经得到解决。但是为了标定和数据处理的方便，希望得到线性关系。这时可采用各种方法，其中也包括硬件或软件补偿，进行线性化处理。

一般来说，这些办法都比较复杂。所以在非线性误差不太大的情况下，总是采用直线拟合的办法来线性化。在采用直线拟合线性化时，输出-输入的校正曲线与其拟合直线之间的最大偏差就称为非线性误差或线性度，通常用相对误差 γ_L 表示：

$$\gamma_L = \pm(\Delta L_{max}/y_{FS}) \times 100\% \tag{2-2}$$

式中：ΔL_{max} 为最大非线性误差；y_{FS} 为量程输出。

线性度越小，说明实际曲线与理论拟合直线之间的偏差越小。

非线性偏差的大小是以一定的拟合直线为基准直线而得出来的。拟合直线不同，非线性误差也不同。所以，选择拟合直线的主要出发点应是获得最小的非线性误差。

直线拟合方法的四种表达形式如图 2-2 所示。

①理论拟合（见图 2-2(a)）：拟合直线为传感器的理论特性，与实际测试值无关。

②过零旋转拟合（见图 2-2(b)）：常用于曲线过零的传感器。

③端点连线拟合（见图 2-2(c)）：把输出曲线两端点的连线作为拟合直线。

④端点平移拟合（见图 2-2(d)）：在图 2-2(c)的基础上使直线平移，移动距离为原先的一半，输出曲线分布于拟合直线的两侧。与端点连线拟合相比，其最大非线性误差减小一半，提高了精度。

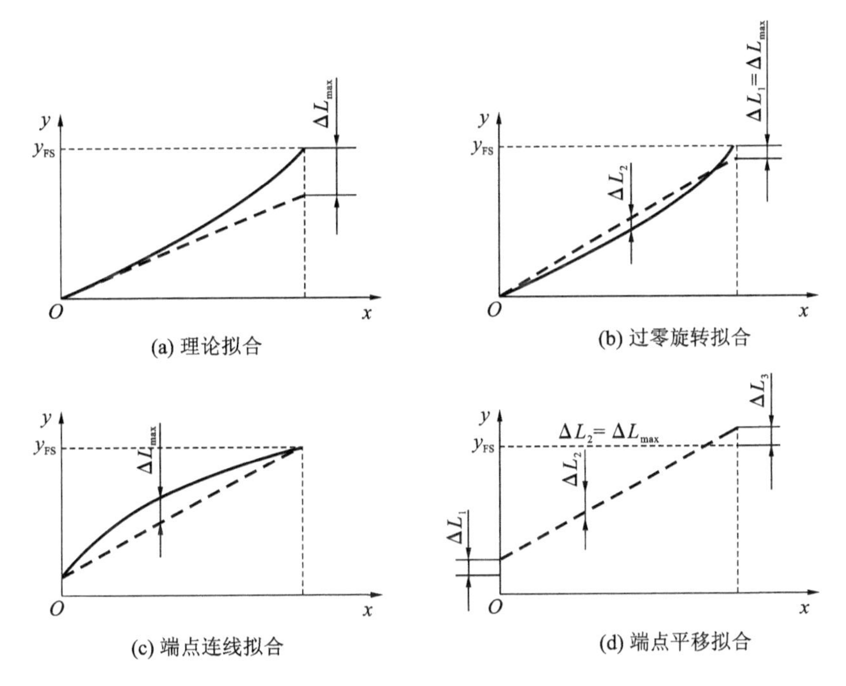

图 2-2　几种拟合直线的方法

实际中最小二乘拟合直线精度最高、最为常用。最小二乘拟合是选取在量程范围内与特性曲线上各点的偏差平方和最小的直线作为拟合直线的方法，这种拟合方法有严格的数学依据，尽管计算过程复杂，但得到的拟合直线精度高、误差小。

设拟合直线方程为

$$y = kx + b \tag{2-3}$$

若实际校准测试点有 n 个，则第 i 个校准数据与拟合直线上响应值之间的残差为

$$\Delta_i = y_i - (kx_i + b) \tag{2-4}$$

最小二乘法拟合直线的原理就是使 $\sum \Delta_i^2$ 为最小值，即

$$\sum_{i=1}^{n} \Delta_i^2 = \sum_{i=1}^{n} [y_i - (kx_i + b)]^2 = \min(\Delta_i^2) \tag{2-5}$$

对 k 和 b 一阶偏导数等于零，求出 a 和 k 的表达式。

$$\frac{\partial}{\partial k} \sum \Delta_i^2 = 2 \sum (y_i - kx_i - b)(-x_i) = 0 \tag{2-6}$$

$$\frac{\partial}{\partial b} \sum \Delta_i^2 = 2 \sum (y_i - kx_i - b)(-1) = 0 \tag{2-7}$$

即得到 k 和 b 的表达式

$$k = \frac{n \sum x_i y_i - \sum x_i \sum y_i}{n \sum x_i^2 - \left(\sum x_i\right)^2} \tag{2-8}$$

$$b = \frac{\sum x_i^2 \sum y_i - \sum x_i \sum x_i y_i}{n \sum x_i^2 - \left(\sum x_i\right)^2} \tag{2-9}$$

将 k 和 b 代入拟合直线方程，即可得到拟合直线，然后求出残差的最大值 $\Delta L_{\max}$ 即为非线性误差。

(2)量程：又称满度值，是指系统能够承受的最大输出值与最小输出值之差。如图 2-2 中 y_{FS} 所示。传感器所能测量到的最小被测量 $x_{\min}$ 与最大被测量 $x_{\max}$ 之间的范围称为传感器的测量范围，表示为传感器测量范围的上限值与下限值的差，称为量程。

$$y_{FS} = x_{\max} - x_{\min} \tag{2-10}$$

(3)灵敏度：传感器输出的变化量 y 与引起该变化量的输入变化量 x 之比即为其静态灵敏度。可见，传感器输出曲线的斜率就是其灵敏度。对具有线性特性的传感器，其特性曲线的斜率处处相同，灵敏度 K 是一个常数，与输入量大小无关。校准曲线斜率即为灵敏度，可用 S 或 K 表示，传感器灵敏度定义如图 2-3 所示，表达式为

$$K = \frac{\Delta y}{\Delta x} = \frac{\text{输出量的变化量}}{\text{输入量的变化量}} \tag{2-11}$$

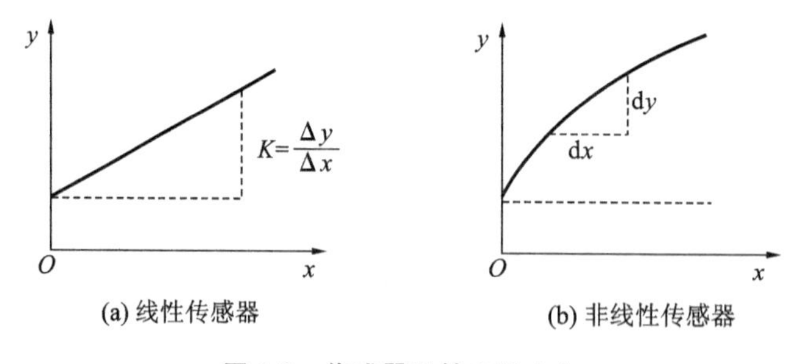

图 2-3 传感器灵敏度的定义

线性系统的灵敏度为常数，特性曲线是一条直线。非线性系统的特性曲线是一条曲线，其灵敏度随输入量的变化而变化。通常用一条参考直线代替实际特性曲线(拟合直线)，拟合直线的斜率作为测试系统的平均灵敏度。

灵敏度的量纲取决于输入/输出量的量纲，当输入与输出的量纲相同时，则灵敏度是一个无量纲的常数，一般称为放大倍数或增益。灵敏度反映了测试系统对输入量变化反应的能力，灵敏度越高，测量范围往往越小，稳定性越差。

（4）精度：即精确度，是指测量结果的可靠程度，它以给定的准确度表示重复某个读数的能力，是测量中各类误差的综合反映，测量误差越小，传感器的精度越高。传感器的精度表示传感器在规定条件下允许的最大绝对误差相对于传感器满量程的输出百分比，其基本误差是传感器在规定的正常工作条件下所具有的测量误差，由系统误差和随机误差两部分组成，可表示为

$$A=\frac{|\Delta A|}{y_{\mathrm{FS}}}\times 100\% \tag{2-12}$$

式中：A 为传感器的精度；ΔA 为测量范围内允许的最大绝对误差；y_{FS} 为满量程（full scale）输出。

与精度有关的指标：精密度、准确度。精密度用于说明测量传感器输出值的分散性，即对某一稳定的被测量，由同一个测量者，用同一个传感器，在相当短的时间内连续重复测量多次，其测量结果的分散程度。例如，某测温传感器的精密度为 0.5 ℃。精密度是随机误差大小的标志，精密度高，意味着随机误差小。注意：精密度高不一定准确度高。准确度用于说明传感器输出值与真值的偏离程度。例如，某流量传感器的准确度为 0.3 $\mathrm{m^3/s}$，表示该传感器的输出值与真值偏离 0.3 $\mathrm{m^3/s}$。准确度是系统误差大小的标志，准确度高意味着系统误差小。同样，准确度高不一定精密度高。

（5）最小检测量和分辨率：最小检测量是指传感器能确切反映被测量的最低极限量。最小检测量愈小，表示传感器检测能力愈高。一般用相当于噪声电平若干倍的被测量为最小检测量，可表示为

$$M=CN/K \tag{2-13}$$

式中：M 为最小检测量；C 为系数，$C=1\sim5$；N 为噪声电平；K 为传感器的灵敏度。

对于输出为数字量的传感器，分辨率可以定义为一个量化单位或二分之一个量化单位所对应的输入增量，如图 2-4 所示。分辨力是指传感器能检测到的最小的输入增量。有些传感器，当输入量连续变化时，输出量只作阶梯变化，则分辨力就是输出量的每个阶梯所代表的输入量的大小。分辨力用绝对值表示，用满量程的百分数表示时称为分辨率。在传感器输入零点附近的分辨力称为阈值，分辨率的表达式为

$$\gamma=\frac{\max(|\Delta x_{i,\min}|)}{x_{\max}-x_{\min}}\times 100\% \tag{2-14}$$

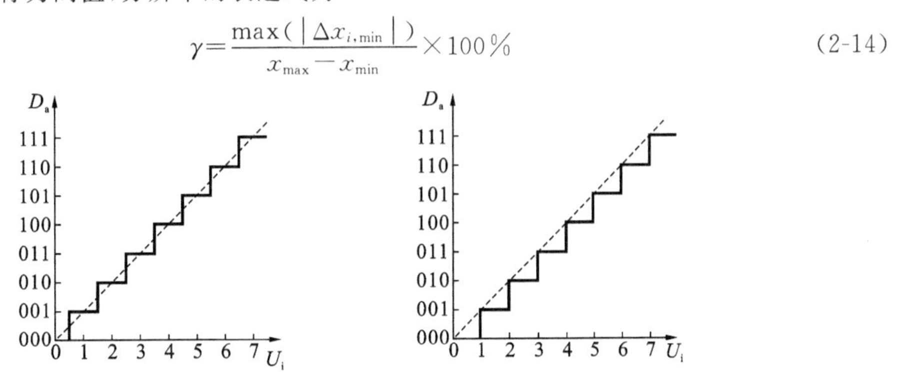

图 2-4　分辨率

(6)迟滞(正返程差/量程):指传感器在正行程和反行程期间,输入-输出特性曲线不重合现象。迟滞特性表明传感器在正(输入量增大)、反(输入量减小)行程中输入-输出特性曲线不重合的程度,如图 2-5 所示。迟滞大小一般由实验方法测得。迟滞误差以正、反向输出量的最大偏差与满量程输出之比的百分数表示。

$$\delta_H = \frac{|\Delta H_{max}|}{y_{FS}} \times 100\% \tag{2-15}$$

式中:ΔH_{max}为正、反行程间输出的最大偏差值。

(7)重复性(同向行程差/量程):指检测系统在输入量按同一方向连续多次测量时所得特性曲线不一致的程度,是衡量测量结果分散性的指标,即随机误差大小的指标。各条特性曲线越靠近,说明重复性越好,随机误差就越小。图 2-6 所示的为输出特性曲线的重复性。重复性的好坏也与许多随机因素有关。它属于随机误差,要用统计规律来确定。

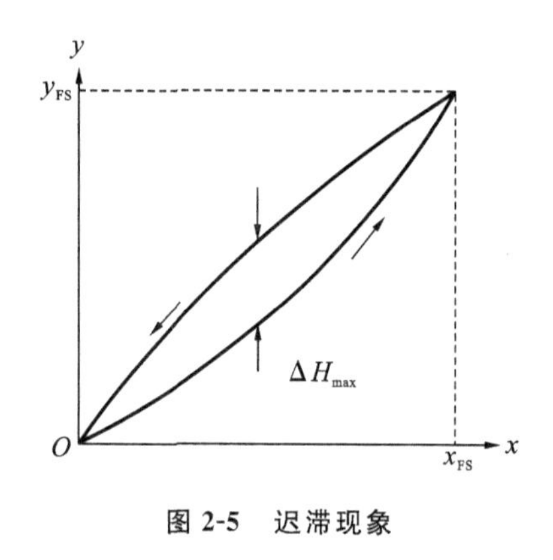

图 2-5 迟滞现象

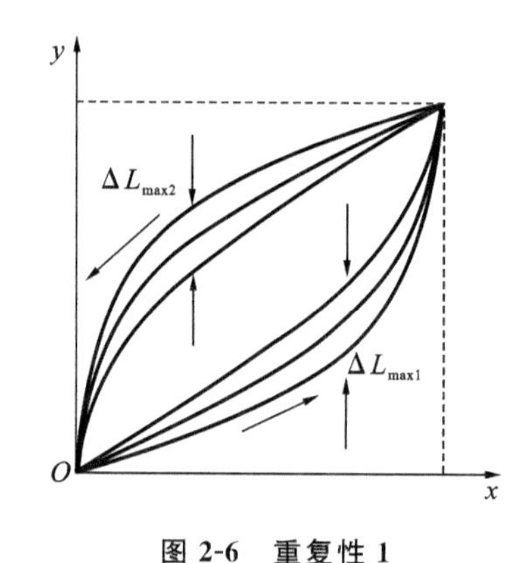

图 2-6 重复性 1

ΔL_{max1}—正行程的最大重复性偏差;

ΔL_{max2}—反行程的最大重复性偏差

重复性误差常用绝对误差表示,如图 2-7 所示。检测时也可选取几个测试点,对应每一点多次从同一方向趋近,获得输出值系列 $y_{i1}, y_{i2}, y_{i3}, \cdots, y_{in}$,算出最大值与最小值之差或 3σ 作为重复性偏差 Δ_{Ri},在几个 Δ_{Ri} 中取出最大值 Δ_{Rmax} 作为重复性误差。

$$\gamma_R = \pm(\Delta_{Rmax}/y_{FS}) \times 100\% \tag{2-16}$$

(8)漂移:漂移包括零点漂移和灵敏度漂移等,零点漂移和灵敏度漂移又可分为时间漂移和温度漂移。传感器的漂移是指在外界的干扰下,在一定时间间隔内,传感器输出量发生与输入量无关的、不需要的变化。漂移量的大小也是衡量传感器稳定性的重要性能指标。传感器的漂移有时会导致整个测量或控制系统处于瘫痪。

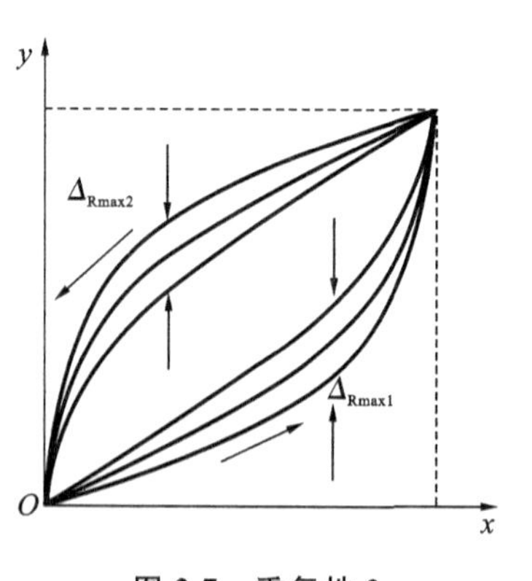

图 2-7 重复性 2

时间漂移是在规定的条件下,零点或灵敏度随时间变化而缓慢变化引起的;温度漂移(简称温漂)则是由环境温度变化而引起的。

传感器无输入(或某一输入值不变)时,每隔一段时间进行读数,其输出偏离零值(或原指示值),即为零点漂移(简称零漂）。

$$零漂=\frac{\Delta y_0}{y_{FS}}\times 100\% \tag{2-17}$$

式中：Δy_0 为最大零点偏差。

用温漂表示温度变化时，传感器输出值的偏离程度一般用温度变化 1 ℃，输出最大偏差与满量程的百分比表示，即

$$温漂=\frac{\Delta_{max}}{y_{FS}\Delta y}\times 100\% \tag{2-18}$$

式中：Δ_{max}为输出最大偏差；Δy 为温度变化范围。

(9)静态误差与精确度：静态误差是指传感器在其全量程内任一点的输出值与其理论值的偏离程度。静态误差的求取方法如下：把全部输出数据与拟合直线上对应值的残差看成是随机分布的，求出其标准偏差，即

$$\sigma=\sqrt{\frac{1}{n-1}\sum_{i=1}^{n}(\Delta y_i)^2} \tag{2-19}$$

式中：Δy_i为各测试点的残差；n 为测试点数。

2.2 传感器的动态特性

2.2.1 定义及模型

为了使传感器输出信号和输入信号随时间变化而变化的曲线一致或相近，我们要求传感器不仅有良好的静态特性，而且还应具有良好的动态特性。动态量是输入量随时间变化而变化的量。传感器的动态特性是指传感器对于随时间变化而变化的输入量的响应特性，传感器所检测的非电量信号大多数是时间的函数，传感器的动态特性是传感器的输出值能够真实地再现变化着的输入量的能力的反映。动态特性的输入信号变化时，输出信号随时间变化而相应地变化，这个过程称为响应。传感器的动态特性是指传感器对随时间变化而变化的输入量的响应特性。动态特性好的传感器，当输入信号是随时间变化而变化的动态信号时，传感器能及时、精确地跟踪输入信号，按照输入信号的变化规律输出信号。当传感器输入信号的变化缓慢时，是容易跟踪的，但随着输入信号的变化加快，传感器的及时跟踪性能会逐渐下降。通常要求传感器不仅能精确地显示被测量的大小，而且还能复现被测量随时间变化而变化的规律，这也是传感器的重要特性之一。

对于阶跃输入信号，传感器的响应称为阶跃响应或瞬态响应。它是指传感器在瞬变的非周期信号作用下的响应。这对传感器来说是一种最严峻的状态，如传感器能复现这种信号，那么就能很容易地复现其他种类的输入信号，其动态特性指标也必定会令人满意。而对于正弦输入信号，传感器的响应称为频率响应或稳态响应。它是指传感器在振幅稳定不变的正弦信号作用下的响应。稳态响应的重要性在于工程上所遇到的各种非电信号的变化曲线都可以展开成傅里叶(Fourier)级数或进行傅里叶变换，即可以用一系列正弦曲线的叠加来表示原曲线。因此，在知道传感器对正弦信号的响应特性后，也就可以判断它对各种复杂变化曲线的响

应了。

为便于分析传感器的动态特性,必须建立动态数学模型。建立动态数学模型的方法有多种,如采用微分方程、传递函数、频率响应函数、差分方程、状态方程、脉冲响应函数等。建立微分方程是对传感器动态特性进行数学描述的基本方法。在忽略了一些影响不大的非线性和随机变化的复杂因素后,传感器就可作为线性定常系统来考虑,因而其动态数学模型可用线性常系数微分方程来表示。

1. 常系数线性微分方程

$$a_n \frac{\mathrm{d}^n y(t)}{\mathrm{d}t^n}+a_{n-1}\frac{\mathrm{d}^{n-1} y(t)}{\mathrm{d}t^{n-1}}+\cdots+a_1 \frac{\mathrm{d}y(t)}{\mathrm{d}t}+a_0 y(t)$$
$$=b_m \frac{\mathrm{d}^m x(t)}{\mathrm{d}t^m}+b_{m-1}\frac{\mathrm{d}^{m-1} x(t)}{\mathrm{d}t^{m-1}}+\cdots+b_1 \frac{\mathrm{d}x(t)}{\mathrm{d}t}+b_0 x(t) \tag{2-20}$$

2. 传递函数

传递函数表达在零状态下,线性非时变系统中,输出信号与输入信号的拉普拉斯(Laplace)变换之比。

$$H(s)=\frac{Y(s)}{X(s)}=\frac{b_m s^m+b_{m-1}s^{m-1}+\cdots+b_1 s+b_0}{a_n s^n+a_{n-1}s^{n-1}+\cdots+a_1 s+a_0} \tag{2-21}$$

微分方程用于在时域中表达系统的动态特性;传递函数用于在复频域中用代数方程的形式表达系统的动态特性,$s=\sigma+\mathrm{j}\omega$,便于分析和计算。

3. 频率响应

$$H(\mathrm{j}\omega)=\frac{Y(\mathrm{j}\omega)}{X(\mathrm{j}\omega)}=\frac{b_m(\mathrm{j}\omega)^m+b_{m-1}(\mathrm{j}\omega)^{m-1}+\cdots+b_1(\mathrm{j}\omega)+b_0}{a_n(\mathrm{j}\omega)^n+a_{n-1}(\mathrm{j}\omega)^{n-1}+\cdots+a_1(\mathrm{j}\omega)+a_0} \tag{2-22}$$

频率响应函数是传递函数的特例,可以由傅里叶变换得到。频率响应函数反映的是系统处于稳态输出阶段的输入-输出特性,传递函数则反映了激励所引起的系统固有的瞬态输出特性和对应该激励的稳态输出特性。

动态特性数学描述的几点结论如下:

(1)在复频域用传递函数 $H(s)$表示;

(2)在频域用频率响应函数 $H(\mathrm{j}\omega)$表示;

(3)在时域可用微分方程、阶跃响应函数和脉冲响应函数 $h(t)$表示。

其中,传递函数、频率响应函数、脉冲响应函数三者之间存在对应关系。脉冲响应函数 $h(t)$和传递函数 $H(s)$是一对拉普拉斯变换对;脉冲响应函数 $h(t)$和频率响应函数 $H(\mathrm{j}\omega)$是一对傅里叶变换对。

求解出微分方程的解就能够得到系统的瞬态响应和稳态响应。微分方程的通解是系统的瞬态响应,特解是系统的稳态响应。对于一些较复杂的系统,求解微分方程比较麻烦,可采用数学上的拉普拉斯变换将实数域的微分方程变换成复数域的代数方程,这样可使运算简化,求解就相对容易了。

在采用阶跃输入信号研究传感器时域动态特性时,为表征传感器的动态特性,常用时间常数、上升时间、响应时间和超调量等参数来综合描述;在采用正弦输入信号研究传感器频域动态特性时,常用幅频特性和相频特性来描述,其重要指标是频带宽度(简称带宽)及相位误差等。

2.2.2　传感器的动态特性与动态指标

动态特性指传感器对随时间变化而变化的输入量的响应特性。被测量随时间变化而变化的形式可能是各种各样的，只要输入量是时间的函数，则其输出量也将是时间的函数。通常研究动态特性的方法是根据标准输入特性来考虑传感器的响应特性。

标准输入有三种：

(1)正弦变化的输入；

(2)阶跃变化的输入；

(3)线性输入。

经常使用的是前两种。

1. 传感器的基本动态特性方程

传感器的种类和形式很多，但它们的动态特性一般都可以用下述微分方程来描述：

$$a_n \frac{\mathrm{d}^n y}{\mathrm{d}t^n}+a_{n-1}\frac{\mathrm{d}^{n-1} y}{\mathrm{d}t^{n-1}}+\cdots+a_1\frac{\mathrm{d}y}{\mathrm{d}t}+a_0 y$$
$$=b_m \frac{\mathrm{d}^m x}{\mathrm{d}t^m}+b_{m-1}\frac{\mathrm{d}^{m-1} x}{\mathrm{d}t^{m-1}}+\cdots+b_1\frac{\mathrm{d}x}{\mathrm{d}t}+b_0 x \tag{2-23}$$

式中：$a_0, a_1, \cdots, a_n, b_0, b_1, \cdots, b_m$是与传感器的结构特性有关的常系数。

1)零阶系统

在式(2-23)中的系数除了 a_0、b_0之外，其他系数均为零，这样的系统称为零阶系统。零阶系统中只有 a_0和 b_0，于是其微分方程为

$$a_0 y(t)=b_0 x(t) \tag{2-24}$$

即 $y(t)=\frac{b_0}{a_0}x(t)$，其中 $K=\frac{b_0}{a_0}$。$K=\frac{b_0}{a_0}$为传感器的静态灵敏度或放大系数。

如图 2-8 所示，设电位器的阻值沿电位器长度 L 线性分布，则输出电压 U_{OC}和电刷位移之间的关系式为 $U_{OC}=(U_{OT}/L)x(t)=Kx$，这是一个典型的零阶系统。

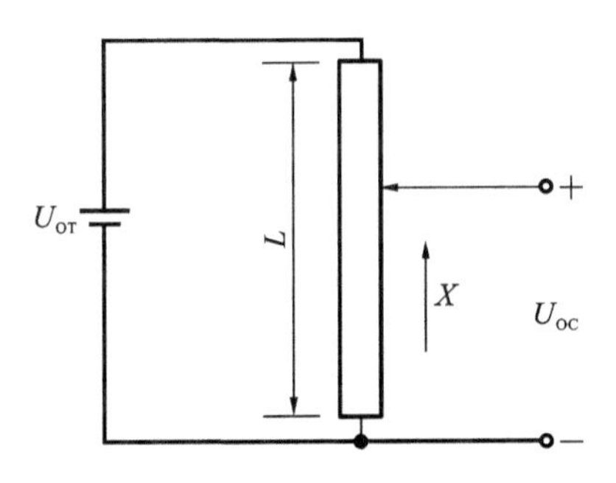

图 2-8　电位器输出

零阶系统具有理想的动态特性，无论被测量 $x(t)$如何随时间变化而变化，零阶系统的输出都不会失真，在时间上也不滞后，辐角等于零，所以零阶系统又称比例系统，如电位器传感器。在实际应用中，许多高阶系统在变化缓慢、频率不高时，都可以近似地当作零阶系统处理。

2)一阶系统

若在式(2-23)中的系数除了 a_0、a_1 与 b_0 之外，其他系数均为零，则这样的系统称为一阶系统，其微分方程为

$$a_1\frac{\mathrm{d}y(t)}{\mathrm{d}t}+a_0y(t)=b_0x(t) \tag{2-25}$$

即 $\tau\frac{\mathrm{d}y(t)}{\mathrm{d}t}+y(t)=Kx(t)$，其中时间常数 $\tau=\frac{a_1}{a_0}$，静态灵敏度 $K=\frac{b_0}{a_0}$。

时间常数 τ 具有时间的量纲，它反映传感器的惯性大小。静态灵敏度则说明其静态特性。用式(2-25)描述其动态特性的传感器就是一阶系统。一阶系统又称惯性系统。

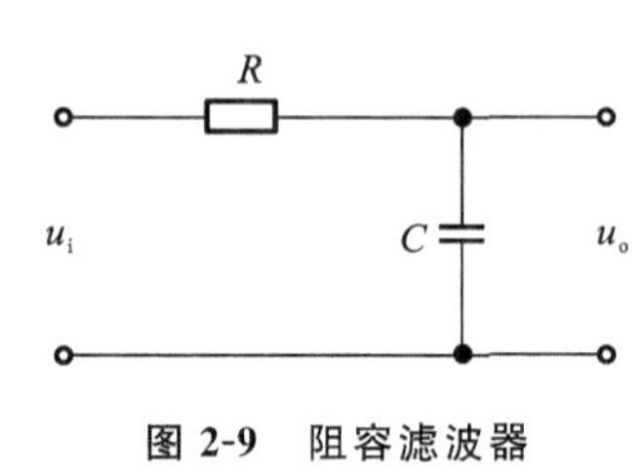

图 2-9　阻容滤波器

如图 2-9 所示电路中常用的阻容滤波器均可看作是一阶系统。输出电压与输入电压的数学表达式如式(2-26)所示，这是一个典型的一阶系统。

其输出电压与输入电压的数学表达为

$$i=\frac{u_i-u_o}{R}=C\frac{\mathrm{d}u_o}{\mathrm{d}t} \tag{2-26}$$

$$\tau\frac{\mathrm{d}u_o}{\mathrm{d}t}+u_o=u_i$$

3)二阶系统

对照式(2-23)，二阶传感器的微分方程系数除了 a_0、a_1、a_2 与 b_0 之外，其他系数均为零，对应的微分方程为式(2-27)，即二阶系统的微分方程式为

$$a_2\frac{\mathrm{d}^2y(t)}{\mathrm{d}t^2}+a_1\frac{\mathrm{d}y(t)}{\mathrm{d}t}+a_0y(t)=b_0x(t) \tag{2-27}$$

二阶系统的微分方程通常改写为

$$\frac{\mathrm{d}^2y(t)}{\mathrm{d}t^2}+2\xi\omega_n\frac{\mathrm{d}y(t)}{\mathrm{d}t}+\omega_n^2y(t)=\omega_n^2Kx(t) \tag{2-28}$$

式中：$K=\frac{b_0}{a_0}$，为静态灵敏度；$\omega_n^2=\frac{a_0}{a_2}$，$\omega_n$ 为单元阻尼系统自然振荡频率；$\xi=\frac{a_1}{2\sqrt{a_0a_2}}$，为阻尼比。

根据二阶微分方程特征方程根的性质不同，二阶系统可分为如下两种。

①二阶惯性系统：特征方程的根为两个负实根，它相当于两个一阶系统串联。

②二阶振荡系统：特征方程的根为一对带负实部的共轭复根。

带有套管的热电偶、电磁式的动圈仪表及 RLC 振荡电路等均可看作二阶系统。

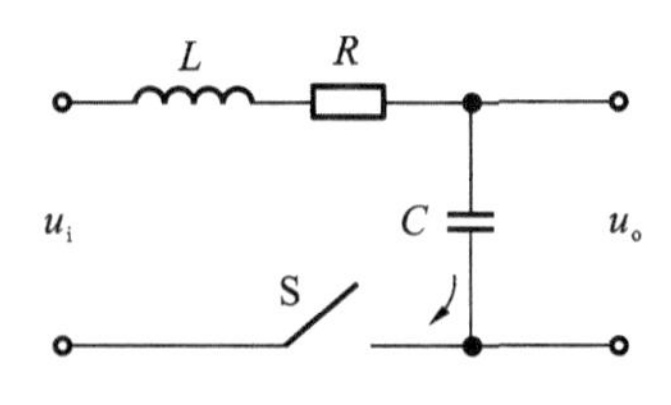

图 2-10　RC 滤波器电路

如图 2-10 所示电路中的 RC 滤波器可看作二阶系统，其输出电压与输入电压之间的数学表达式如式(2-29)所示。这是一个典型的二阶系统。

$$LC\frac{\mathrm{d}^2u_o}{\mathrm{d}t^2}+RC\frac{\mathrm{d}u_o}{\mathrm{d}t}+u_o=u_S=\begin{cases}0, t\leqslant 0_-\\ u_i, \geqslant 0_+\end{cases} \tag{2-29}$$

2. 传感器的动态响应特性

传感器的动态响应特性不仅与传感器的固有因素有关，还与传感器输入量的变化形式有关。也就是说，同一个传感器在不同形式的输入信号作用下，输出量的变化是不同的，通常选用几种典型的输入信号作为标准输入信号，研究传感器的动态响应特性。

1）瞬态响应特性

传感器的瞬态响应是时间响应。在研究传感器的动态特性时，有时需要从时域中对传感器的响应和过渡过程进行分析，这种分析方法称为时域分析法。在对传感器进行时域分析时，用得比较多的标准输入信号有阶跃信号和脉冲信号，传感器的输出瞬态响应分别称为阶跃响应和脉冲响应。

（1）一阶传感器的单位阶跃响应。

一阶传感器的微分方程为

$$\tau \frac{\mathrm{d}y(t)}{\mathrm{d}t}+y(t)=Kx(t) \tag{2-30}$$

设传感器的静态灵敏度 $K=1$，写出它的传递函数为

$$H(s)=\frac{Y(s)}{X(s)}=\frac{K}{\tau s+1}=\frac{1}{\tau s+1} \tag{2-31}$$

对初始状态为零的传感器，若输入一个单位阶跃信号，即 $x(t)=\begin{cases}0 & t\leqslant 0\\ 1 & t\geqslant 0\end{cases}$，输入信号 $x(t)$ 的拉普拉斯变换为 $X(s)=\frac{1}{s}$，一阶传感器的单位阶跃响应拉普拉斯变换为

$$Y(s)=H(s)X(s)=\frac{1}{\tau s+1}\cdot\frac{1}{s} \tag{2-32}$$

对式（2-29）进行拉普拉斯逆变换，可得一阶传感器的单位阶跃响应信号为

$$y(t)=1-\mathrm{e}^{-\frac{t}{\tau}} \tag{2-33}$$

相应的响应曲线如图 2-11 所示。由图可见，传感器存在惯性，它的输出不能立即复现输入信号，而是从零开始，按指数规律上升，最终达到稳态值。理论上传感器的响应只在 t 趋于无穷大时才达到稳态值，但通常认为 $t=(3\sim4)\tau$ 时，如当 $t=4\tau$ 时，其输出就可达到稳态值的 98.2%，可以认为已达到稳态。所以，一阶传感器的时间常数 τ 越小，响应越快，响应曲线越接近于输入阶跃曲线，即动态误差小。因此 τ 值是一阶传感器重要的性能参数。

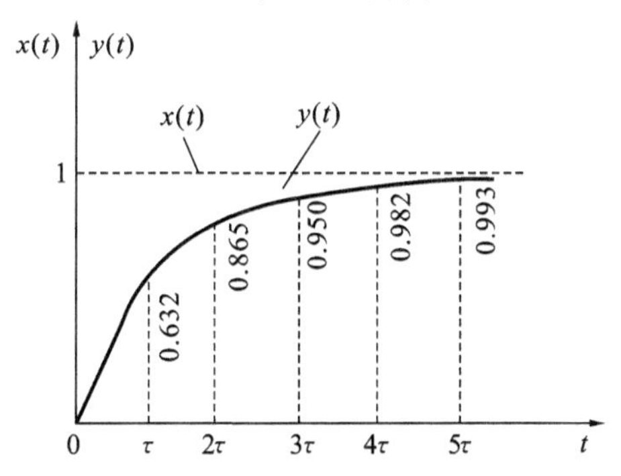

图 2-11　一阶传感器的单位阶跃响应

（2）二阶传感器的单位阶跃响应。

很多传感器，如振动传感器、压力传感器等属于二阶传感器，其微分方程为

$$a_2 \mathrm{d}^2 y/\mathrm{d}t^2 + a_1 \mathrm{d}y/\mathrm{d}t + a_0 y = b_0 x \tag{2-34}$$

即$\frac{\mathrm{d}^2 y(t)}{\mathrm{d}t^2} + 2\xi\omega_n \frac{\mathrm{d}y(t)}{\mathrm{d}t} + \omega_n^2 y(t) = \omega_n^2 K x(t)$，可写为$(\tau^2 s^2 + 2\xi\tau s + 1)Y = KX$，其中：$\tau$ 为时间常数，$\tau = \sqrt{a_2/a_0}$；ω_0 为自振角频率，$\omega_0 = 1/\tau$；ξ 为阻尼比，$\xi = a_1/(2\sqrt{a_0 a_2})$；$K$ 为静态灵敏度，$K = b_0/a_0$。

传递函数：　　$H(s) = K/[s^2 + 2\xi s\tau + 1]$

频率特性：　　$H(\mathrm{j}\omega) = K/[1 - \omega^2\tau^2 + 2\mathrm{j}\xi\omega\tau]$

幅频特性：　　$A(\omega) = K/\sqrt{(1-\omega^2\tau^2)^2 + (2\xi\omega\tau)^2}$

相频特性：　　$\varphi(\omega) = -\arctan[2\xi\omega\tau/(1-\omega^2\tau^2)]$

设传感器的静态灵敏度 $K=1$，其二阶传感器的传递函数为

$$H(s) = \frac{\omega_n^2}{s^2 + 2\xi\omega_n s + \omega_n^2} \tag{2-35}$$

传感器输出的拉普拉斯变换为

$$Y(s) = H(s)X(s) = \frac{\omega_n^2}{s(s^2 + 2\xi\omega_n s + \omega_n^2)} \tag{2-36}$$

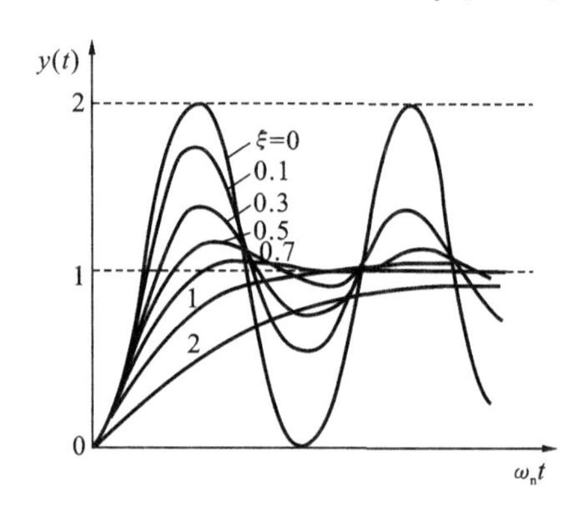

图 2-12　二阶传感器单位阶跃响应

图 2-12 所示的为二阶传感器的单位阶跃响应曲线，二阶传感器对阶跃信号的响应在很大程度上取决于阻尼比 ξ 和自然振荡频率 ω_n。当 $\xi=0$ 时，特征根为一对虚根，阶跃响应是一个等幅振荡过程，这种等幅振荡状态称为无阻尼状态；当 $\xi>1$ 时，特征根为两个不同的负实根，阶跃响应是一个不振荡的衰减过程，这种状态称为过阻尼状态；当 $\xi=1$ 时，特征根为两个相同的负实根，阶跃响应也是一个不振荡的衰减过程，但是它是一个由不振荡衰减到振荡衰减的临界过程，故称为临界阻尼状态；当 $0<\xi<1$ 时，特征根为一对共轭复根，阶跃响应是一个衰减振荡过程，在这一过程中 ξ 值不同，衰减快慢也不同，这种衰减振荡状态称为欠阻尼状态。

阻尼比 ξ 直接影响超调量和振荡次数，为了获得满意的瞬态响应特性，实际使用中常按稍欠阻尼调整。对于二阶传感器，取 $\xi=0.6\sim0.7$，则最大超调量不超过 10%，趋于稳态的调整

时间也最短，为(3～4)/($\xi\omega$)。自然振荡频率 ω_n 由传感器的结构参数决定。自然振荡频率 ω_n 也即等幅振荡的频率，ω_n 越高，传感器的响应也越快。

(3)传感器的时域动态性能指标。

传感器的时域动态性能指标如图 2-13、图 2-14 所示，各参数含义如下。

时间常数 τ：一阶传感器输出上升到稳态值的 63.2%所需的时间，称为时间常数。

延迟时间 t_d：传感器输出达到稳态值的 50%所需的时间。

上升时间 t_r：传感器输出达到稳态值的 90%所需的时间。

峰值时间 t_p：二阶传感器输出响应曲线达到第一个峰值所需的时间。

超调量 σ：二阶传感器输出超过稳态值的最大值。

衰减比 d：衰减振荡的二阶传感器输出响应曲线第一个峰值与第二个峰值之比。

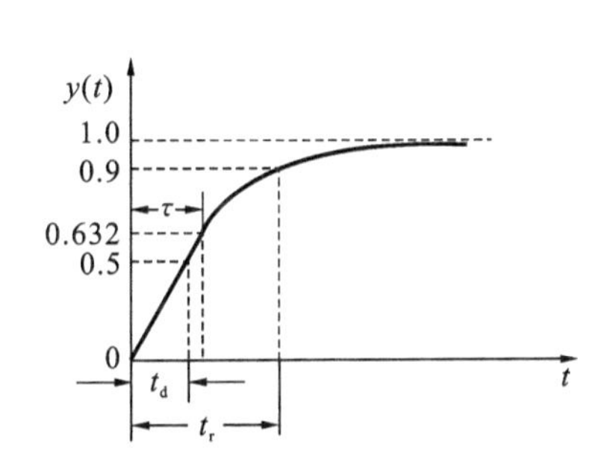

图 2-13　一阶传感器的时域动态性能指标

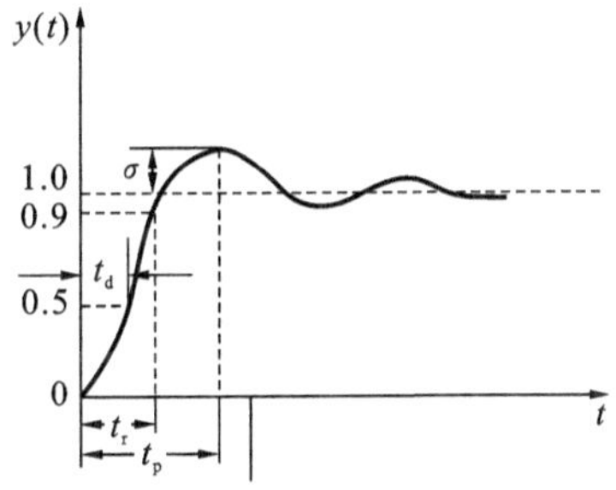

图 2-14　二阶传感器的时域动态性能指标

2)频率响应特性

传感器对不同频率成分的正弦输入信号的响应特性，称为频率响应特性。一个传感器输入端有正弦信号作用时，其输出响应仍然是同频率的正弦信号，只是与输入端正弦信号的幅值和相位不同。频率响应法是从传感器的频率特性出发研究传感器的输出与输入的幅值比和两者相位差变化的方法。

(1)一阶传感器的频率响应。

将一阶传感器传递函数式中的 s 用 jω 代替后，即可得如下频率特性表达式：

$$H(\mathrm{j}\omega)=\frac{1}{\mathrm{j}\omega\tau+1}=\frac{1}{1+(\omega\tau)^2}-\mathrm{j}\frac{\omega\tau}{1+(\omega\tau)^2} \tag{2-37}$$

幅频特性：
$$A(\omega)=\frac{1}{\sqrt{1+(\omega\tau)^2}}$$

相频特性：
$$\varphi(\omega)=-\arctan(\omega t)$$

从上式和图 2-15 可看出，时间常数 τ 越小，频率响应特性越好。当 $\omega\tau\ll 1$ 时，$A(\omega)\approx 1$，$\varphi(\omega)\approx 0$，表明传感器输出与输入呈线性关系，且相位差也很小，输出 $y(t)$ 比较真实地反映了输入 $x(t)$ 的变化规律。因此减小 τ 可改善传感器的频率特性。除了用时间常数 τ 表示一阶传感器的动态特性外，在频率响应中也用截止频率来描述传感器的动态特性。所谓截止频率，是指幅值比下降到零频率幅值比的 $1/\sqrt{2}$ 时所对应的频率。截止频率反映传感器的响应速度，截止频率越高，传感器的响应越快。对一阶传感器，其截止频率为 $1/\tau$。

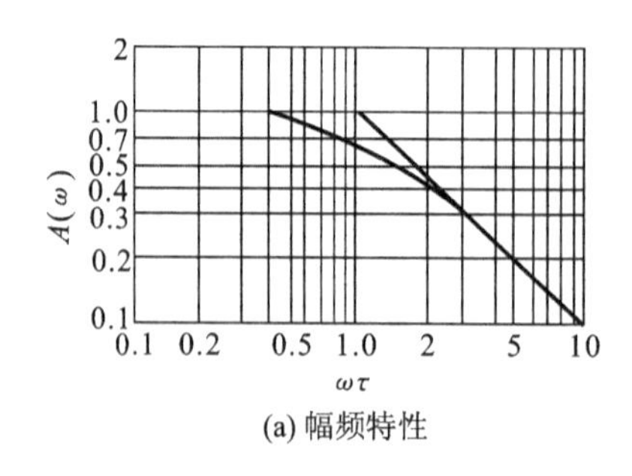

(a) 幅频特性

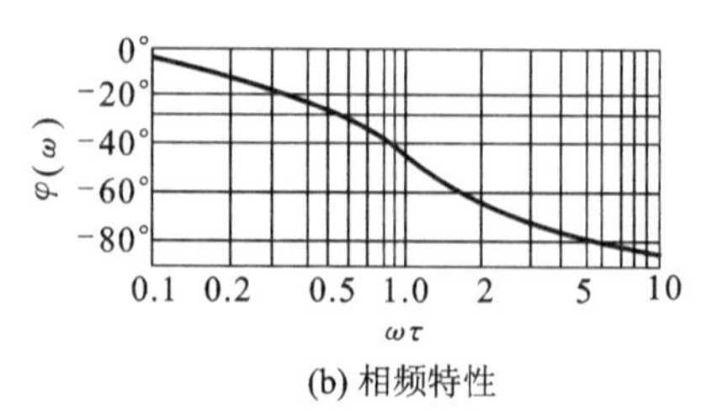

(b) 相频特性

图 2-15　一阶传感器的频率响应特性

(2)二阶传感器的频率响应。

由二阶传感器的传递函数式可写出二阶传感器的频率特性表达式为

$$H(\mathrm{j}\omega)=\frac{\omega_{\mathrm{n}}^{2}}{(\mathrm{j}\omega)^{2}+2\xi\omega_{\mathrm{n}}(\mathrm{j}\omega)+\omega_{\mathrm{n}}^{2}}=\frac{1}{1-\left(\frac{\omega}{\omega_{\mathrm{n}}}\right)^{2}+\mathrm{j}2\xi\frac{\omega}{\omega_{\mathrm{n}}}} \tag{2-38}$$

其幅频特性为

$$A(\omega)=|H(\mathrm{j}\omega)|=\frac{1}{\sqrt{\left[1-\left(\frac{\omega}{\omega_{\mathrm{n}}}\right)^{2}\right]^{2}+\left(2\xi\frac{\omega}{\omega_{\mathrm{n}}}\right)^{2}}}$$

相频特性为

$$\varphi(\omega)=\angle H(\mathrm{j}\omega)=-\arctan\frac{2\xi\frac{\omega}{\omega_{\mathrm{n}}}}{1-\left(\frac{\omega}{\omega_{\mathrm{n}}}\right)^{2}}$$

相位角负值表示相位滞后。由上述两式可画出二阶传感器的幅频特性曲线和相频特性曲线，如图 2-16 所示。

可见传感器的频率响应特性好坏主要取决于传感器的自然振荡频率 ω_{n} 和阻尼比 ξ。当 $\xi<1$，$\omega_{\mathrm{n}}\gg\omega$ 时，$A(\omega)\approx1$，$\varphi(\omega)$很小，此时，传感器的输出 $y(t)$再现了输入 $x(t)$的波形，通常自然振荡频率 ω_{n} 至少应为被测信号频率 ω 的 3～5 倍，即 $\omega_{\mathrm{n}}\geqslant(3\sim5)\omega$。

为了减小动态误差和扩大频率响应范围，一般是提高传感器自然振荡频率 ω_{n}，而自然振荡频率 ω_{n} 与传感器运动部件质量 m 和弹性敏感元件的刚度 k 有关，即 $\omega_{\mathrm{n}}=k/(2m)$。增大刚度 k 和减小质量 m 都可提高自然振荡频率，但刚度 k 增加会使传感器灵敏度降低。所以在实际中，应综合各种因素来确定传感器的各个特征参数。

频率响应特性指标如下。

(1)通频带 $\omega_{0.707}$：传感器在对数幅频特性曲线上幅值衰减 3 dB 时所对应的频率范围，如图 2-17 所示。

(2)工作频带 $\omega_{0.95}$(或 $\omega_{0.90}$)：当传感器的幅值误差为±5%(或±10%)时，其增益保持在一定值内的频率范围。

(3)时间常数 τ：用时间常数 τ 来表征一阶传感器的动态特性。τ 越小，频带越宽。

(4)自然振荡频率 ω_{n}：二阶传感器的自然振荡频率 ω_{n} 用于表征其动态特性。

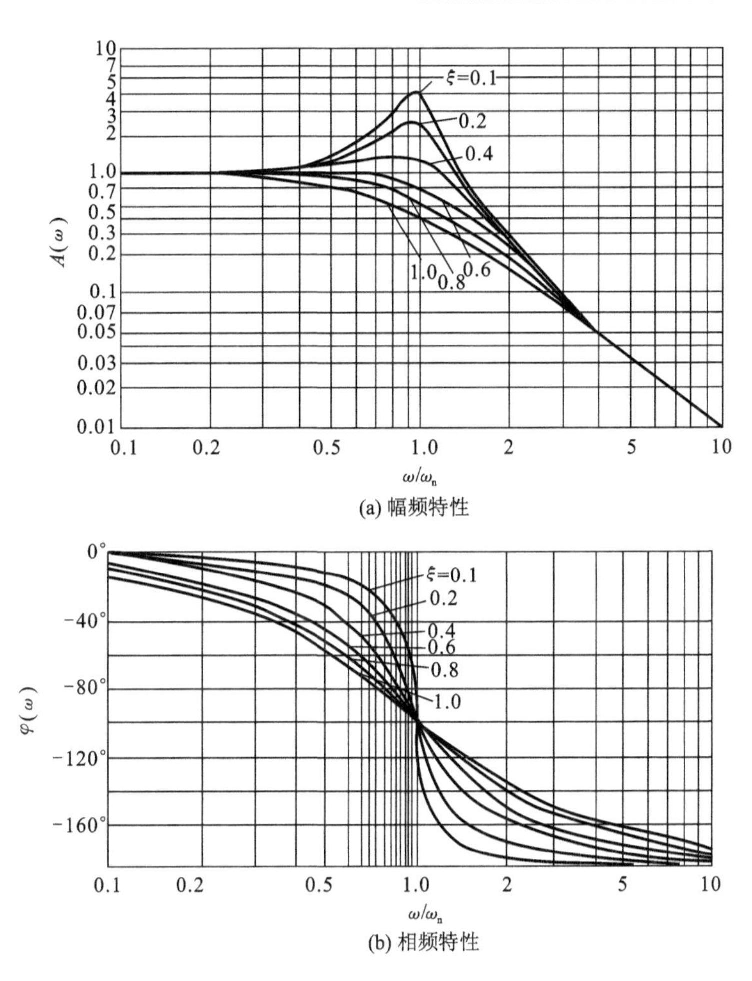

(a) 幅频特性

(b) 相频特性

图 2-16　二阶传感器的频率响应特性曲线

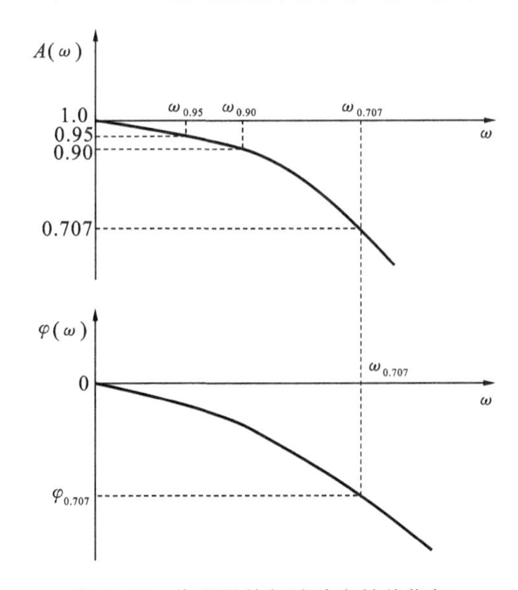

图 2-17　传感器的频域动态性能指标

(5)相位误差:在工作频带范围内,传感器的实际输出与所希望的无失真输出间的相位差值,即为相位误差。

(6)跟随角 $\varphi_{0.707}$:当 $\omega=\omega_{0.707}$ 时,对应于相频特性上的相角,即为跟随角。

【例 1】 某传感器给定相对误差为 2%FS,满度值输出为 50 mV,求可能出现的最大误差 δ(以 mV 计)。当传感器使用在满刻度的 1/2 和 1/8 时计算可能产生的百分误差,并由此说明使用传感器选择适当量程的重要性。

已知 $\gamma=2\%\text{FS}$,$y_{\text{FS}}=50\ \text{mV}$,求 δ_{m}。

解 因为

$$\gamma=\frac{\delta_{\text{m}}}{y_{\text{FS}}}\times 100\%$$

所以

$$\delta_{\text{m}}=\gamma y_{\text{FS}}\times 100\%=1\ \text{mV}$$

若 $y_{\text{FS1}}=\dfrac{1}{2}y_{\text{FS}}$,则

$$\gamma=\frac{\delta_{\text{m}}}{y_{\text{FS1}}}\times 100\%=\frac{1}{25}\times 100\%=4\%$$

若 $y_{\text{FS2}}=\dfrac{1}{8}y_{\text{FS}}$,则

$$\gamma=\frac{\delta_{\text{m}}}{y_{\text{FS2}}}\times 100\%=\frac{1}{6.25}\times 100\%=16\%$$

由此说明,在测量时一般被测量接近量程(一般为量程的 2/3 以上),测得的值误差小一些。

【例 2】 有一个传感器,其微分方程为 $30\mathrm{d}y/\mathrm{d}t+3y=0.15x$,其中 y 为输出电压(mV),x 为输入温度(℃),试求该传感器的时间常数 τ 和静态灵敏度 K。

已知 $30\mathrm{d}y/\mathrm{d}t+3y=0.15x$,求 τ、K。

解 将 $30\mathrm{d}y/\mathrm{d}t+3y=0.15x$ 化为标准方程式为

$$10\mathrm{d}y/\mathrm{d}t+y=0.05x$$

与一阶传感器的标准方程 $\tau\dfrac{\mathrm{d}y}{\mathrm{d}t}+y=Kx$ 比较,有

$$\begin{cases}\tau=10\ \text{s}\\ K=0.05\ \text{mV/℃}\end{cases}$$

【例 3】 某温度传感器为时间常数 $\tau=3\ \text{s}$ 的一阶系统。在传感器受突变温度作用后,试求传感器指示出温差的三分之一和二分之一所需的时间。

解 对传感器施加突变信号属于阶跃输入。

单位阶跃信号:

$$x(t)=\begin{cases}0 & t<0\\ 1 & t\geqslant 0\end{cases}$$

进行拉普拉斯变换:

$$X(s)=d[x(t)]=\int_0^{+\infty}x(t)\mathrm{e}^{-st}\mathrm{d}t=\frac{1}{s}$$

一阶系统传递函数:

$$H(s)=\frac{Y(s)}{X(s)}=\frac{1}{1+\tau s}$$

所以

$$Y(s)=H(s)\cdot X(s)=\frac{1}{1+\tau s}\cdot\frac{1}{s}=\frac{1}{s}-\frac{\tau}{\tau s+1}$$

对上式进行拉普拉斯逆变换：　　$y(t)=1-e^{-t/\tau}$

设温差为 R,则此温度传感器的阶跃响应为

$$y(t)=R(1-e^{-t/\tau})=R(1-e^{-t/3})$$

当 $y(t)=\frac{R}{3}$时,有　　$t=-3\ln\frac{2}{3}\ \text{s}=1.22\ \text{s}$

当 $y(t)=\frac{R}{2}$时,有　　$t=-3\ln\frac{1}{2}\ \text{s}=2.08\ \text{s}$

【例 4】 试求如表 2-1 所示数据的各种线性度：

(1)端点线性度；

(2)最小二乘线性度。

表 2-1　例 4 表 1

x	1	2	3	4	5
y	2.20	4.00	5.98	7.90	10.10

解　(1)端点线性度。

设拟合直线为　　$y=kx+b$

根据两个端点(1,2.20)和(5,10.10)可得拟合直线斜率为

$$k=\frac{y_2-y_1}{x_2-x_1}=\frac{10.10-2.20}{5-1}=1.975$$

则　　$1.975\times1+b=2.20$

故　　$b=0.225$

即端点拟合直线为 $y=1.975x+0.225$(见表 2-2)。

表 2-2　例 4 表 2

x	1	2	3	4	5
$y_{实际}$	2.20	4.00	5.98	7.90	10.10
$y_{理论}$	2.20	4.175	6.15	8.125	10.10
$\Delta=y_{实际}-y_{理论}$	0	−0.175	−0.17	−0.225	0

$$\Delta L_{max}=-0.225$$

$$\gamma_L=\pm\frac{\Delta L_{max}}{y_{FS}}\times100\%=\pm\frac{0.225}{10.10}\times100\%=\pm2.23\%$$

(2)最小二乘线性度。

设拟合直线方程为　　$y=a_0+a_1x$

由已知输入/输出数据,根据最小二乘法,有

$$\boldsymbol{L}=\begin{bmatrix}2.20\\4.00\\5.98\\7.90\\10.10\end{bmatrix},\quad \boldsymbol{A}=\begin{bmatrix}1&1\\1&2\\1&3\\1&4\\1&5\end{bmatrix},\quad \boldsymbol{X}=\begin{bmatrix}\boldsymbol{a}_0\\\boldsymbol{a}_1\end{bmatrix}$$

所以
$$A'A=\begin{bmatrix}1&1&1&1&1\\1&2&3&4&5\end{bmatrix}\begin{bmatrix}1&1\\1&2\\1&3\\1&4\\1&5\end{bmatrix}=\begin{bmatrix}5&15\\15&55\end{bmatrix}$$

因为$|A'A|=\begin{vmatrix}5&15\\15&55\end{vmatrix}=50\neq0$，所以方程有解。

$$(A'A)^{-1}=\frac{1}{|A'A|}\begin{bmatrix}A_{11}&A_{12}\\A_{21}&A_{22}\end{bmatrix}=\frac{1}{50}\begin{bmatrix}55&-15\\-15&5\end{bmatrix}=\begin{bmatrix}1.1&-0.3\\-0.3&0.1\end{bmatrix}$$

$$A'L=\begin{bmatrix}1&1&1&1&1\\1&2&3&4&5\end{bmatrix}\begin{bmatrix}2.20\\4.00\\5.98\\7.90\\10.10\end{bmatrix}=\begin{bmatrix}30.18\\110.24\end{bmatrix}$$

$$X=(A'A)^{-1}A'L=\begin{bmatrix}1.1&-0.3\\-0.3&0.1\end{bmatrix}\begin{bmatrix}30.18\\110.24\end{bmatrix}=\begin{bmatrix}0.126\\1.97\end{bmatrix}$$

于是
$$a_0=0.126,\quad a_1=1.97$$

即拟合直线为 $y=0.126+1.97x$（见表 2-3）。

表 2-3　例 4 表 3

输入 x	1	2	3	4	5
输出 y	2.20	4.00	5.98	7.90	10.10
理论值 $\hat{y}$	2.096	4.066	6.036	8.006	9.976
$\Delta L=\lvert y-\hat{y}\rvert$	0.104	0.066	0.056	0.106	0.124

$$\Delta L_{max}=0.124$$

非线性误差为
$$\gamma_L=\pm\frac{\Delta L_{max}}{y_{FS}}\times100\%=\pm\frac{0.124}{10.10}\times100\%=\pm1.23\%$$

2.3　传感器的标定与校准

2.3.1　标定与校准的概述

1. 概念

新研制或生产的传感器需要对其技术性能进行全面的检定，以确定其基本的静、动态特性，包括灵敏度、重复性、非线性、迟滞、精度及自然振荡频率等。例如，对于一个压电式压力传感器，在受力后将输出电荷信号，即压力信号经传感器转换为电荷信号。但是，究竟多大压力能使传感器产生多少电荷呢？换句话说，我们测出了一定大小的电荷信号，但它所表示的加在传感器上的压力是多大呢？

这个问题只靠传感器本身是无法确定的，必须依靠专用的标准设备来确定传感器的输入/输出转换关系，这个过程就称为标定。简单地说，利用标准器具对传感器进行标度的过程称为标定。所谓传感器的标定，是指通过试验建立传感器输出与输入之间的关系并确定不同使用条件下的误差这样一个过程。一般来说，对传感器进行标定时，必须以国家和地方计量部门的有关检定规程为依据，选择正确的标定条件和适当的仪器设备，按照一定的程序进行。具体到压电式压力传感器来说，用专用的标定设备，如活塞式压力计，产生一个大小已知的标准力，作用在传感器上，传感器将输出一个相应的电荷信号，这时，再用精度已知的标准检测设备测量这个电荷信号，得到电荷信号的大小，由此得到一组输入/输出关系，这样的一系列过程就是对压电式压力传感器的标定过程，如图2-18所示。

图2-18　压电式压力传感器输入/输出关系

校准在某种程度上说也是一种标定，它是指传感器在经过一段时间储存或使用后，需要对其进行复测，以检测传感器的基本性能是否发生变化，判断它是否可以继续使用。因此，校准是指传感器在使用中或存储后进行的性能复测。在校准过程中，若传感器的某些指标发生了变化，则应对其进行修正。

2. 传感器标定的意义

对传感器进行标定，目的是依据试验数据确定传感器的各项性能指标，实际上也就是确定传感器的测量精度。传感器制造出来之后，自身的测量精度就客观确定了。但标定结果可能因所用的标定装置或标定数据处理方法不同而出现差异。一个高精度的传感器，如果标定方法不当，则很可能在实测中产生较大的误差；反之，一个精度不太高的传感器，如果标定方法得当，反而可能在实测中产生较小的误差。

传感器一般由制造厂在实验室内按规定条件进行标定。其具体意义如下：

(1)是设计、制造和使用传感器的一个重要环节。任何传感器在制造、装配完毕后都须对设计指标进行标定试验，以保证量值的准确传递。

(2)对新研制的传感器，须进行标定试验，才能用标定数据进行量值传递，而标定数据又可作为改进传感器设计的重要依据。

(3)传感器使用、存储一段时间后，也须对其主要技术指标进行复测，称为校准(校准和标定本质上是一样的)，以确保其性能指标达到要求。

(4)对出现故障的传感器，若经修理还可继续使用，修理后也必须再次进行标定试验，因为它的某些指标可能发生了变化。

3. 传感器标定的基本方法

标定的基本方法是，利用标准设备产生已知的非电量(如标准力、位移、压力等)，作为输入量输入待标定的传感器，然后将得到的传感器的输出量与输入的标准量做比较，从而得到一系列的标定数据或曲线。例如，压电式压力传感器，利用标准设备产生已知大小的标准压力，输入传感器后，得到相应的输出信号，这样就可以得到其标定曲线，根据标定曲线确定拟合直线，可作为测量的依据，如图2-19所示。

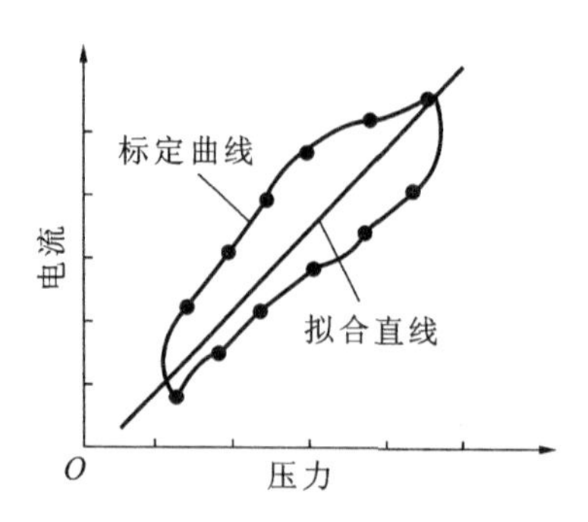

图 2-19　压电式压力传感器的标定曲线与拟合直线

将已知的被测量作为待标定传感器的输入，同时用输出量测量环节将待标定传感器的输出信号测量并显示出来(待标定传感器本身包括后续测量电路和显示部分时，标定系统也可不要输出量测量环节)；对所获得的传感器输入量和输出量进行处理和比较，从而得到一系列表征两者对应关系的标定曲线，进而得到传感器性能指标的实测结果。

传感器的标定系统一般由以下几个部分组成：

(1)被测非电量的标准发生器。

(2)被测非电量的标准测试系统，例如，活塞式压力计$\xrightarrow{产生}$标准压力$\xleftarrow{测量}$标准压力传感器，测力机$\xrightarrow{产生}$标准力$\xleftarrow{测量}$标准力传感器，恒温源$\xrightarrow{产生}$标准温度$\xleftarrow{测量}$标准温度计。

(3)待标定传感器所配接的信号检测设备，如信号调节器和显示器、记录器等。由于所配接的检测仪器也作为标准测试设备使用，因此，其精度应是已知的。

4. 传感器标定的分类

根据被测量进行分类：①绝对标定。被测量是由高精度的设备产生并测量其大小的。其特点是，精度较高，但较复杂。②相对标定或比较标定。被测量是用根据绝对标定法标定好的标准传感器来测量的。其特点是，简单易行，但标定精度较低。

根据标定的内容分类：①静态标定。确定传感器的静态指标，主要有线性度、灵敏度、迟滞和重复性等。②动态标定。确定传感器的动态指标，主要有时间常数、自然振荡频率和阻尼比等。有时根据需要也对非测量方向(因素)的灵敏度、温度响应、环境影响等进行标定。

2.3.2　传感器的静态标定

1. 传感器静态标定的条件

传感器的静态标定是在静态标准条件下进行的。静态标准条件是指无加速度、振动与冲击(除非这些参数本身就是被测物理量)，环境温度一般为室温(20±5) ℃，相对湿度不大于85%，大气压力为(101.32±7.999) kPa。

2. 标准器具精度的选择

为保证标定精度，须选择与被标定传感器的精度要求相适应的一定等级的标准器具(一般所用的测量仪器和设备的精度至少要比被标定传感器的精度高一个量级)，它应符合国家计量量值传递的规定，或经计量部门检定合格，通过标定所确定的传感器精度才是可靠的。

3. 静态标定的步骤

静态标定须遵循一定的程序，其标定步骤如下：

(1)将传感器全量程(测量范围)分成若干等间距点。

(2)根据传感器量程分点情况，由小到大逐渐一点一点地输入标准量值，并记录与各输入值对应的输出值。

(3)将输入值由大到小一点一点地减下来，同时记录与各输入值对应的输出值。

(4)按(2)、(3)所述过程，对传感器进行正、反行程往复循环多次测试(一般为 3～10 次)，将得到的输出/输入测试数据用表格列出或绘成曲线。

(5)对测试数据进行必要的处理，根据处理结果确定传感器的线性度、灵敏度、迟滞和重复性等静态特性指标。

2.3.3　传感器的动态标定

传感器的动态标定主要用于确定传感器的动态技术指标。动态技术指标主要用于研究传感器的动态响应，是与动态响应有关的参数。对于一阶传感器只有一个时间常数 τ，对于二阶传感器则有自然振荡频率 ω_n 和阻尼比 ξ 两个参数。确定这些参数的方法很多，一般是通过实验确定，如测量传感器的阶跃响应、正弦响应、线性输入响应、白噪声，以及用机械振动法等。其中最常用的是测量传感器的阶跃响应。

1. 实验确定一阶传感器时间常数的方法

测量一阶传感器的阶跃响应，当输出值达到稳态值的 63.2%所经历的时间即为它的时间常数。但这样确定时间常数实际上没有涉及响应的全过程，测量结果的可靠性仅取决于某些个别的瞬时值。为获得更可靠的结果常采用下面的方法。

一阶传感器的阶跃响应为

$$y(t)=1-e^{-t/\tau} \tag{2-39}$$

令 $z=-t/\tau$，上式可改写为

$$z=\ln[1-y(t)] \tag{2-40}$$

由上式，依据测得的 $y(t)$ 可求出对应的 z，作出 z-t 曲线，则应得到线性关系，根据 $\tau=-\Delta t/\Delta z$ 可确定时间常数。这种方法考虑了瞬态响应的全过程，具有较高的可靠性。另外，还可根据 z-t 曲线与拟合直线的符合程度判断传感器与一阶传感器的符合度。

2. 实验确定二阶传感器自然振荡频率与阻尼比的方法

二阶传感器一般都设计成阻尼比 $\xi=0.6\sim0.8$ 的欠阻尼系统。阶跃输入时，典型的欠阻尼二阶传感器的瞬态响应是以阻尼角频率 ω_d 作衰减振荡的。

阻尼角频率 ω_d 为

$$\omega_d=\sqrt{1-\xi^2}\,\omega_n$$

于是输出的时域函数可写为

$$y(t)=1-\frac{e^{-\xi\omega_n t}}{\sqrt{1-\xi^2}}\sin\left(\omega_d t+\arctan\frac{\sqrt{1-\xi^2}}{\xi}\right) \tag{2-41}$$

得过调量 M 与阻尼比 ξ 的关系为

$$M = e^{-\xi\pi/\sqrt{1-\xi^2}} \tag{2-42}$$

所以，测出过调量 M，即可得阻尼比 ξ 为

$$\xi = 1/\sqrt{1+(\pi/\ln M)^2} \tag{2-43}$$

由

$$t_p = \pi/\omega_d \tag{2-44}$$

可得

$$\omega_n = \pi/(t_p\sqrt{1-\xi^2}) \tag{2-45}$$

3. 确定传感器动态参数的其他方法——正弦信号响应法

测量传感器正弦稳态响应的幅值和相角，然后得到稳态正弦输出信号与输入信号的幅值比和相位差。逐渐改变输入正弦信号的频率，重复前述过程，即可得到幅频和相频特性曲线。由幅频和相频特性曲线可确定传感器的动态特性参数。

一阶传感器时间常数的确定：将一阶传感器的频率特性曲线绘成伯德图，则其对数幅频特性曲线下降 3 dB 处所对应的角频率为 $\omega=1/\tau$，由此可确定一阶传感器的时间常数 τ。

这是因为一阶传感器的幅频特性为 $A(\omega)=1/\sqrt{1+(\omega\tau)^2}$，当 $\omega=1/\tau$ 时，$A(\omega)$ 下降 3 dB。

二阶传感器时间常数的确定：在欠阻尼情况下，从曲线上可以测得三个特征量，即零频增益 $A(0)$、谐振频率增益 $A(\omega_r)$ 和谐振频率 ω_r。根据 $A(\omega)=1/\sqrt{[1-(\omega/\omega_n)^2]^2+(2\xi\omega/\omega_n)^2}$，令 $\frac{dA(\omega)}{d\omega}=0$，得

$$\omega_r = \omega_n\sqrt{1-2\xi^2}$$

将 ω_r 代入 $A(\omega)$ 的表达式得

$$A(\omega_r) = \frac{1}{2\xi\sqrt{1-\xi^2}}$$

即可确定 ξ 和 ω_n。

虽然从理论上来讲，也可通过传感器相频特性曲线确定 ξ 和 ω_n，但是一般来说，准确地测试相角比较困难，所以很少这样做。

【例 5】 用热电阻温度计测量热源的温度，将该温度计从 20 ℃的室温突然插入 85 ℃的热源时，相当于给温度计输入一个阶跃信号 $u(t)$，即

$$u(t)=\begin{cases}20\ ℃ & t<0\\ 85\ ℃ & t\geqslant 0\end{cases}$$

已知热电阻温度计的时间常数 $\tau=6$ s，求经过 10 s 后温度计测得的实际温度值。

解 温度计测得的实际温度为

$$\begin{aligned}y(t) &= A_0+(A-A_0)(1-e^{-t/\tau})\\ &= [20+(85-20)(1-e^{-10/6})]℃\\ &= 72.7\ ℃\end{aligned}$$

相对误差为

$$r = \frac{85-72.7}{85}\times 100\% = 14.47\%$$

调整时间过短，输出量尚不能不失真地反映输入量的情况。

思　考　题

1. 什么是传感器的静态特性？它有哪些性能指标？

2. 某传感器给定相对误差为 2%FS，满度值输出为 50 mV，求可能出现的最大误差 δ（以 mV 计）。当传感器使用在满刻度的 1/2 和 1/8 时计算可能产生的百分误差，并由此说明使用传感器时选择适当量程的重要性。

3. 用某一阶传感器测量 100 Hz 的正弦信号，如要求幅值误差限制在 ±5% 以内，时间常数应取多少？如果用该传感器测量 50 Hz 的正弦信号，其幅值误差和相位误差各为多少？

4. 已知某一阶传感器的频率特性为

$$H(\mathrm{j}\omega)=\frac{1}{1+\mathrm{j}\omega}$$

(1)求输入信号 $x(t)=\sin(3t)$ 时的测量结果；

(2)分析测量结果波形是否失真。

5. 已知两个二阶传感器的自然振荡频率为 800 Hz 和 1.2 kHz，阻尼比 $\xi=0.4$，测量频率为 400 Hz 的正弦信号，应选用哪一个传感器较好？为什么？

6. 一阶传感器受到阶跃输入信号的作用，在 2 s 时输出量达到稳态值的 20%，求：

(1)该传感器的时间常数；

(2)输出量达到稳态值的 95% 需多长时间？

第 3 章　电阻应变式传感器

电阻应变式传感器是以电阻应变片为转换元件的电阻传感器。电阻应变式传感器由弹性敏感元件、电阻应变片、补偿电阻和外壳组成，可根据具体测量要求设计成多种结构形式。弹性敏感元件受到所测量的力而产生变形，并使附着其上的电阻应变片一起变形。电阻应变片再将变形转换为电阻值的变化，从而可以测量力、压力、扭矩、位移、加速度和温度等多种物理量。电阻应变式传感器具有结构简单、体积小、测量范围广、寿命长、频响特性好、适合动态和静态测量、性能稳定可靠等特点，是目前应用最广泛的传感器之一。

3.1　电阻应变片的工作原理

电阻应变片的工作原理是基于电阻应变效应，即导体或半导体材料在外界力作用下产生机械变形（拉伸或压缩）时，其电阻值相应发生变化。

如图 3-1 所示，一根金属电阻丝在其未受力时，原始电阻值为

$$R=\frac{\rho l}{S} \tag{3-1}$$

式中：R 为金属丝电阻值（Ω）；ρ 为电阻丝的电阻率（$\Omega\cdot mm^2/m$）；l 为电阻丝的长度（m）；S 为电阻丝的截面积（mm^2）。

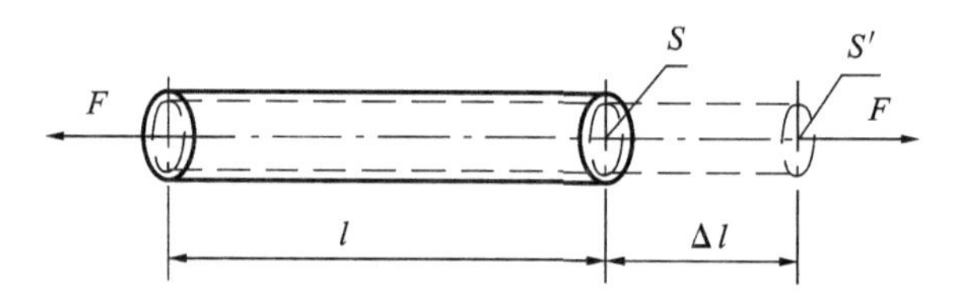

图 3-1　金属电阻丝受外力变形示意图

当电阻丝受到拉力 F 作用时，将伸长 Δl，横截面积相应减少 ΔS，电阻率因材料晶格发生变形等因素影响而变化 $\Delta\rho$，从而引起电阻变化 ΔR，通过对式(3-1)全微分，得电阻的相对变化量为

$$\frac{\mathrm{d}R}{R}=\frac{\mathrm{d}l}{l}+\frac{\mathrm{d}\rho}{\rho}-\frac{\mathrm{d}S}{S} \tag{3-2}$$

式中：$\mathrm{d}l/l$ 为长度相对变化量，用应变 ε 表示为

$$\varepsilon=\frac{\mathrm{d}l}{l} \tag{3-3}$$

$\mathrm{d}S/S$ 为圆形电阻丝的截面积相对变化量，设 r 为电阻丝的半径，微分后可得 $\mathrm{d}S=2\pi r\mathrm{d}r$，则

$$\frac{\mathrm{d}S}{S}=2\,\frac{\mathrm{d}r}{r} \tag{3-4}$$

由材料力学知识可知，在弹性范围内，金属丝受拉力时，沿轴向伸长，沿径向缩短，令 $\mathrm{d}l/l$

$=\varepsilon$ 为金属电阻丝的轴向应变，$\mathrm{d}r/r$ 为径向应变，那么轴向应变和径向应变的关系可表示为

$$\frac{\mathrm{d}r}{r}=-\mu\frac{\mathrm{d}l}{l}=-\mu\varepsilon \tag{3-5}$$

式中：μ 为电阻丝材料的泊松比；负号表示应变方向相反。

将式(3-3)、式(3-4)、式(3-5)代入式(3-2)，可得

$$\frac{\mathrm{d}R}{R}=(1+2\mu)\varepsilon+\frac{\mathrm{d}\rho}{\rho} \tag{3-6}$$

令

$$K=\frac{\frac{\mathrm{d}R}{R}}{\varepsilon}=(1+2\mu)+\frac{\frac{\mathrm{d}\rho}{\rho}}{\varepsilon} \tag{3-7}$$

式中：K 为电阻丝的灵敏度，其物理意义是单位应变所引起的电阻相对变化量。

由式(3-7)可知，电阻丝的灵敏度 K 受两个因素影响：一个是应变片受力后材料几何尺寸的变化，即 $1+2\mu$；另一个是应变片受力后材料的电阻率发生的变化，即 $(\mathrm{d}\rho/\rho)/\varepsilon$。对金属材料来说，$1+2\mu\gg(\mathrm{d}\rho/\rho)/\varepsilon$，所以金属电阻丝的 $\mathrm{d}\rho/\rho$ 的影响可忽略不计，即起主要作用的是应变效应。大量实验证明，在电阻丝拉伸极限内，电阻的相对变化与应变成正比，即 K 为常数。

3.2　电阻应变片的种类

金属电阻应变片种类繁多，形式多样，但常见的基本结构有金属丝式应变片、金属箔式应变片和薄膜式应变片。其中金属丝式应变片使用最早、最多，因其制作简单、性能稳定、价格低廉、易于粘贴而被广泛使用。

1. 金属丝式应变片

金属丝式应变片由敏感栅、基底、盖层、黏合层和引线等组成。图 3-2 所示的为金属丝式应变片的典型结构图。其中敏感栅是应变片内实现应变-电阻转换的最重要的传感元件，一般采用的栅丝直径为 0.015～0.05 mm。敏感栅的纵向轴线称为应变片轴线，l 为栅长，b 为基宽。根据不同用途，栅长可为 0.2～200 mm。基底用于保持敏感栅及引线的几何形状和相对位置，并将被测件上的应变迅速、准确地传递到敏感栅上，因此基底做得很薄，一般为 0.02～0.4 mm。盖层起防潮、防腐、防损的作用，用于保护敏感栅。用专门的薄纸制成的基底和盖层称为纸基，用各种黏合剂和有机树脂薄膜制成的称为胶基，现多采用后者。黏合剂将敏感栅、基底及盖层黏合在一起。在使用应变片时也采用黏合剂将应变片与被测件黏牢。引线常用直径为 0.10～0.15 mm 的镀锡铜线，并与敏感栅两个输出端焊接。

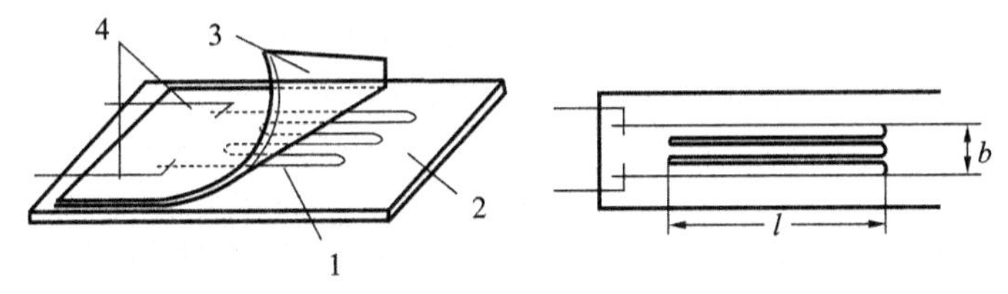

图 3-2　电阻应变片结构示意图

1—敏感栅；2—基底；3—盖层；4—引线

l—栅长；b—基宽

金属丝式应变片有回线式和短接式两种。回线式最为常用，制作简单，性能稳定，成本低，易粘贴，但其应变横向效应较大，如图 3-2 所示；短接式应变片两端用直径比栅线直径大 5～10 倍的镀银丝短接，如图 3-3(a)所示，其优点是克服了横向效应，但制造工艺复杂。

2. 金属箔式应变片

金属箔式应变片的敏感栅是由很薄的金属箔片制成的，厚度只有 0.01～0.10 mm，用光刻、腐蚀等技术制作。金属箔式应变片的横向部分特别粗，可大大减小横向效应，且敏感栅的粘贴面积大，能更好地随同试件变形。此外与金属丝式应变片相比，金属箔式应变片还具有散热性能好、允许电流大、灵敏度高、寿命长、可制成任意形状、易加工、生产效率高等优点，所以其使用范围日益扩大，已逐渐取代金属丝式应变片而占主要的地位。

图 3-3(b)、(c)、(d)所示的为常见的金属箔式应变片。

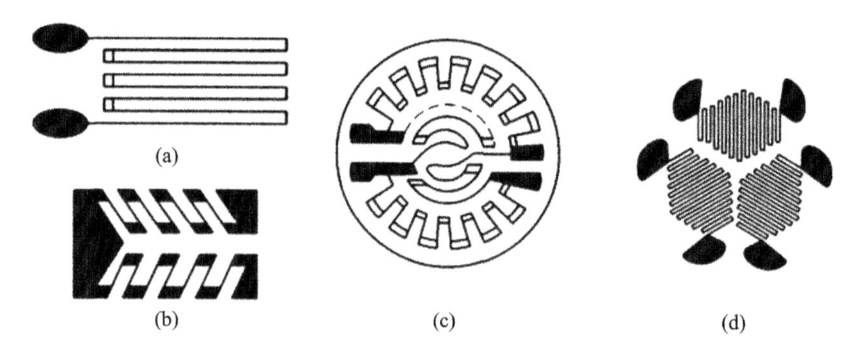

图 3-3 常用应变片的形式

但需要注意，制造金属箔式应变片的电阻，其阻值的分散性要比金属丝式的大，有的能相差几十欧姆，故需要做阻值的调整。

对金属电阻应变片敏感栅材料的基本要求如下。

(1)灵敏度 K 值大，并且在较大应变范围内保持常数。

(2)电阻温度系数小。

(3)电阻率大，即在同样长度、同样横截面积的电阻丝中具有较大的电阻值。

(4)机械强度高，且易于拉丝或辗薄。

(5)与铜丝的焊接性好，与其他金属的接触热电势小。

3. 金属薄膜式应变片

金属薄膜式应变片与金属丝式和金属箔式两种传统的金属粘贴式电阻应变片不同，它采用真空蒸发或真空沉积的方法，将金属敏感材料直接镀制于弹性基片上。相对于金属粘贴式应变片而言，金属薄膜式应变片的应变传递性能得到了极大的改善，几乎无蠕变，并且具有应变灵敏度高、稳定性好、可靠性高、工作温度范围宽、使用寿命长、成本低等优点，是一种很有发展前景的新型应变片，目前在实际使用中遇到的主要问题是尚难控制其电阻对温度和时间的变化关系。

3.3　电阻应变片的测量电路

机械应变一般都很小,要把微小的应变引起的微小电阻变化测量出来,同时要把电阻相对变化 $\Delta R/R$ 转换为电压或电流的变化,需要有专门用于测量应变变化而引起电阻变化的测量电路。工程中通常采用直流电桥和交流电桥来测量。

3.3.1　直流电桥电路

1. 直流电桥平衡条件

直流电桥电路如图 3-4 所示,图中 E 为电源电压,R_1、R_2、R_3、R_4 为桥臂电阻,R_L 为负载电阻。当 $R_L \to +\infty$时,电桥输出电压为

$$U_o = E\left(\frac{R_1}{R_1+R_2} - \frac{R_3}{R_3+R_4}\right) \tag{3-8}$$

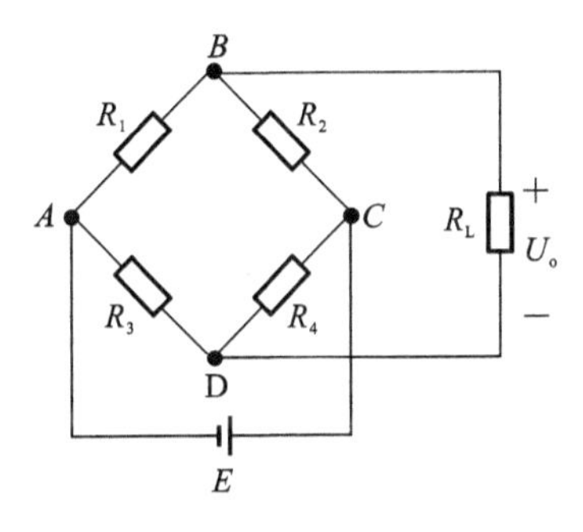

图 3-4　直流电桥

当电桥平衡时,$U_o=0$,则有

$$R_1R_4 = R_2R_3 \quad 或 \quad \frac{R_1}{R_2} = \frac{R_3}{R_4} \tag{3-9}$$

式(3-9)为电桥平衡条件。这说明欲使电桥平衡,其相邻两臂电阻的比值应相等,或相对两臂电阻的乘积相等。

2. 不平衡直流电桥的工作原理

若将电阻应变片 R_1 接入电桥臂,R_2、R_3、R_4 为电桥固定电阻,这就构成了单臂电桥。应变片工作时,其电阻值变化很小,电桥相应输出电压也很小,一般需要加入放大器进行放大。由于放大器的输入阻抗比桥路输出阻抗高很多,因此此时仍视电桥为开路。当受应变时,若应变片电阻变化为 ΔR,其他桥臂固定不变,电桥输出电压 $U_o \neq 0$,则电桥不平衡,输出电压为

$$\begin{aligned} U_o &= E\left(\frac{R_1+\Delta R_1}{R_1+\Delta R_1+R_2} - \frac{R_3}{R_3+R_4}\right) \\ &= E\,\frac{\Delta R_1 R_4}{(R_1+\Delta R_1+R_2)(R_3+R_4)} \\ &= E\,\frac{\frac{R_4}{R_3}\frac{\Delta R_1}{R_1}}{\left(1+\frac{\Delta R_1}{R_1}+\frac{R_2}{R_1}\right)\left(1+\frac{R_4}{R_3}\right)} \end{aligned} \tag{3-10}$$

设桥臂比 $n=R_1/R_2$,由于 $\Delta R_1 \ll R_1$,分母中 $\Delta R_1/R_1$ 可忽略,并考虑到平衡条件(式(3-9)),则式(3-10)可写为

$$U_o = E\,\frac{n}{(1+n)^2}\frac{\Delta R}{R_1} \tag{3-11}$$

电桥电压灵敏度定义为

$$K_u = \frac{U_o}{\frac{\Delta R_1}{R_1}} = \frac{n}{(1+n)^2}E \tag{3-12}$$

由式(3-12)分析发现：

(1)电桥电压灵敏度 K_u 越大，应变变化相同情况下输出电压越大；

(2)K_u 与电桥电源 E 成正比，但供电受应变片允许功耗限制；

(3)K_u 是桥臂比 n 的函数 $K_u(n)$，恰当选择 n 可提高电压灵敏度 K_u。

在 E 值确定后，n 取何值时才能使 K_u 最高？由 $\frac{\mathrm{d}K_u}{\mathrm{d}n}=\frac{1-n^2}{\mathrm{d}n}=0$ 求得 $n=1$ 时，K_u 为最大值。这就是说，在供桥电压确定后，当 $R_1=R_2=R_3=R_4$ 时，电桥电压灵敏度最高，此时有

$$U_o=\frac{E}{4}\frac{\Delta R_1}{R_1} \tag{3-13}$$

$$K_u=\frac{E}{4} \tag{3-14}$$

从上述分析可知，当电源电压 E 和电阻相对变化量 $\Delta R_1/R_1$ 一定时，电桥的输出电压及其灵敏度也是定值，且与各桥臂电阻值大小无关。

3. 非线性误差及其补偿方法

式(3-10)是在略去分母中的 $\Delta R_1/R_1$ 项，电桥输出电压与电阻相对变化成正比的理想情况下得到的，实际情况则应按下式计算：

$$U'_o=E\frac{\frac{\Delta R_1}{R_1}n}{\left(1+n+\frac{\Delta R_1}{R_1}\right)(1+n)} \tag{3-15}$$

U'_o 与 $\Delta R_1/R_1$ 的关系是非线性的，非线性误差为

$$\gamma_L=\frac{U_o-U'_o}{U_o}=\frac{\Delta R_1/R_1}{1+n+\Delta R_1/R_1} \tag{3-16}$$

如果是四等臂电桥，$R_1=R_2=R_3=R_4$，即 $n=1$，则近似得到

$$\gamma_L=\frac{\Delta R_1}{2R_1} \tag{3-17}$$

可见非线性误差与 $\Delta R_1/R_1$ 成正比。为了减小和克服非线性误差，常采用差动电桥，如图 3-5 所示，在试件上安装两个工作应变片，一个受拉应变，一个受压应变，接入电桥相邻桥臂，称为半桥差动电路。该电桥输出电压为

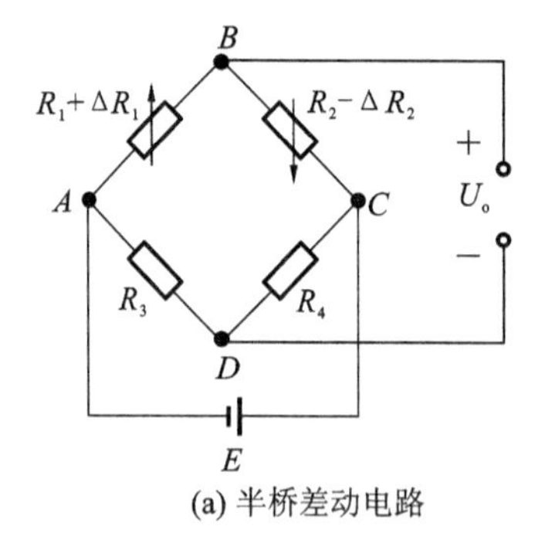

(a) 半桥差动电路

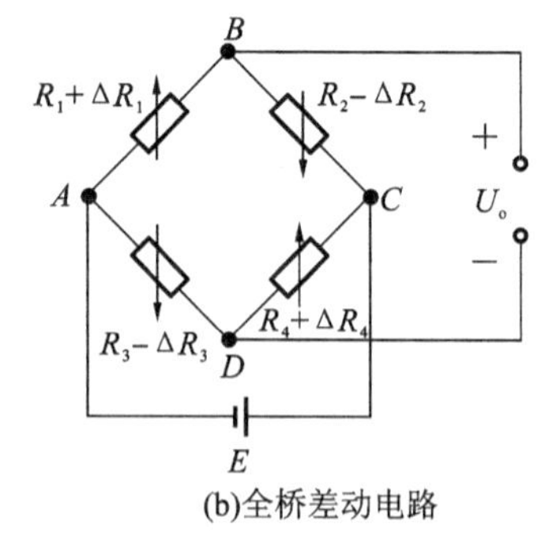

(b)全桥差动电路

图 3-5 差动电路

$$U_o = E\left(\frac{R_1+\Delta R_1}{R_1+\Delta R_1+R_2-\Delta R_2}-\frac{R_3}{R_3+R_4}\right) \tag{3-18}$$

若 $\Delta R_1=\Delta R_2=\Delta R, R_1=R_2, R_3=R_4$，则得

$$U_o=\frac{E}{2}\cdot\frac{\Delta R}{R_1} \tag{3-19}$$

由式(3-19)可知，U_o 与 $\Delta R_1/R_1$ 呈线性关系。

3.3.2　交流电桥电路

根据直流电桥分析可知，由于应变电桥输出电压很小，一般都要加放大器，而直流放大器易产生零漂，因此应变电桥多采用交流电桥。

交流电桥如图 3-6 所示，它在结构形式上与直流电桥相似，但采用的是交流电源，各个桥臂表现为阻抗性质，故输出也为交流。

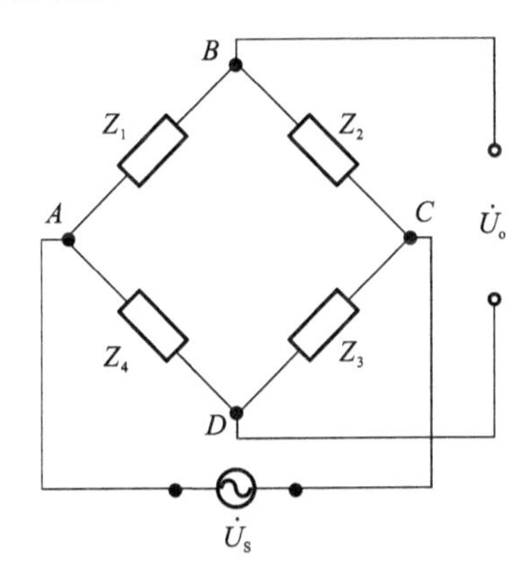

图 3-6　交流电桥

交流电桥的输出电压为

$$\dot{U}_o=\frac{Z_1Z_3-Z_2Z_4}{(Z_1+Z_2)(Z_3+Z_4)}\dot{U}_s \tag{3-20}$$

为了使测量前电桥的初始状态满足平衡条件，即输出电压为零，应恰当地选择各桥臂阻抗的初始值，使桥臂阻抗的初始值满足

$$Z_1Z_3=Z_2Z_4 \tag{3-21}$$

电桥的输出端往往都连接有负载。当交流不平衡电桥的输出端连接阻抗很大的负载时，电桥输出端近似于开路状态，负载阻抗上的电压降近似等于电桥的输出电压，这时用桥路的输出电压作为测量电路的输出电压，用电压灵敏度来衡量电桥的测量灵敏度。

与直流电桥相同，交流电桥常采用相邻两桥臂阻抗发生差动变化的半桥工作方式。

设 $Z_1=Z_2$，且相邻两桥臂阻抗发生差动变化

$$\Delta Z_1/Z_1=-\Delta Z_2/Z_2=\dot{r} \tag{3-22}$$

这时电桥的输出电压为

$$\dot{U}_o=\frac{1}{2}\dot{r}\dot{U}_s \tag{3-23}$$

交流电桥的平衡调节要比直流电桥的复杂得多。图 3-7 所示的为两种常用的交流电桥零

点平衡调节电路。

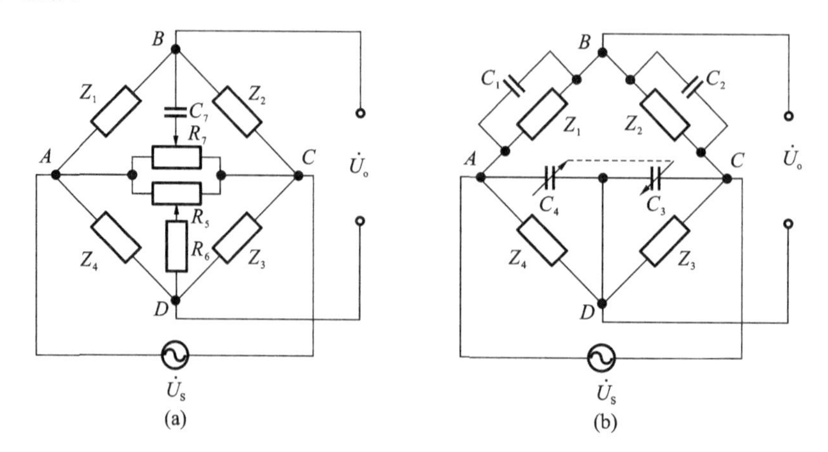

图 3-7　交流电桥零点平衡调节电路

3.4　电阻应变片的温度补偿

3.4.1　温度误差产生的原因

对于用作测量应变的金属应变片，希望其阻值仅随应变变化而变化，而不受其他因素的影响。实际上应变片的阻值受环境温度（包括被测试件的温度）影响很大。环境温度变化引起的电阻变化与试件应变所造成的电阻变化几乎有相同的数量级，从而产生很大的测量误差，称为应变片的温度误差，又称热输出。由环境温度改变而引起电阻变化的两个主要因素如下：

（1）应变片的电阻丝（敏感栅）具有一定的温度系数；

（2）电阻丝材料与测试材料的线膨胀系数不同。

设环境引起的构件温度变化为 Δt（℃），粘贴在试件表面的应变片敏感栅材料的电阻温度系数为 α_t，则应变片产生的电阻相对变化为

$$\left(\frac{\Delta R}{R}\right)_{t1}=\alpha_t\Delta t \tag{3-24}$$

由于敏感栅材料和被测构件材料两者线膨胀系数不同，当 Δt 存在时，引起应变片的附加应变，其值为

$$\varepsilon_{t2}=(\beta_g-\beta_s)\Delta t \tag{3-25}$$

式中：β_g 为试件材料线膨胀系数；β_s 为敏感栅材料线膨胀系数。

相应的电阻相对变化为

$$\left(\frac{\Delta R}{R}\right)_{t2}=K(\beta_g-\beta_s)\Delta t \tag{3-26}$$

式中：K 为应变片灵敏度。

温度变化形成的总电阻相对变化为

$$\left(\frac{\Delta R}{R}\right)_t=\left(\frac{\Delta R}{R}\right)_{t1}+\left(\frac{\Delta R}{R}\right)_{t2}=\alpha_t\Delta t+K(\beta_g-\beta_s)\Delta t \tag{3-27}$$

相应的虚假应变为

$$\varepsilon_t=\left(\frac{\Delta R}{R}\right)_t/K=\frac{\alpha_t}{K}\Delta t+(\beta_g-\beta_s)\Delta t \tag{3-28}$$

式(3-28)为应变片粘贴在试件表面上，当试件不受外力作用，在温度变化 Δt 时，应变片的温度效应。

可见，应变片热输出的大小不仅与应变计敏感栅材料的性能(α_t、β_s)有关，而且与被测试件材料的线膨胀系数(β_g)也有关。

3.4.2　温度误差的补偿方法

电阻应变片的温度补偿方法通常有应变片自补偿和桥路补偿两大类。桥路补偿是常用且效果较好的电阻片温度误差补偿方法。

1. 自补偿

1)单丝自补偿

由式(3-28)可知，要使应变片在温度变化 Δt 时的热输出值为零，必须使

$$\alpha_t+K(\beta_g-\beta_s)=0$$

即

$$\alpha_t=K(\beta_s-\beta_g) \tag{3-29}$$

每种材料的被测试件，其线膨胀系数 β_g 都为确定值，可以在有关的材料手册中查到。在选择应变片时，若应变片的敏感栅是用单一的合金丝制成的，并且其电阻温度系数 α_t 和线膨胀系数 β_s 满足上式的条件，即可实现温度自补偿。具有这种敏感栅的应变片称为单丝自补偿应变片。

单丝自补偿应变片的优点是结构简单，制造和使用都比较方便，但它必须在具有一定线膨胀系数材料的试件上使用，否则不能达到温度自补偿的目的。

2)双丝组合式自补偿

将两种不同电阻温度系数(一种为正值，一种为负值)的材料串联组成敏感栅，如图 3-8 所示。这种应变片的自补偿条件要求粘贴在某种试件上的两段敏感栅随温度变化而产生的电阻增量大小相等、符号相反，即 $(\Delta R_a)_t=-(\Delta R_b)_t$。

两段电阻丝栅的电阻大小可按下式选配：

$$\frac{R_a}{R_b}=-\frac{(\Delta R_b/R_b)_t}{(\Delta R_a/R_a)_t}=-\frac{\alpha_{tb}+K_b(\beta_g-\beta_{sb})}{\alpha_{ta}+K_a(\beta_g-\beta_{sa})}$$

式中：α_{ta}、α_{tb}分别为电阻丝 R_a 和 R_b 的材料的电阻温度系数；β_{sa}、β_{sb}分别为电阻丝 R_a 和 R_b 的材料的线膨胀系数。

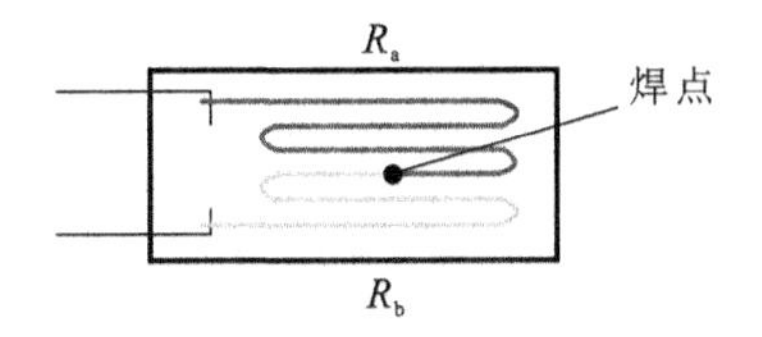

图 3-8　双金属敏感栅自补偿应变片示意图

2. 桥路补偿

如图 3-9(a)所示,电桥输出电压与桥臂参数的关系为

$$U_o = A(R_1R_4 - R_2R_3) \tag{3-30}$$

式中:A 为由桥臂电阻和电源电压决定的常数。

由式(3-30)可知,当 R_3、R_4 为常数时,R_1 和 R_2 对输出电压的作用方向相反。利用这个基本特性可实现对温度的补偿,并且补偿效果较好,这是最常用的补偿方法之一。

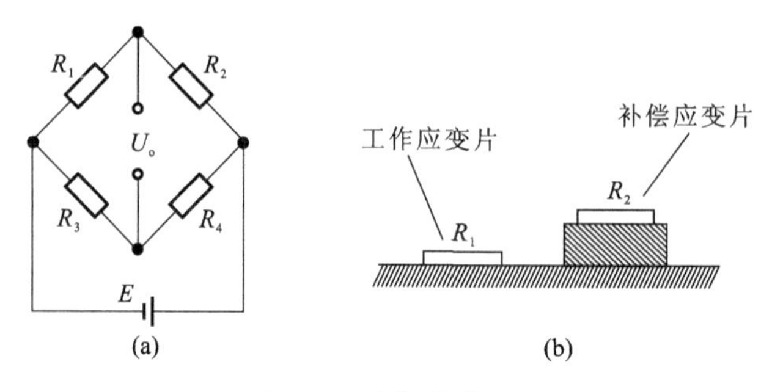

图 3-9 电桥补偿法

测量应变时,使用两个应变片。一片贴在被测试件的表面,如图 3-9(b)中的 R_1,称为工作应变片。另一片贴在与被测试件材料相同的补偿块上,如图 3-9(b)中的 R_2,称为补偿应变片。在工作过程中补偿块不承受应变,仅随温度变化而发生变形。

当被测试件不承受应变时,R_1 和 R_2 处于同一温度场,调整电桥参数,可使电桥输出电压为零,即

$$U_o = A(R_1R_4 - R_2R_3) = 0$$

上式中可以选择 $R_1 = R_2 = R$ 及 $R_3 = R_4 = R'$。

当温度升高或降低时,若 $\Delta R_{1t} = \Delta R_{2t}$,即两个应变片的热输出相等,可得输出电压为

$$\begin{aligned} U_o &= A[(R_1 + \Delta R_{1t})R_4 - (R_2 + \Delta R_{2t})R_3] \\ &= A[(R + \Delta R_{1t})R' - (R + \Delta R_{2t})R'] \\ &= A(RR' + \Delta R_{1t}R' - RR' - \Delta R_{2t}R') \\ &= AR'(\Delta R_{1t} - \Delta R_{2t}) = 0 \end{aligned}$$

若此时有应变作用,只会引起电阻 R_1 发生变化,R_2 不承受应变。因此可得输出电压为

$$U_o = A[(R_1 + \Delta R_{1t} + R_1K\varepsilon)R_4 - (R_2 + \Delta R_{2t})R_3] = AR'RK\varepsilon \tag{3-31}$$

由式(3-31)可知,电桥输出电压只与应变 ε 有关,与温度无关。

3.5 电阻应变式传感器的应用

3.5.1 应变式力传感器

被测量为荷重或力的金属电阻应变式传感器,统称为金属电阻应变式力传感器,其主要用途是作为各种电子秤与测力仪表的测力元件,也可用于各种动力机械和材料试验机的力测试等。

应变式力传感器的弹性敏感元件有多种形式，如等截面柱、悬臂梁、圆环、轮辐、膜片等。

对弹性敏感元件的基本要求如下：具有较高的灵敏度和稳定性；在力的作用点稍许变化，以及存在侧向力时，对传感器的输出影响小；结构上最好能有相同的正、负应变区等。

下面介绍几种常用的金属电阻应变式力传感器。

1. 柱型金属电阻应变式力传感器

柱型金属电阻应变式力传感器的弹性敏感元件采用等截面柱。等截面柱又称等截面轴，外形为柱状，如图 3-10 所示。

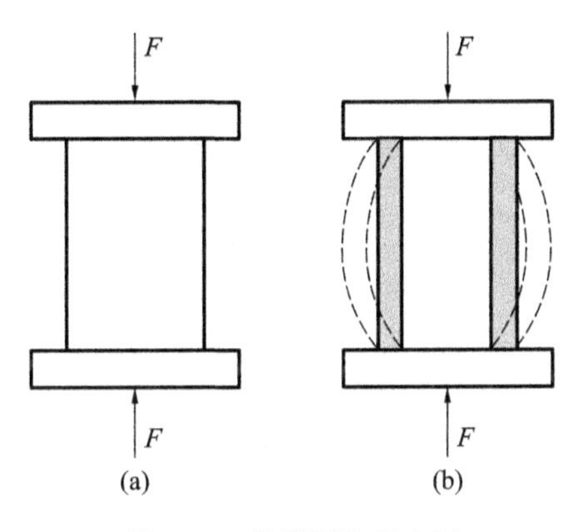

图 3-10　等截面柱示意图

等截面柱的截面可以是圆形的，也可以是方形的，可以是实心的，也可以是空心的。实心柱可以承受较大的负荷，空心柱则有较高的灵敏度。

等截面柱的输入是轴向力。可以是拉伸力，也可以是压缩力。在轴向力 F 的作用下，与轴线成 ϕ 角的应力 σ_ϕ 和应变 ε_ϕ 分别为

$$\sigma_\phi=\frac{F}{S}(\cos^2\phi-\mu\sin^2\phi) \tag{3-32}$$

$$\varepsilon_\phi=\frac{F}{SE}(\cos^2\phi-\mu\sin^2\phi) \tag{3-33}$$

式中：F 为沿轴线方向上的作用力，拉伸力 F 取正值，压缩力 F 取负值；E 为材料的弹性模量；μ 为材料的泊松比；S 为柱体的横截面积；ϕ 为应力和应变与轴线的夹角。

轴向（$\phi=0°$）的应力 σ_a 和应变 ε_a 分别为

$$\sigma_a=\frac{F}{S} \tag{3-34}$$

$$\varepsilon_a=\frac{F}{SE} \tag{3-35}$$

环向（$\phi=90°$）的应力 σ_c 和应变 ε_c 分别为

$$\sigma_c=-\mu\frac{F}{S} \tag{3-36}$$

$$\varepsilon_c=-\mu\frac{F}{SE} \tag{3-37}$$

由以上分析可见，等截面柱在不同方向的应力和应变是不相等的。显然，轴向的应力和应变最大。

一般将应变片对称地贴在应力均匀的柱表面的中间部分。为提高灵敏度和实现温度补偿，尽量减小由于轴向力 F 不能正好通过柱体中心轴线而造成的载荷偏心和弯矩的影响，往往采用多片相同的应变片，一半沿轴向粘贴，一半沿环向粘贴。图 3-11(a)所示的为采用八片应变片时，贴片位置在圆柱表面的展开图，图 3-11(b)所示的为桥路连接图。

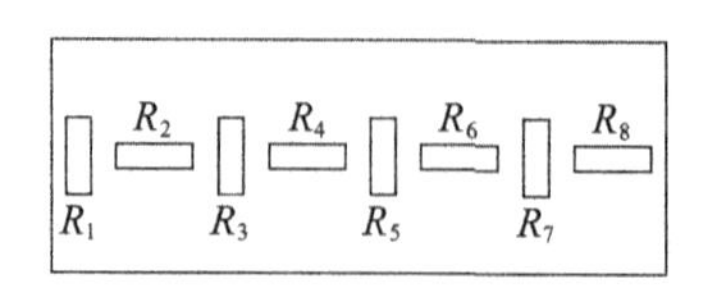

(a) 圆柱面展开图

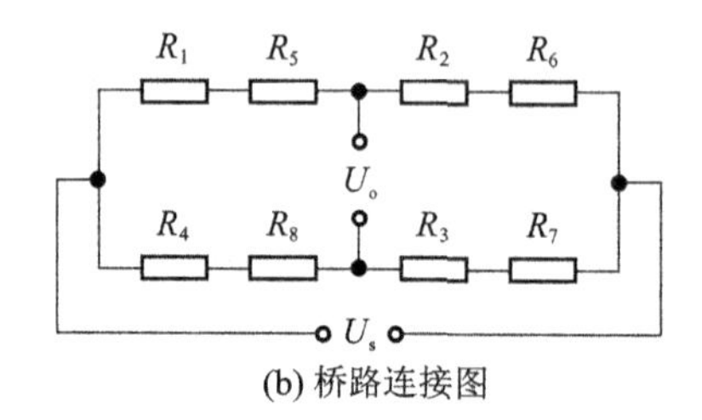

(b) 桥路连接图

图 3-11　圆柱(筒)式力传感器

2. 悬臂梁式力传感器

悬臂梁是一种一端固定、一端自由的弹性敏感元件，它的截面一般为矩形。根据梁的截面，悬臂梁可分为等截面悬臂梁和等强度悬臂梁。

1)等截面悬臂梁

等截面悬臂梁沿长度方向的各截面面积相等，如图 3-12 所示。

当力 F 作用于等截面悬臂梁的自由端时，距固定端 x 处产生的应变为

$$\varepsilon_x = \pm \frac{6(L-x)F}{Ebh^2} \tag{3-38}$$

式中：ε_x 为距固定端为 x 处的应变，上表面取正号，下表面取负号；x 为某一位置到固定端的距离；E 为梁材料的弹性模量；L、b、h 分别为梁的长度、宽度、厚度。

由式(3-38)可见，在梁沿长度方向的各个位置所产生的应变是不同的。越靠近固定端，应变越大。在 $x=0$，即根部处，应变最大；在 $x=L$，即自由端处，应变为零。

2)等强度悬臂梁

等强度悬臂梁沿长度方向的各截面面积不等，如图 3-13 所示。

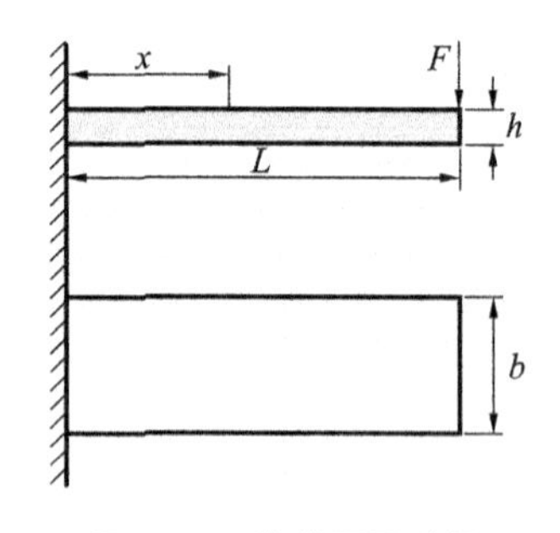

图 3-12　等截面悬臂梁

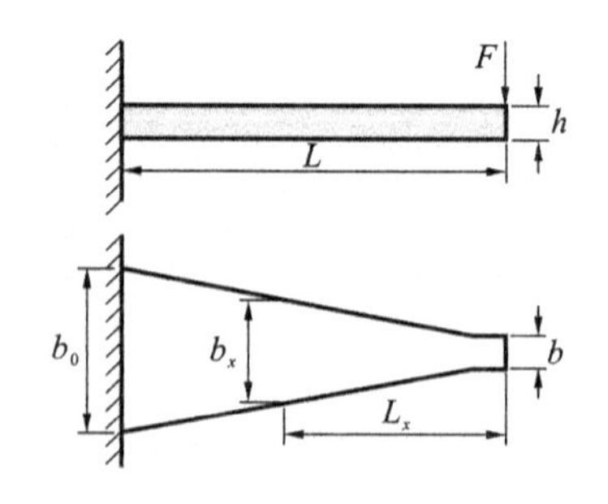

图 3-13　等强度悬臂梁

当力 F 作用于等强度悬臂梁的自由端时，梁沿轴方向的各个位置所产生的应变是相同的，产生的应变为

$$\varepsilon=\pm\frac{6LF}{Eb_0h^2} \tag{3-39}$$

式中：b_0 为梁的固定端宽度。

当采用等强度悬臂梁时，由于受力作用各点所产生的应变相等，因此应变片的粘贴位置不受限制。

悬臂梁的特点是结构简单、加工方便、灵敏度高，在较小力的作用下即可产生较大的应变和挠度，因此常应用于较小力的测量。

3.5.2　应变式压力传感器

应变式压力传感器主要用来测量流动介质的动态或静态压力，如动力管道设备的进出口气体或液体的压力、发动机内部的压力、枪管及炮管内部的压力、内燃机管道的压力等。

应变式压力传感器大多采用膜片式或筒式弹性元件。

图 3-14(a)所示的为膜片应变片式压力传感器，应变片贴在膜片内壁，在压力 p 作用下，膜片产生径向应变 ε_r 和切向应变 ε_t，表达式分别为

$$\varepsilon_r=\frac{3p(1-\mu^2)(R^2-3x^2)}{8h^2E} \tag{3-40}$$

$$\varepsilon_t=\frac{3p(1-\mu^2)(R^2-x^2)}{8h^2E} \tag{3-41}$$

式中：p 为膜片上均匀分布的压力；R、h 分别为膜片的半径和厚度；x 为离圆心的径向距离。

由应力分布图可知，膜片弹性元件承受压力 p 时，其应变变化曲线的特点为：当 $x=0$ 时，$\varepsilon_{rmax}=\varepsilon_{tmax}$；当 $x=R$ 时，$\varepsilon_r=-2\varepsilon_{rmax}$，$\varepsilon_t=0$。

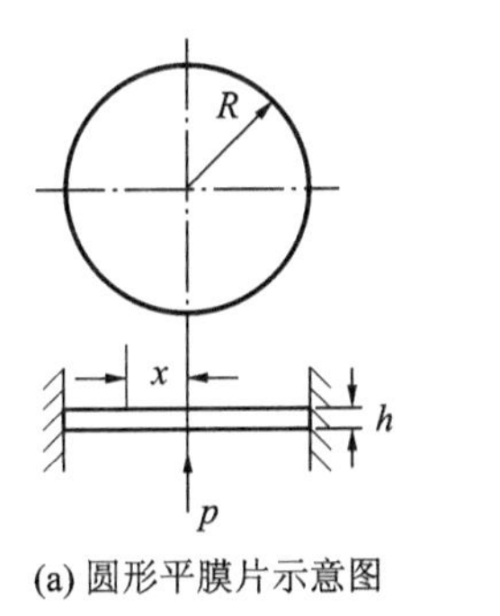

(a) 圆形平膜片示意图

(b) 应变片粘贴图

图 3-14　膜片式压力传感器

根据平膜片受压力 p 时应力和应变分布的特点，一般在平膜片靠近圆心处沿切向粘贴 R_1、R_3 两片应变片，在靠近边缘处沿径向贴 R_2、R_4 两片应变片，如图 3-14(b)所示。然后接成全桥测量电路。

3.5.3　应变式位移传感器

电阻应变式位移传感器与压力传感器的原理相同，但要求不同。对位移传感器弹性元件

的要求是刚度小。弹性元件变形时，将对被测构件形成一个反力，影响被测构件的位移数值。位移传感器中与弹性元件相连接的触点直接感受被测的位移，从而引起弹性元件的变形。为了保证测量精度，触点的位移与应变计感受的应变之间应保持线性关系。位移传感器的弹性元件可以采用不同的形式，常用的是梁式和弹簧组合式。

在实际应用中，将悬臂梁自由端的挠度(即位移)W 作为输出。W 与作用力 F 的关系为

$$W=\frac{4L^3F}{Ebh^3} \tag{3-42}$$

整理式(3-38)与式(3-42)可得，当等截面悬臂梁的自由端产生位移 W 时，距固定端 x 处产生的应变为

$$\varepsilon_x=\pm\frac{6(L-x)hW}{4L^3} \tag{3-43}$$

3.5.4 应变式加速度传感器

应变式加速度传感器主要用于物体加速度的测量。其基本工作原理是物体运动的加速度与作用在它上面的力成正比，与物体的质量成反比，即 $a=F/m$。

应变式加速度传感器结构形式较多，但均可等效为图 3-15(a)所示形式。

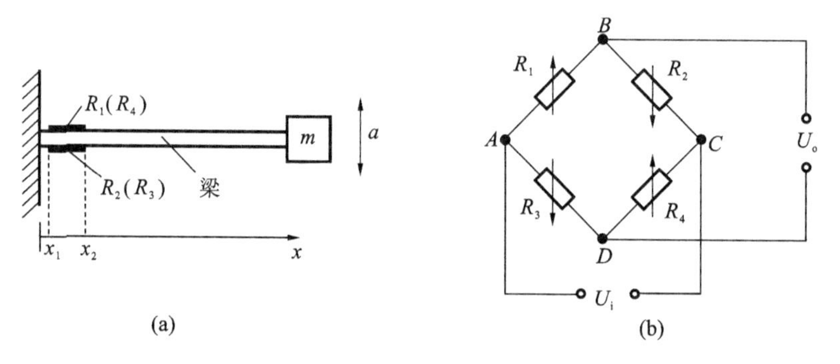

图 3-15 应变式加速度传感器结构示意图

在被测加速度变化时，其中两个应变片感受拉伸应力，电阻增大，另外两个电阻感受压缩应力，电阻减小，通过四臂电桥转换成电压输出。

当质量块感受加速度 a 而产生惯性力 F_a 时，悬臂梁发生弯曲变形，其轴向应变 $\varepsilon_x(x)$ 为

$$\varepsilon_x(x)=\frac{6(L-x)}{Ebh^2}F_a=\frac{-6(L-x)}{Ebh^2}ma \tag{3-44}$$

粘贴在两面上的应变片分别感受正(拉)应变和负(压)应变而分别使电阻增加和减少，电桥失去平衡而输出与加速度成正比的电压 U_o。

$$U_o=U_i\frac{\Delta R}{R}$$

$$\frac{\Delta R}{R}=\frac{K}{x_2-x_1}\int_{x_1}^{x_2}\varepsilon(x)\mathrm{d}x=\frac{-6U_i ma}{Ebh^2}\cdot\frac{K}{x_2-x_1}\int_{x_1}^{x_2}(L-x)\mathrm{d}x=K_a a$$

式中：$K_a=\frac{-6U_iKm}{Ebh^2}\cdot\left(L-\frac{x_2+x_1}{2}\right)$，称为传感器的灵敏度。

通常有 $L\gg\frac{x_2+x_1}{2}$，即将应变片在梁上的位置看成一个点，且位于梁的根部，则描述传感

器的灵敏度公式可以简化为

$$K_a=\frac{-6U_iLKm}{Ebh^2} \tag{3-45}$$

因而加速度的计算公式为

$$a=\frac{U_o}{U_iK_a} \tag{3-46}$$

思　考　题

1. 什么是应变效应？

2. 金属电阻应变片的优缺点各有哪些？

3. 什么是金属应变片的灵敏度？

4. 采用应变片进行测量时为什么要进行温度补偿？常用温度补偿的方法有哪些？

5. 什么是直流电桥？若按不同的桥臂工作方式，其可分为哪几种？各自的输出电压如何计算？

6. 拟在等截面的悬臂梁上粘贴四个完全相同的电阻应变片，并组成差动全桥电路，试问：

(1)四个应变片应怎样粘贴在悬臂梁上？

(2)画出相应的电桥电路图。

7. 图 3-16 所示的为直流应变电桥。图中 $E=4$ V，$R_1=R_2=R_3=R_4=120$ Ω，试求：

(1)R_1 为金属应变片，其余为外接电阻，当 R_1 的增量为 $\Delta R_1=1.2$ Ω 时，电桥输出电压 U_o 为多少？

(2)R_1、R_2 都是应变片，且批号相同，感应应变的极性和大小都相同，其余为外接电阻，电桥输出电压 U_o 为多少？

(3)题(2)中，如果 R_1 与 R_2 感受应变的极性相反，且 $\Delta R_1=\Delta R_2=1.2$ Ω，则电桥输出电压 U_o 为多少？

8. 图 3-17 所示的为等强度梁测力系统，R_1 为电阻应变片，应变片灵敏度 $K=2.05$，未受应变时，$R_1=120$ Ω。当试件受力 F 时，应变片承受平均应变 $\varepsilon=800$ μm/m。

(1)试求应变片电阻相对变化量 $\Delta R_1/R_1$ 和电阻变化量 ΔR_1。

(2)将电阻应变片 R_1 置于单臂测量电桥，电桥电源电压为直流 3 V，求电桥输出电压及电桥非线性误差。

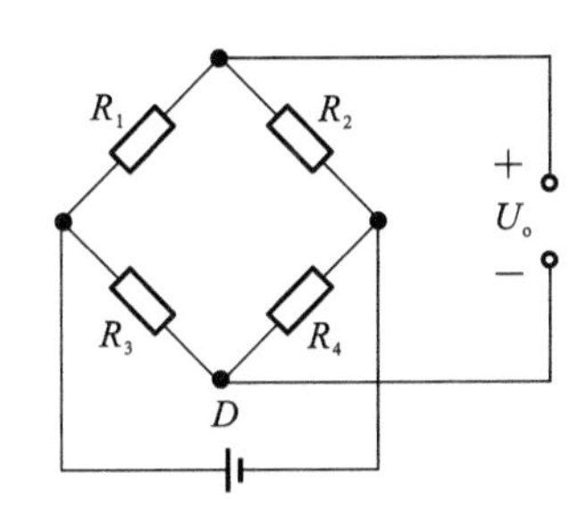

图 3-16　直流应变电桥

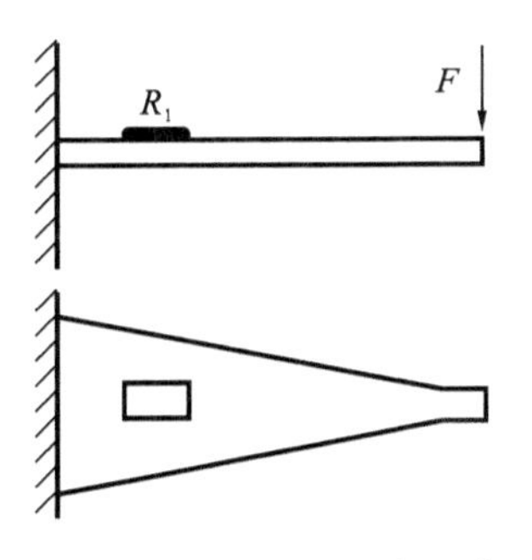

图 3-17　等强度梁测力系统

第 4 章　压阻式传感器

固体受到力的作用后，其电阻率（或电阻）就要发生变化，这种现象称为压阻效应。压阻式传感器就是利用固体的压阻效应制成的一种测量装置。压阻式传感器的灵敏度大，分辨率高，频率响应高，体积小。它主要用于测量压力、加速度和载荷等参数。

压阻式传感器可分为如下两种：

（1）粘贴型压阻式传感器（传感元件是用半导体材料的体电阻制成的粘贴式应变片）。

（2）扩散型压阻式传感器（传感元件是利用集成电路工艺，在半导体材料的基片上制成的扩散电阻）。

4.1　压阻式传感器的工作原理

就一条形半导体压阻元件而言，在外力作用下电阻变化的方程仍为式(3-6)，但对于半导体材料，由材料几何尺寸变化引起的电阻变化（式中第一项）要比材料电阻率变化引起的电阻变化（式中第二项）小得多，故有

$$\frac{\mathrm{d}R}{R}\approx\frac{\mathrm{d}\rho}{\rho} \tag{4-1}$$

半导体电阻率的相对变化为

$$\frac{\Delta\rho}{\rho}=\pi_l\sigma=\pi_l E\varepsilon \tag{4-2}$$

式中：π_l 为半导体材料的压阻系数，它与半导体材料及应力方向与晶轴方向之间的夹角有关；E 为半导体材料的弹性模量，与晶向有关；ε 为半导体材料的应变。

将式(4-2)代入式(4-1)可得

$$\frac{\mathrm{d}R}{R}\approx\pi_l E\varepsilon=\pi_l\sigma \tag{4-3}$$

因此，半导体应变片的应变灵敏度为

$$K=\frac{\mathrm{d}R/R}{\varepsilon}=\pi_l E \tag{4-4}$$

用于制作半导体应变片的材料最常用的是硅和锗。在硅和锗中掺进硼、铝、镓等杂质，可形成 P 型半导体；掺进磷、锑、砷等，则形成 N 型半导体。掺入杂质的浓度越大，半导体材料的电阻率就越低。

体型半导体应变片结构如图 4-1 所示。

主要优点是其灵敏度比金属电阻应变片的灵敏度大数十倍，横向效应和机械滞后极小；缺点是温度稳定性和线性度比金属电阻应变片的差得多。

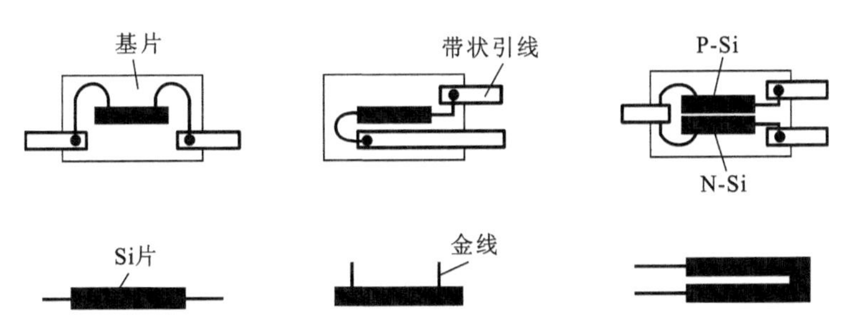

图 4-1　体型半导体应变片结构

4.2　压阻式传感器的温度补偿

由于制造、温度影响等原因，电桥存在失调、零位温漂、灵敏度温度系数和非线性等引起的问题，影响传感器的准确性。温度变化将引起零位温漂和灵敏度漂移。

图 4-2 所示的为测量的全桥差动电路。假设四个扩散电阻的起始阻值都相等且为 R，当有应力作用时，两个电阻的阻值增加，增加量为 ΔR，两个电阻的阻值减小，减小量也为 ΔR；另外由于温度影响，每个电阻都有 ΔR_t 的变化量。

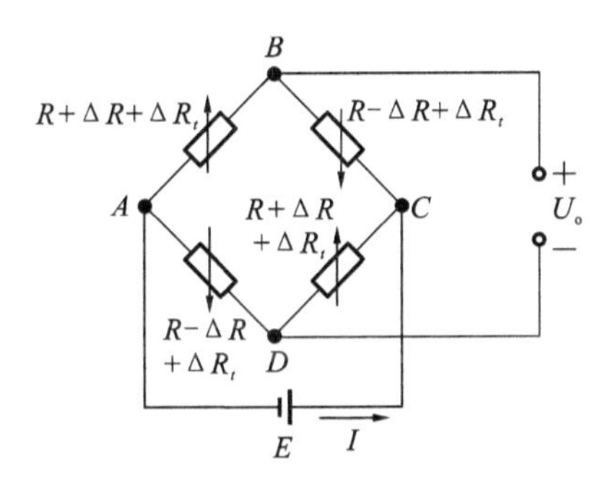

图 4-2　全桥差动电路

1. 对于恒流源电桥电路

$$I_{CBA}=I_{CDA}=\frac{1}{2}I \tag{4-5}$$

电桥的输出为

$$\begin{aligned}U_o&=U_{BD}\\&=\frac{1}{2}I(R+\Delta R+\Delta R_t)-\frac{1}{2}I(R-\Delta R+\Delta R_t)\\&=I\Delta R\end{aligned} \tag{4-6}$$

由式(4-6)可知，电桥的输出电压与电阻变化成正比，与恒流源电流成正比，但与温度无关，因此测量不受温度的影响。

2. 对于恒压源电桥电路

$$I_{CBA}=I_{CDA}=\frac{E}{2R+2\Delta R_t} \tag{4-7}$$

$$
\begin{aligned}
U_o &= U_{BD} \\
&= I_{CBA}(R+\Delta R+\Delta R_t)-I_{CDA}(R-\Delta R+\Delta R_t) \\
&= \frac{E\Delta R}{R+\Delta R_t}
\end{aligned} \tag{4-8}
$$

由式(4-8)可知,电桥输出电压与 $\Delta R/R$ 成正比,输出电压受环境温度的影响。

4.2.1 零点温度补偿

零位温漂是扩散电阻阻值随温度变化而变化引起的。扩散电阻的温度系数因扩散表面杂质浓度不同导致薄层电阻大小各异而不同。但工艺上难以做到四个 P 型桥臂电阻的温度系数完全相同,则不可避免在产生温度变化时,无外力作用下仍有电阻值的变化。

对于零位温漂,可以利用串、并联电阻进行补偿。如图 4-3 所示,串联电阻 R_s 起调零作用,并联电阻 R_p 起补偿作用。

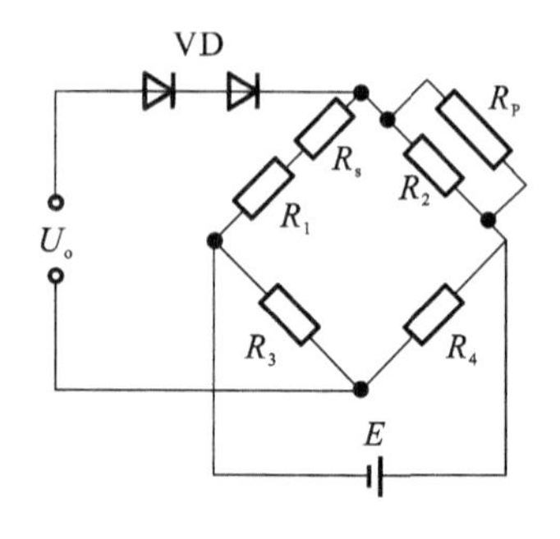

图 4-3 温度补偿电路

4.2.2 灵敏度温度补偿

灵敏度温度漂移是压阻系数随温度变化而变化引起的。温度升高时,压阻系数变小,则灵敏度下降。所以压阻式传感器在使用时必须进行温度补偿。

补偿灵敏度温度漂移的原理是温度升高时,灵敏度降低,这时如果提高电源电压,使电桥输出适当增大,便可达到补偿目的。

因此可在电路中串联二极管进行补偿,如图 4-3 所示,VD 即为串联的补偿二极管。当温度升高时,二极管压降降低,可使电桥电源电压提高。补偿的关键是适当选择串联二极管的个数。

4.3 压阻式传感器的应用

4.3.1 压阻式压力传感器

压阻式压力传感器常采用一种周边固支圆形杯膜片结构的扩散型压阻式压力传感器芯片。

图 4-4 所示的为压阻式压力传感器结构。其核心部分是一块沿某晶向切割的圆形 N 型硅膜片,膜片上利用集成电路工艺扩散 4 个阻值相等的 P 型电阻。膜片四周用圆硅环固定,膜片下部是与被测系统相连的高压腔,上部一般可与大气相通。膜片上各点的径向应力 σ_r 和切向应力 σ_t 可分别用下式计算:

$$
\begin{cases}
\sigma_r = \dfrac{3P}{8h^2}\left[(1+\mu)r_0^2-(3+\mu)r^2\right] \\
\sigma_t = \dfrac{3P}{8h^2}\left[(1+\mu)r_0^2-(1+3\mu)r^2\right]
\end{cases} \tag{4-9}
$$

4 个扩散电阻沿(110)晶向分别在 $r=0.635r_0$ 处内外排列,在 $r=0.635r_0$ 之内径向应力

σ_r 为正，在 $r=0.635r_0$ 之外径向应力 σ_r 为负。设计时，通过选择扩散电阻的径向位置，使内外电阻承受的应力大小相等、方向相反，4 个电阻接入差动电路，电桥输出电压反映了压力的大小。

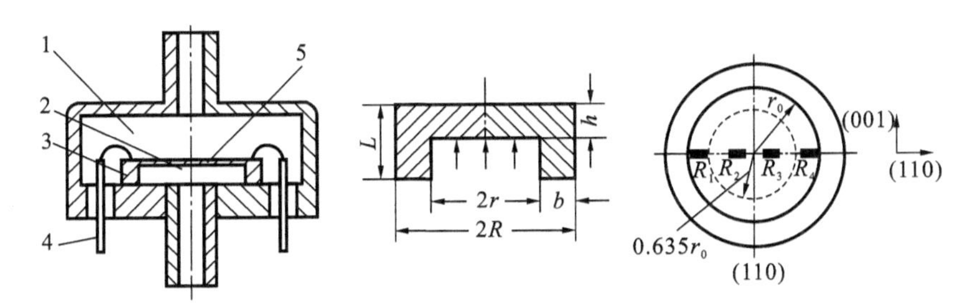

图 4-4　压阻式压力传感器结构简图

1—低压腔；2—高压腔；3—圆硅环；4—引线；5—硅膜片

为保证较好的测量线性度，扩散电阻所受应变不应过大。

利用集成电路工艺制造的压阻式压力传感器由于实现了弹性元件与变换元件一体化，尺寸小，质量轻，自然振荡频率高，因而可测量频率很高的气体或液体的脉动压力。目前最小的压阻式压力传感器直径仅为 0.8 mm，在生物医学上可用于测量血管内压、颅内压等参数。

4.3.2　压阻式加速度传感器

压阻式加速度传感器利用单晶硅作为悬臂梁，如图 4-5 所示。在其根部两面扩散出 4 个电阻，当悬臂梁自由端的质量块受加速度作用时，悬臂梁受到弯矩作用，产生应力，使 4 个电阻阻值发生变化。

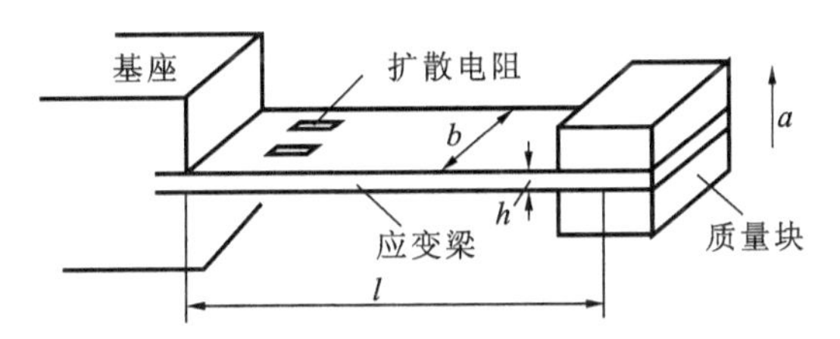

图 4-5　压阻式加速度传感器

为保证传感器的输出具有较好的线性度，悬臂梁根部应变不应超过 $500\times10^{-6}\varepsilon$，悬臂梁根部应变可用下式计算：

$$\varepsilon=\frac{6ml}{Ebh^2}a \tag{4-10}$$

式中：m 为质量块的质量；b、h 分别为悬臂梁的宽度和厚度；l 为质量块中心至悬臂梁根部的距离；a 为加速度。

4.3.3　压阻式液位传感器

液位传感器顾名思义就是一种测量液体位置的传感器，它可以将液位的高度转化为电信号的形式进行输出。

投入式液位计如图 4-6 所示，安装方便，可用于深度为几米至几十米，且混有大量污物、杂质的水或其他液体的液位测量。

假设压阻式液位传感器安装高度为 h_0，则 h_0 处液体的表压为

$$p_1=\rho g h_1$$

总的液位 h 为

$$h=h_0+h_1=h_0+\frac{p_1}{\rho g} \tag{4-11}$$

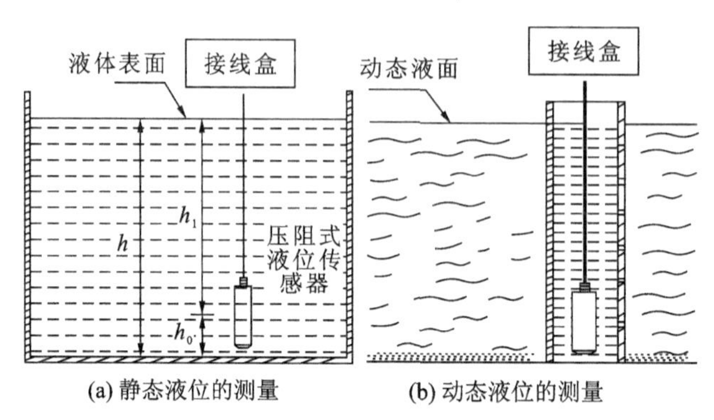

图 4-6　投入式液位计

思　考　题

1. 什么是压阻效应？
2. 半导体应变片与金属电阻应变片的工作原理有何区别？各有何优缺点？
3. 采用压阻应变片进行测量时为什么要进行温度补偿？常用温度补偿的方法有哪些？

第 5 章　电容传感器

5.1　电容传感器的基本原理

5.1.1　工作原理

用两块金属平板作电极可构成电容器，其结构如图 5-1 所示，当忽略边缘效应时，其电容 C 为

$$C=\frac{\varepsilon S}{d}=\frac{\varepsilon_r \varepsilon_0 S}{d} \tag{5-1}$$

式中：S 为极板相对覆盖面积；d 为极板间距离；ε_r 为相对介电常数；ε_0 为真空介电常数，$\varepsilon_0=8.85\ \mathrm{pF/m}$；$\varepsilon$ 为电容极板间介质的介电常数。

由式(5-1)可知，当 d、S 和 ε_r 中的某一项或某几项有变化时，就改变了电容 C。C 变化，在交流工作时，引起容抗 X_C 改变，从而使输出电压或电流变化。d 和 S 的变化可以反映线位移或角位移的变化，也可以间接反映弹力、压力等变化；ε_r 的变化，则可反映液面的高度、材料的温度等的变化。

电容器是电子技术的三大类无源元件（电阻、电感和电容）之一。利用电容器的原理，将非电量转换成电容量，进而实现非电量到电量的转化的器件或装置，称为电容传感器，它实质上是一个具有可变参数的电容器。电容传感器不但广泛地用于位移、振动、角度、加速度等机械量的精密测量，而且还逐步扩大地应用于压力、差压、液面、料面、成分含量等方面的测量。

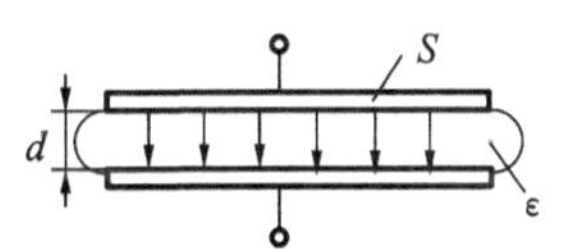

图 5-1　电容传感器结构

5.1.2　优点和不足

1. 电容传感器的优点

1）温度稳定性好

传感器的电容值一般与电极材料无关，仅取决于电极的几何尺寸，且空气等介质损耗很小，因此只要从强度、温度系数等特性考虑，合理选择材料和几何尺寸即可，其他因素（因本身发热极小）影响甚微。而电阻传感器有电阻，供电后产生热量；电感传感器存在铜损、涡流损耗等，易引起本身发热，产生零漂。

2）结构简单，适应性强

电容传感器结构简单，易于制造。能在高低温、强辐射及强磁场等各种恶劣的环境条件下工作，适应能力强，尤其可以承受很大的温度变化，在高压力、高冲击、过载等情况下都能正常工作，能测超高压和低压差，也能对带磁工件进行测量。此外传感器可以做得体积很小，以便

实现某些特殊要求的测量。

3)动态响应好

电容传感器由于极板间的静电引力很小(10^{-5} N数量级),需要的作用能量极小,由于它的可动部分可以做得很小、很薄,即质量很轻,因此其自然振荡频率很高,动态响应时间短,能在几兆赫兹的频率下工作,特别适合动态测量。又由于其介质损耗小,可以用较高频率供电,因此系统工作频率高。它可用于测量高速变化的参数,如测量振动、瞬时压力等。

4)可以实现非接触测量,具有平均效应

在被测件不能允许采用接触测量的情况下,电容传感器可以完成测量任务。当采用非接触测量时,电容传感器具有平均效应,可以减小工件表面粗糙度等对测量的影响。

2. 电容传感器的不足

1)输出阻抗高,负载能力差

电容传感器的容量受其电极几何尺寸等限制,一般为几十到几百皮法,使传感器的输出阻抗很高,尤其当采用音频范围内的交流电源时,输出阻抗高达$10^6 \sim 10^8\ \Omega$。因此传感器负载能力差,易受外界干扰影响而产生不稳定现象,严重时甚至无法工作,必须采取屏蔽措施,从而给设计和使用带来不便。容抗大还要求传感器绝缘部分的电阻值极高(几十兆欧及以上),否则绝缘部分将作为旁路电阻而影响传感器的性能(如灵敏度降低),为此还要特别注意周围环境(如温度、湿度、清洁度等)对绝缘性能的影响。高频供电虽然可降低传感器输出阻抗,但放大、传输均远比低频时要复杂,且寄生电容影响加大,难以保证工作稳定。

2)寄生电容影响大

传感器的初始电容量很小,而其引线电缆电容(1~2 m导线可达800 pF)、测量电路的杂散电容,以及传感器极板与其周围导体构成的电容等寄生电容却较大,降低了传感器的灵敏度。这些电容(如电缆电容)常常是随机变化的,将使传感器工作不稳定,影响测量精度,其变化量甚至超过被测量引起的电容变化量,致使传感器无法工作。因此对电缆选择、安装、接法有要求。

3)输出特性非线性

变间隙式电容传感器的输出特性是非线性的,虽可采用差动结构来改善,但不可能完全消除。其他类型的电容传感器只有忽略了电场的边缘效应,输出特性才呈线性,否则边缘效应所产生的附加电容将与传感器电容直接叠加,使输出特性为非线性的。

随着材料、工艺、电子技术,特别是集成电路的高速发展,电容传感器的优点得到发扬而不足不断得以克服。电容传感器正逐渐成为一种高灵敏度、高精度,在动态、低压及一些特殊测量方面大有发展前途的传感器。

5.2 电容传感器的分类

实际应用,常使d、S、ε三个参数中的两个保持不变,而改变其中一个参数来使电容发生变化。所以电容传感器可以分为三种类型:改变极板距离d的变间隙式;改变极板面积S的变面积式;改变介电常数ε_r的变介电常数式。

图 5-2 所示的为一些电容传感器的原理结构形式。其中图 5-2(a)和(b)所示的为变间隙式电容传感器;图 5-2(c)、(d)、(e)和(f)所示的为变面积式电容传感器;图 5-2(g)和(h)所示的为变介电常数式电容传感器。从另一角度来看,图 5-2(a)和(b)所示的是线位移传感器;图5-2(f)所示的为角位移传感器;图 5-2(b)、(d)和(f)所示的是差动式电容传感器。

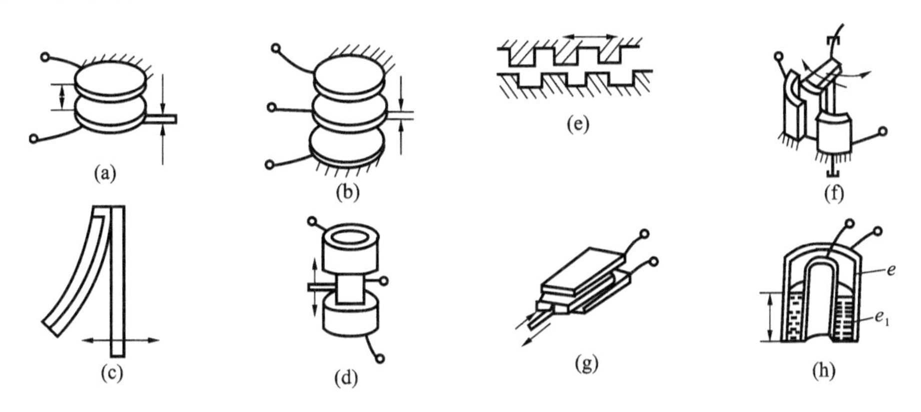

图 5-2　不同电容传感器结构图

变间隙式电容传感器一般用来测量微小的线位移(0.01 μm 至零点几毫米);变面积式电容传感器一般用于测角位移(一角秒至几十度)或较大的线位移;变介电常数式电容传感器常用于固体或液体的物位测量,以及各种介质的湿度、密度的测定。

5.2.1　变间隙式电容传感器

1. 空气介质的变间隙式电容传感器

图 5-3 所示的为这种类型的电容传感器的原理图。图中 2 为静止极板(一般称为定极板),而极板 1 为与被测体相连的动极板。当极板 1 因被测参数改变而引起移动时,就改变了两极板间的距离 d,从而改变了两极板间的电容 C。从式(5-1)可知,C 与 d 的关系曲线为双曲线,如图 5-4 所示。

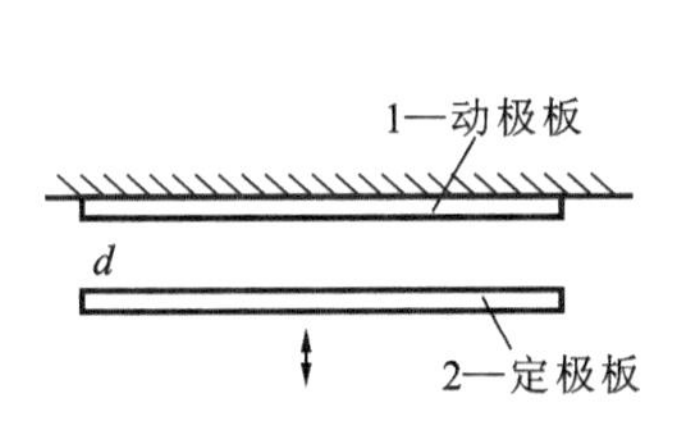

图 5-3　变间隙式电容传感器

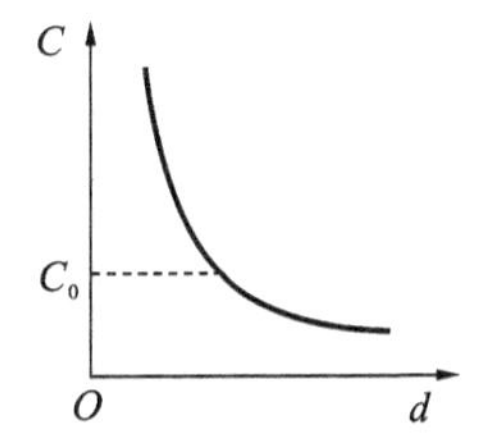

图 5-4　C-d 特性曲线

极板面积为 S,初始距离为 d_0,以空气为介质($\varepsilon_r=1$)的电容器的电容值为

$$C_0=\frac{\varepsilon_0 S}{d_0} \tag{5-2}$$

当间隙 d_0 减小 Δd(设 $\Delta d \ll d_0$)时,则电容增加 ΔC,即

$$C_0+\Delta C=\frac{\varepsilon_0 S}{d_0-\Delta d}=C_0\ \frac{1}{1-\dfrac{\Delta d}{d_0}} \tag{5-3}$$

由式(5-3)，电容的相对变化量 $\Delta C/C_0$ 为

$$\frac{\Delta C}{C_0}=\frac{\Delta d}{d_0}\left(1-\frac{\Delta d}{d_0}\right)^{-1} \tag{5-4}$$

因为 $\Delta d/d_0<1$，所以按级数展开得

$$\frac{\Delta C}{C_0}=\frac{\Delta d}{d_0}\left[1+\frac{\Delta d}{d_0}+\left(\frac{\Delta d}{d_0}\right)^2+\left(\frac{\Delta d}{d_0}\right)^3+\cdots\right] \tag{5-5}$$

由式(5-5)可见，输出电容的相对变化 $\Delta C/C_0$ 与输入位移 Δd 之间的关系是非线性的，当 $\Delta d/d_0\ll 1$ 时，可略去非线性项(高次项)，则得近似的线性关系式：

$$\frac{\Delta C}{C_0}\approx\frac{\Delta d}{d_0} \tag{5-6}$$

而电容传感器的灵敏度为

$$S_n=\frac{\Delta C}{\Delta d}=\frac{C_0}{d_0} \tag{5-7}$$

它说明了单位输入位移能引起输出电容的变化。

如考虑式(5-5)中线性项与二次项，则得

$$\frac{\Delta C}{C_0}=\frac{\Delta d}{d_0}\left(1+\frac{\Delta d}{d_0}\right) \tag{5-8}$$

按式(5-6)得到的特性为图 5-5 所示的直线 1，而按式(5-8)得到的特性为图 5-5 所示的非线性曲线 2。式(5-8)的相对非线性误差 δ 为

$$\delta=\frac{|(\Delta d/d_0)^2|}{|\Delta d/d_0|}\times 100\%=\Delta d/d_0\times 100\% \tag{5-9}$$

由式(5-7)可以看出，要提高灵敏度，应减小起始间隙 d_0。但 d_0 的减小受到电容器击穿电压的影响，同时对加工精度要求也提高了。而式(5-9)还表明，非线性性随着相对位移的增加而增加，减小 d_0，相应地增大了非线性性。

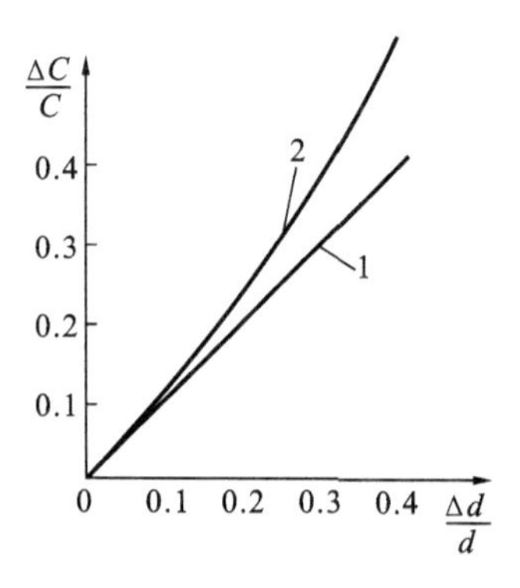

图 5-5　变间隙式电容传感器的非线性特性

在实际应用中，为了提高灵敏度、减小非线性，大多采用差动式电桥结构。在差动式电容传感器中，其中一个电容器 C_1 的电容随位移 Δd 增加而增加，另一个电容器 C_2 的电容则随位移 Δd 增加而减小，它们的特性方程分别为

$$C_1=C_0\left[1+\frac{\Delta d}{d_0}+\left(\frac{\Delta d}{d_0}\right)^2+\left(\frac{\Delta d}{d_0}\right)^3+\cdots\right]$$

$$C_2=C_0\left[1-\frac{\Delta d}{d_0}+\left(\frac{\Delta d}{d_0}\right)^2-\left(\frac{\Delta d}{d_0}\right)^3+\cdots\right]$$

电容总的变化、电容的相对变化分别为

$$\Delta C=C_1-C_2=C_0\left[2\frac{\Delta d}{d_0}+2\left(\frac{\Delta d}{d_0}\right)^3+\cdots\right]$$

$$\frac{\Delta C}{C_0}=2\frac{\Delta d}{d_0}\left[1+\left(\frac{\Delta d}{d_0}\right)^2+\left(\frac{\Delta d}{d_0}\right)^4+\cdots\right] \tag{5-10}$$

略去高次项，则 $\Delta C/C_0$ 与 $\Delta d/d_0$ 近似呈线性关系，即

$$\frac{\Delta C}{C_0}\approx\frac{2\Delta d}{d_0} \tag{5-11}$$

式(5-11)用曲线来表示时，如图 5-6 所示。图中 $d_1=d_0-\Delta d$，$d_2=d_0+\Delta d$。

差动电容式传感器的相对非线性误差 δ' 近似为

$$\delta'=\frac{\left|2\left(\Delta d/d_0\right)^3\right|}{\left|2(\Delta d/d_0)\right|}=\left(\frac{\Delta d}{d_0}\right)^2\times 100\% \tag{5-12}$$

比较式(5-7)与式(5-11)、式(5-12)与式(5-9)可见，电容传感器做成差动式之后，非线性大大降低了，灵敏度则提高了一倍。与此同时，差动式电容传感器还能减小静电引力给测量带来的影响，并有效地改善由于温度等环境影响所造成的误差。

从上述可知，减小极间距离能提高灵敏度，但又容易引起击穿，为此，经常在两极片间再加一层云母或塑料膜来改善电容器的耐压性能，这就构成了平行极板间有固定介质和可变空气隙的电容传感器，如图 5-7 所示。

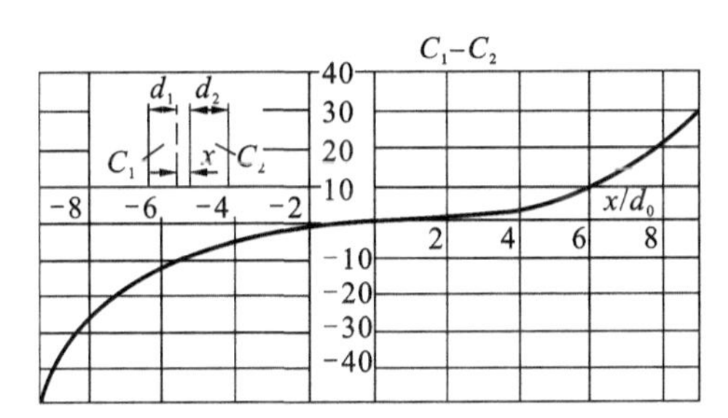

图 5-6　差动式电容传感器的 ΔC-$\Delta d/d_0$ 曲线

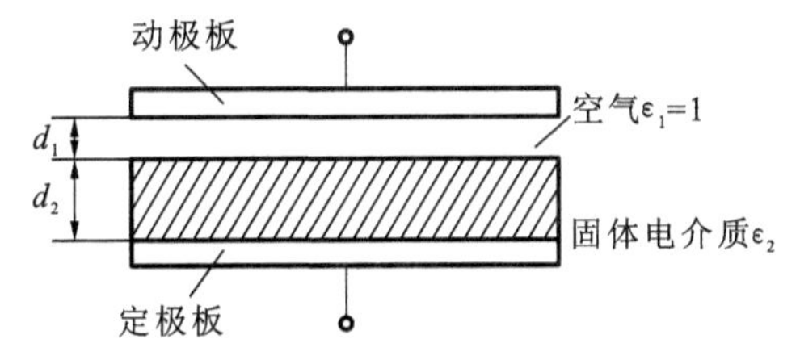

图 5-7　具有固体介质和可变空气隙的变间隙式电容传感器

设极板面积为 A，空气隙为 d_1，固体介质(设为云母)的厚度为 d_2，则电容 C 为

$$C=\frac{\varepsilon_0 A}{d_1/\varepsilon_1+d_2/\varepsilon_2} \tag{5-13}$$

式中：ε_1 和 ε_2 分别是厚度为 d_1 和 d_2 的介质的相对介电常数。

因 d_1 为空气隙，所以 $\varepsilon_1=1$。式(5-13)可简化成 $C=\dfrac{\varepsilon_0 A}{d_1+d_2/\varepsilon_2}$，如果空气隙 d_1 减小了 Δd_1，电容将增大 ΔC，因此电容变为 $C+\Delta C=\dfrac{\varepsilon_0 A}{d_1-\Delta d_1+d_2/\varepsilon_2}$，电容相对变化为

$$\frac{\Delta C}{C}=\frac{\Delta d}{d_1+d_2}\cdot\frac{1}{1/N_1-\Delta d_1/(d_1+d_2)} \tag{5-14}$$

式中：

$$N_1=\frac{d_1+d_2}{d_1+d_2/\varepsilon_2}=\frac{1+d_2/d_1}{1+d_2/d_1\varepsilon_2} \tag{5-15}$$

对式(5-14)加以整理，则有 $\dfrac{\Delta C}{C}=\dfrac{\Delta d}{d_1+d_2}\cdot N_1\cdot\dfrac{1}{1-N_1\Delta d_1/(d_1+d_2)}$，当 $N_1\Delta d_1/(d_1+d_2)<1$ 时，把上式展开成

$$\frac{\Delta C}{C}=\frac{\Delta d}{d_1+d_2}N_1\left[1+N_1\frac{1}{d_1+d_2}+\left(N_1\frac{1}{d_1+d_2}\right)^2+\cdots\right] \tag{5-16}$$

当 $N_1\Delta d_1/(d_1+d_2)\ll 1$ 时，略去高次项可近似得到

$$\frac{\Delta C}{C}\approx N_1\frac{\Delta d}{d_1+d_2} \tag{5-17}$$

式(5-16)和式(5-17)表明，N_1 为灵敏度因子，又是非线性因子。N_1 的值取决于电介质层的厚度比 d_2/d_1 和固体介质的介电常数 ε_2，增大 N_1，提高了灵敏度，但是非线性度也随着相应提高了。把厚度比 d_2/d_1 作为变量，ε_2 作为参变量。对影响灵敏度和线性度的因子 N_1 进行一些讨论。因为 ε_2 总是大于 1 的，所以 N_1 也总是大于 1。当 $\varepsilon_2=1$ 时，该电容传感器极板间隙变成完全是空气隙了，显然，$N_2=1$。因为 $\varepsilon_2>1$，所以灵敏度和非线性因子 N_1 随 d_2/d_1 的增加而增加，在 d_2/d_1 很大(空气隙增加很小)时，所得 N_1 的极限值为 ε_2。此外，在相同的 d_2/d_1 值下，N_1 随 ε_2 增加而增加。

5.2.2 变面积式电容传感器

图 5-8 所示的是直线位移电容传感器的原理图。

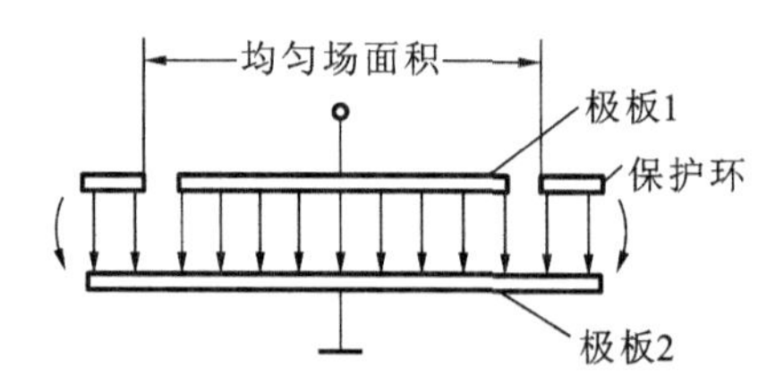

图 5-8 直线位移电容传感器

在动极板移动 Δx 后，面积 S 也随之而变。其值(忽略边缘效应)为

$$C_x=\frac{\varepsilon b(a-\Delta x)}{d}=C_0-\frac{\varepsilon b}{d}\Delta x \tag{5-18}$$

$$\Delta C=C_x-C_0=-\frac{\varepsilon b}{d}\Delta x=-C_0\frac{\Delta x}{a} \tag{5-19}$$

灵敏度 K_n 的表达式为

$$K_n=-\frac{\Delta C}{\Delta x}=\frac{\varepsilon b}{d} \tag{5-20}$$

由式(5-18)和式(5-19)可见，变面积式电容传感器的输出特性是线性的，灵敏度 K_n 为一常数。增大极板边长 b、减小间隙 d 可以提高灵敏度。但极板的另一边长 a 不宜过小，否则会因边缘电场影响的增加而影响线性特性。

5.2.3　变介电常数式电容传感器

变介电常数式电容传感器大多用来测量电介质的厚度、液位，还可根据极间介质的介电常数随温度、湿度改变而改变来测量介质材料的温度、湿度等。

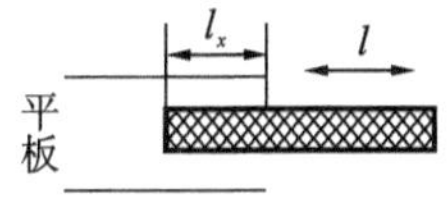

若忽略边缘效应，单组式平板形线位移传感器如图5-9所示，传感器的电容是两个不同电容串联而形成的，其电容量为两个电容值相加，与被测位移的关系为

图 5-9　单组式平板形线位移传感器

$$C=\frac{bl_x}{(d-d_x)/\varepsilon_0+\delta_x/\varepsilon}+\frac{b(a-l_x)}{d/\varepsilon_0} \tag{5-21}$$

式中：a、b、l_x 分别为固定极板长度和宽度及被测物进入两极板间的长度；d 为两固定极板间的距离；d_x、ε、ε_0 分别为被测物的厚度和它的介电常数、空气的介电常数。

若忽略边缘效应，圆筒式液位传感器测量实物及其等效电容电路如图 5-10 所示。

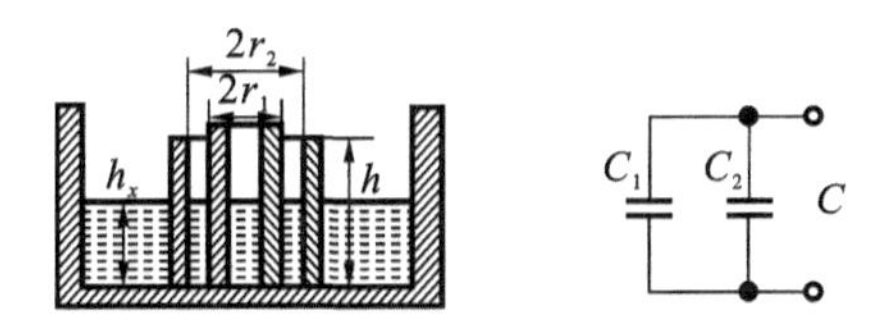

图 5-10　液位传感器及其等效电容电路

则传感器的电容量与被测液位的关系为

$$C=\frac{2\pi\varepsilon_0 h}{\ln(r_2/r_1)}+\frac{2\pi(\varepsilon-\varepsilon_0)h_x}{\ln(r_2/r_1)}=A+Kh_x \tag{5-22}$$

求解得

$$A=\frac{2\pi\varepsilon_0 h}{\ln(r_2/r_1)},\quad K=\frac{2\pi(\varepsilon-\varepsilon_0)}{\ln(r_2/r_1)}$$

可见，传感器电容量 C 与被测液位高度 h_x 呈线性关系。

【例 1】 某电容液位传感器由直径为 40 mm 和 8 mm 的两个同心圆柱体组成，如图 5-10 所示。储存罐也是圆柱形的，直径为 50 cm，高为 1.2 m。被储存液体的 $\varepsilon_r=2.1$。计算传感器的最小电容和最大电容，以及用在储存罐内传感器的灵敏度(pF/L)。

解

$$C_{\min}=\frac{2\pi\varepsilon_0 H}{\ln\frac{r_2}{r_1}}=\frac{2\pi\times(8.85\ \text{pF/m})\times1.2\ \text{m}}{\ln 5}=41.46\ \text{pF}$$

$$C_{\max}=\frac{2\pi\varepsilon_0\varepsilon_r H}{\ln\frac{r_2}{r_1}}=41.46\ \text{pF}\times1.2=87.07\ \text{pF}$$

$$V=\frac{\pi d^2}{4}H=\frac{\pi(0.5\text{m})^2}{4}\times 1.2\text{m}=235.6\ \text{L}$$

$$K=\frac{C_{\max}-C_{\min}}{V}=\frac{87.07\ \text{pF}-41.46\ \text{pF}}{235.6\ \text{L}}=0.19\ \text{pF/L}$$

5.3 电容传感器的测量电路

电容传感器的电容值十分微小，必须借助信号调节电路将这微小电容的增量转换成与其成正比的电压、电流或频率，这样才可以显示、记录以及传输。

5.3.1 等效电路

在电容器的损耗和电感效应不可忽略时，电容传感器的等效电路如图 5-11 所示。图中 R_p 为并联损耗电阻，它代表极板间的泄漏电阻和极板间的介质损耗。这部分损耗的影响通常在低频时较大，随着频率增高，容抗减小，它的影响也就减弱了。串联电阻 R_s 代表引线电阻、电容器支架和极板的电阻，在几兆赫兹频率下工作时，这个值通常是很小的，它随着频率增高而增大。因此，只有在很高的工作频率时，才要加以考虑。电感 L 由电容器本身的电感和外部引线的电感所组成。电容器本身的电感与电容器的结构形式有关，引线电感则与引线长度有关。如果用电缆与电容传感器相连接，则 L 中应包括电缆的电感。

由图 5-11 可见，等效电路有一谐振频率，通常为几十兆赫兹。在谐振或接近谐振时，它破坏了电容的正常作用。因此，只有在低于谐振频率(通常为谐振频率的 1/3～1/2)时，才能正常运用电容传感元件。

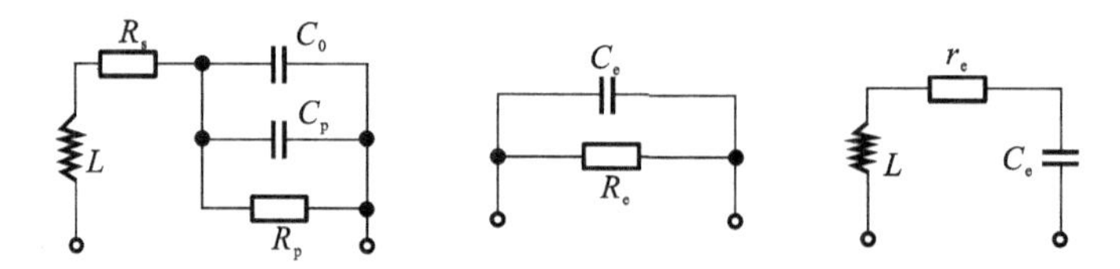

图 5-11 等效电路，供电电源频率为谐振频率的 1/3～1/2

同时，由于电路的感抗抵消了一部分容抗，传感元件的有效电容 C_e 将有所增加，C_e 可以近似由下式求得：

$$1/(\text{j}\omega C_e)=\text{j}\omega L+1/(\text{j}\omega C)$$

$$C_e=\frac{C}{1-\omega^2 LC} \tag{5-23}$$

在这种情况下，电容的实际相对变化为

$$\frac{\Delta C_e}{C}=\frac{\Delta C/C}{1-\omega^2 LC} \tag{5-24}$$

式(5-24)表明电容传感元件的实际相对变化与传感元件的固有电感(包括引线电感)有关。因此，其在实际应用时必须与标定时的条件相同。

5.3.2　运算放大器式电路

这种电路的最大特点是，能够克服变间隙式电容传感器的非线性性而使其输出电压与输入位移(间距变化)呈线性关系。图 5-12 所示的为这种电路的原理图。C_x 为传感器电容。

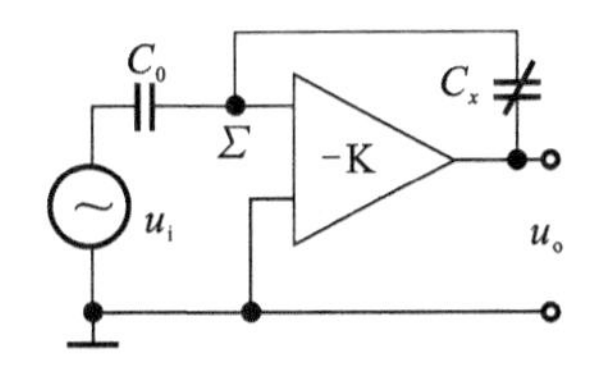

图 5-12　运输放大器式电路原理图

现在来求输出电压 u 与传感器电容 C_x 之间的关系。由 $u_o=0$，$i=0$，则有

$$\left.\begin{aligned} u_i &= -\mathrm{j}\frac{1}{\omega C_0}i_o \\ u_o &= -\mathrm{j}\frac{1}{\omega C_x}i_x \\ i_o &= -i_x \end{aligned}\right\} \tag{5-25}$$

解式(5-25)得

$$u_o = -u_i\frac{C_0}{C_x} \tag{5-26}$$

而 $C_x=\varepsilon A/d$，将其代入式(5-25)，得

$$u_o = -u_i\frac{C_e}{\omega A}d \tag{5-27}$$

由式(5-27)可知，输出电压 u_o 与极板间距 d 呈线性关系，这就从原理上解决了变间隙式电容传感器特性的非线性问题。这里假设 $K=+\infty$，输入阻抗 $Z_i=+\infty$，因此仍然存在一定非线性误差，但在 K 和 Z_i 足够大时，这种误差相当小。

5.3.3　变压器式电桥电路

将电容传感器接入交流电桥的一个臂(另一个臂为固定电容)或两个相邻臂，另两个臂可以是电阻、电容或电感，也可以是变压器的两个次级线圈。其中另两个臂是紧耦合电感臂的电桥，具有较高的灵敏度和稳定性，且寄生电容影响极小，大大简化了电桥的屏蔽和接地，适合于在高频电源下工作。而变压器式电桥使用元件少，桥路内阻小，因此目前较多采用。其特点如下：

(1)高频交流正弦波供电；

(2)电桥输出调幅波，要求其电源电压波动极小，需采用稳幅、稳频等措施；

(3)通常处于不平衡工作状态，所以传感器必须工作在平衡位置附近，否则电桥非线性增大，且在要求精度高的场合应采用自动平衡电桥；

(4)输出阻抗很高(几兆欧至几十兆欧)，输出电压低，必须后接高输入阻抗、高放大倍数的处理电路。

图 5-13 所示的为电容传感器的电桥测量电路。一般传感器包括在电桥内。用稳频、稳幅

和固定波形的低阻信号源去激励，最后经电流放大及相敏整流得到直流输出信号。从图 5-13(a)可以看出平衡条件为

$$\frac{Z_1}{Z_1+Z_2}=\frac{C_1}{C_1+C_2}=\frac{d_2}{d_1+d_2} \tag{5-28}$$

此处 C_1 和 C_2 组成差动电容，d_1 和 d_2 为相应的间隙。若中心电极移动了 Δd，则电桥重新平衡时有

$$\frac{d_2+\Delta d}{d_1+d_2}=\frac{Z'_1}{Z_1+Z_2} \tag{5-29}$$

因此

$$\Delta d=(d_1+d_2)\frac{Z'_1-Z_1}{Z_1+Z_2} \tag{5-30}$$

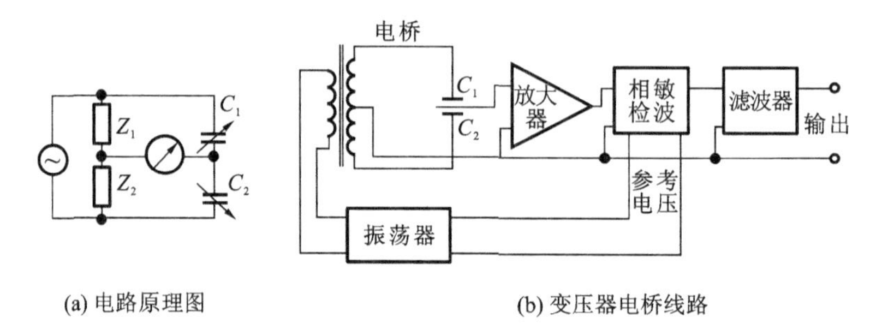

(a) 电路原理图　　(b) 变压器电桥线路

图 5-13　电桥测量电路

Z_1+Z_2 通常设计成线性分压器，分压系数在 $Z_1=0$ 时为 0，而在 $Z_2=0$ 时为 1，于是 $\Delta d=(b-a)(d_1+d_2)$，其中 a、b 分别为位移前后的分压系数。

分压器原则上用电阻、电感或电容制作均可。由于电感技术的发展，用变压器电桥能够获得精度较高而且长期稳定的分压系数。用于测量小位移的变压器电桥线路如图 5-13(b)所示。

5.3.4　调频电路

电容传感器作为振荡器谐振回路的一部分，在输入量使电容量发生变化后，振荡器的振荡频率发生变化，频率的变化在鉴频器中变换为振幅的变化，经过放大后就可以用仪表指示或用记录仪器记录下来。

调频接收系统可以分为直接放大式调频和外差式调频两种类型。外差式调频线路比较复杂，但选择性高，特性稳定，抗干扰性能优于直接放大式调频的。图 5-14(a)和(b)分别表示这两种调频系统。

用调频系统作为电容传感器的测量电路主要具有以下特点：①抗外来干扰能力强；②特性稳定；③能取得高电平的直流信号(伏特数量级)。

图 5-15(a)所示的为谐振电路的原理方框图，电容传感器的电容 C_3 作为谐振回路(L_2—C_2—C_3)调谐电容的一部分。谐振回路通过电感耦合，从稳定的高频振荡器取得振荡电压。当传感器电容 C_3 发生变化时，谐振回路的阻抗发生相应的变化，而这个变化又表现为整流器电流的变化。该电流经过放大后即可指示输入量的大小。

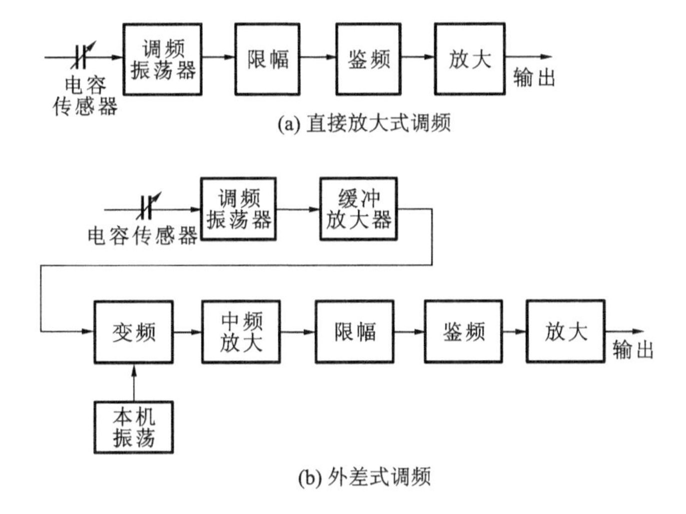

(a) 直接放大式调频

(b) 外差式调频

图 5-14　调频电路方框图

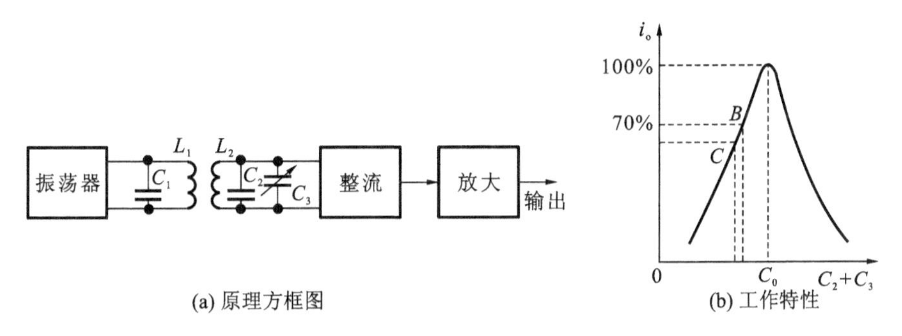

(a) 原理方框图

(b) 工作特性

图 5-15　谐振电路

为了获得较好的线性关系，一般谐振电路的工作点选在谐振曲线的一边、最大振幅 70% 附近的地方。如图 5-15(b)所示，工作范围选在 BC 段内。这种电路的优点是比较灵敏，但缺点是：①工作点不容易选好，变化范围也较窄；②传感器与谐振回路要离得比较近，否则电缆的杂散电容对电路的影响较大；③为了提高测量精度，振荡器的频率要求具有很高的稳定性。

5.3.5　差动脉冲宽度调制电路

差动脉冲宽度调制电路又称脉宽(脉冲宽度)调制电路，利用传感器电容的充放电使电路输出脉冲的宽度随传感器电容量变化而变化，通过低通滤波器得到对应被测量变化的直流信号。差动脉冲宽度调制电路如图 5-16 所示，设传感器差动电容为 C_1 和 C_2，当双稳态触发器的输出 A 点为高电位，则通过 R_1 对 C_1 充电，直到 F 点电位高于参比电位 U_r 时，比较器 A_1 将产生脉冲，触发双稳态触发器翻转。在翻转前，B 点为低电位，电容 C_2 通过二极管 VD_2 迅速放电。一旦双稳态触发器翻转，A 点为低电位，B 点为高电位。这时，在反方向上又重复上述过程，即 C_2 充电，C_1 放电。当 $C_1=C_2$ 时，电路中各点电压波形如图 5-17(a)所示。由图 5-17(a)可见，A、B 两点间平均电压值为零。但是，若差动电容 C_1 和 C_2 值不相等，如 $C_1>C_2$，则 C_1 和 C_2 充放电时间常数就发生改变。这时电路中各点的电压波形如图 5-17(b)所示。由图 5-17(b)可见，A、B 两点间平均电压值不再是零。

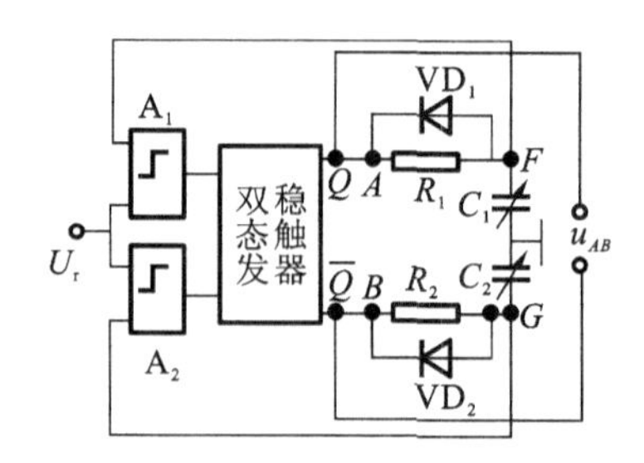

图 5-16　差动脉冲宽度调制电路

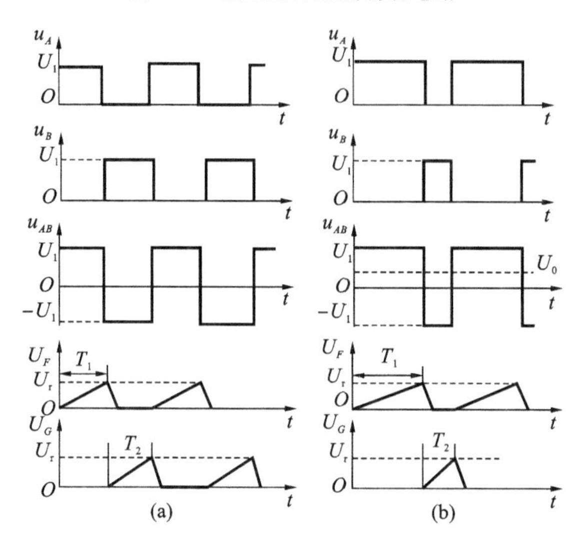

图 5-17　差动脉冲宽度调制电路各点电压波形图

在矩形电压波通过低通滤波器后，可得出直流分量为

$$U_o = U_{AB} = \frac{T_1 - T_2}{T_1 + T_2} U_1 \tag{5-31}$$

若上述 U_1 保持不变，则输出电压的直流分量 U_o 随 T_1、T_2 变化而改变，从而实现输出脉冲电压的调宽。当然，必须使参比电位 U_r 小于 U_1。

由电路可得出

$$T_1 = R_1 C_1 \ln \frac{U_1}{U_1 - U_r} \tag{5-32}$$

$$T_2 = R_2 C_2 \ln \frac{U_1}{U_1 - U_r} \tag{5-33}$$

设电阻 $R_1 = R_2 = R$，将 T_1、T_2 两式代入式(5-31)即可得出

$$U_o = \frac{C_1 - C_2}{C_1 + C_2} U_1 \tag{5-34}$$

把平行板电容公式代入式(5-34)中，在变极板距离的情况下可得

$$U_o = \frac{d_1 - d_2}{d_1 + d_2} U_1 \tag{5-35}$$

式中：d_1、d_2 分别为 C_1、C_2 电极板间距离。

当差动电容 $C_1 = C_2 = C_0$ 时，即 $d_1 = d_2 = d_0$ 时，$U_o = 0$，若 $C_1 \neq C_2$，设 $C_1 > C_2$，即 $d_1 = d_0 -$

$\Delta d, d_2=d_0+\Delta d$，则式(5-35)即为

$$U_o=\frac{\Delta d}{d_0}U_1 \tag{5-36}$$

同样，在变电容器极板面积的情况下

$$U_o=\frac{A_1-A_2}{A_1+A_2}U_1 \tag{5-37}$$

式中：A_1 和 A_2 分别为 C_1 和 C_2 电极极板面积。

当差动电容 $C_1 \neq C_2$ 时

$$U_o=\frac{\Delta A}{A}U_1 \tag{5-38}$$

由此可见，对于差动脉冲宽度调制电路，不论是改变平板电容器的极板面积或是极板距离，其变化量与输出量都呈线性关系。宽度调制电路还具有如下一些特点：

(1)对元件无线性要求；

(2)效率高，信号只要经过低通滤波器就有较大的直流输出；

(3)调宽频率的变化对输出无影响；

(4)由于低通滤波器作用，对输出矩形波纯度要求不高。

5.3.6　二极管 T 形网络

二极管 T 形网络如图 5-18 所示，U_E 是高频电源，它提供幅值为 E_i 的对称方波。当电源为正半周时，二极管 VD_1 导通，于是电容 C_1 充电。在紧接的负半周，二极管 VD_1 截止，而电容 C_1 经电阻 R、负载电阻 R_L(电表、记录仪等)、电阻 R 和二极管 VD_2 放电。此时流过 R_L 的电流为 i_2。在负半周内，VD_2 导通，于是电容 C_2 充电。在下一个半周中，C_2 通过电阻 R、R_L、R 和二极管 VD_1 放电，此时流过 R_L 的电流为 i_2。如果二极管 VD_1 和 VD_2 具有相同的特性，且令 $C_1=C_2$，则电流 i_1 和 i_2 大小相等、方向相反，即流过 R_L 的平均电流为零。C_1 或 C_2 的任何变化都将引起 i_1 和 i_2 不相等，因此在 R_L 上必定有信号电流 I_o 输出。

电路原理如图 5-18(a)所示。供电电压是幅值为 $\pm U_E$、周期为 T、占空比为 50% 的方波。若将二极管理想化，则处于电源电压为正半周时，电路等效成典型的一阶电路，如图 5-18(b)所示。其中二极管 VD_1 导通、VD_2 截止，电容 C_1 以极其短的时间充电，其影响可不予考虑，电容 C_2 的电压初始值为 U_E。

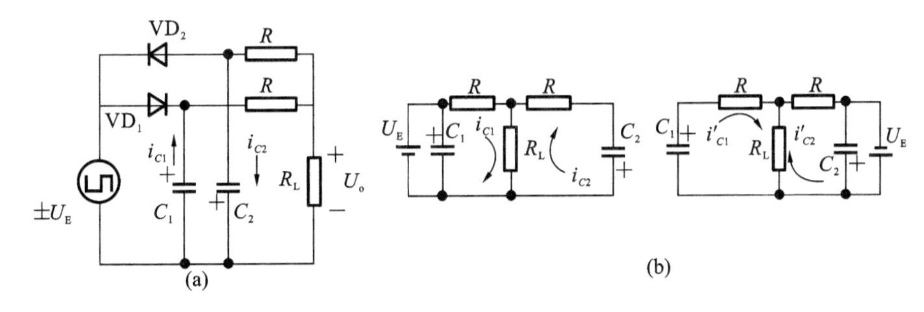

图 5-18　二极管 T 形网络

根据一阶电路时域分析的三要素法，可直接得到流过电容 C_2 的电流 i_{C2} 如下：

$$i_{C2}=\left[\frac{U_E+\frac{R_L}{R+R_L}U_E}{R+\frac{RR_L}{R+R_L}}\right]\exp\frac{-t}{\left(R+\frac{RR_L}{R+R_L}\right)C_2} \tag{5-39}$$

在$[R+RR_L/(R+R_L)]C_2 \ll T/2$时，电流$i_{C2}$的平均值$I_{C2}$可以写成

$$I_{C2}=\frac{1}{T}\int_0^{\frac{T}{2}} i_{C2}\,dt \approx \frac{1}{T}\int_0^{+\infty} i_{C2}\,dt=\frac{1}{T}\frac{R+2R_L}{R+R_L}U_E C_2 \tag{5-40}$$

同理，负半周时，电容C_1的平均电流为

$$I_{C1}=\frac{1}{T}\frac{R+2R_L}{R+R_L}U_E C_1 \tag{5-41}$$

故在负载R_L上产生的电压为

$$U_o=\frac{RR_L}{R+R_L}(I_{C1}-I_{C2})=\frac{RR_L(R+2R_L)}{(R+R_L)^2}\cdot\frac{U_E}{T}(C_1-C_2) \tag{5-42}$$

电路特点如下：

(1)线路简单，可全部放在探头内，大大缩短了电容引线，减小了分布电容的影响；

(2)电源周期、幅值直接影响灵敏度，要求它们高度稳定；

(3)输出阻抗为R，而与电容无关，克服了电容传感器内阻高的缺点；

(4)适用于具有线性特性的单组式和差动式电容传感器。

5.4 电容传感器的抗干扰问题

5.4.1 边缘效应的影响

边缘效应使设计计算复杂化、产生非线性性，以及降低传感器的灵敏度。消除和减小边缘效应的方法是在结构上增设防护电极，防护电极必须与被防护电极取相同的电位，尽量使它们同为地电位。电容传感器测量系统寄生参数的影响主要是指与传感器电容极板并联的寄生电容的影响。传感器电容很小，往往寄生电容要大得多，使电容传感器不能使用。

消除和减小寄生影响的方法可归纳为以下几种。

(1)缩短传感器至测量线路前置级的距离。将集成超小型电容器应用于测量电路，可使得部分部件与传感器做成一体，这既可减小寄生电容值，又可使寄生电容值固定不变。

(2)驱动电缆法。这实际是一种等电位屏蔽法。这种接线法使传输电缆的芯线与内层屏蔽等电位，消除了芯线对内层屏蔽的容性漏电，从而消除了寄生电容的影响。此时内、外层屏蔽之间的电容变成了电缆驱动放大器的负载。因此驱动放大器是一个输入阻抗很高、具有容性负载、放大倍数为1的同相放大器。

(3)整体屏蔽法。所谓整体屏蔽法，是将整个桥体(包括供电电源及传输电缆在内)统一屏蔽保护起来，公用极板与屏蔽之间(也就是公用极板对地)的寄生电容C_1只影响灵敏度，另外两个寄生电容C_3及C_4在一定程度上影响电桥的初始平衡及总体灵敏度，但并不妨碍电桥的正确工作的方法。因此寄生参数对传感器电容的影响基本上得到了排除。

5.4.2　寄生电容的影响

增加原始电容值，减小寄生电容和漏电的影响。电容传感器一般原始电容值很小，只有几微法到几十微法，容易被干扰所淹没。在条件允许的情况下，应尽量减小原始间隙 d_0 和增大覆盖面积，以增加原始电容值 C_0。但气隙减小受加工、装配工艺和空气击穿电压的限制，同时 d_0 小也会影响测量范围。为了防止击穿，极板间可插入介质。一般变间隙式电容传感器取 $d_0=0.2\sim1$ mm。电容传感器的容抗都很高，特别是当激励频率较低时。若两极板间总的漏电阻与此容抗相近，就必须考虑分路作用对系统总灵敏度的影响，它将使灵敏度下降。因此，应选取绝缘性能好的材料作两极板间支架，如陶瓷、石英、聚四氟乙烯等。当然，适当地提高激励电源的频率也可以降低对材料绝缘性能的要求。

5.4.3　温度的影响

1. 温度对结构尺寸的影响

环境温度的改变将引起电容传感器各零件几何尺寸和相互间几何位置的变化，从而导致电容传感器产生温度附加误差。这个误差尤其在变间隙式电容传感器中更为严重，因为它的初始间隙都很小。为减小这种误差一般尽量选取温度系数小和温度系数稳定的材料。如电极的支架选用陶瓷材料，电极材料选用铁镍合金，近年来又采用在陶瓷或石英上进行喷镀金或银的工艺。

2. 温度对介质介电常数的影响

传感器的电容值与介质的介电常数成正比，因此若介质的介电常数有不为零的温度系数，就必然要引起传感器电容值的改变，从而造成温度附加误差。空气及云母介电常数的温度系数可认为等于零，而某些液体介质，如硅油、蓖麻油、甲基硅油、煤油等就必须注意由此而引起的误差。这样的温度误差可用后接的测量线路进行一定的补偿，想完全消除是很困难的。

5.4.4　设计要点

电容传感器所具有的高灵敏度、高精度等独特的优点是与其正确设计、选材以及精细的加工工艺分不开的。在设计传感器的过程中，在所要求的量程、温度和压力等范围内，应尽量使它具有低成本、高精度、高分辨力、稳定可靠和高的频率响应等。

1. 保证绝缘材料的绝缘性能

要减小环境温度、湿度等变化所产生的误差，就要保证绝缘材料的绝缘性能。温度变化会使传感器内各零件的几何尺寸和相互位置及某些介质的介电常数发生改变，从而改变传感器的电容量，产生温度误差。湿度也影响某些介质的介电常数和绝缘电阻值。因此必须从选材、结构、加工工艺等方面来减小温度误差等和保证绝缘材料具有高的绝缘性能。

电容传感器的金属电极的材料以选用温度系数低的铁镍合金为好，但其较难加工。也可采用在陶瓷或石英上喷镀金或银的工艺，这样电极可以做得极薄，这对减小边缘效应极为有利。

传感器内电极表面不便经常清洗，应加以密封，以防尘、防潮。若在电极表面镀以极薄的惰性金属(如铑等)层，则可代替密封件起保护作用，可防尘、防湿、防腐蚀，并在高温下可减少表面损耗、降低温度系数，但成本较高。

传感器内，电极的支架除要有一定的机械强度外，还要有稳定的性能。因此选用温度系数小和几何尺寸长期稳定性好，并具有高绝缘电阻、低吸潮性和高表面电阻的材料，尽量采用空气或云母这种温度系数近似为零的电介质(也不受湿度变化的影响)作为电容传感器的电介质。在可能的情况下，传感器内尽量采用差动对称结构，这样可以通过某些类型的测量电路(如电桥)来减小温度误差等。选用 50 kHz 至几兆赫兹作为电容传感器的电源频率，以降低对传感器绝缘部分的绝缘要求。

2. 消除和减小边缘效应

适当减小极间距，使电极直径或边长与间距比增大，可减小边缘效应的影响，但易产生击穿，并有可能限制测量范围。电极应做得极薄，使之与极间距相比很小，这样也可减小边缘电场的影响。此外，可在结构上增设等位环来消除边缘效应。如图 5-19 所示等位环 3 与电极 2 在同一平面上，并将电极 2 包围，且与电极 2 电绝缘但等电位，这就能使电极 2 的边缘电力线平直，电极 1 和 2 之间的电场基本均匀，而发散的边缘电场发生在等位环 3 外周，不影响传感器两极板间电场。

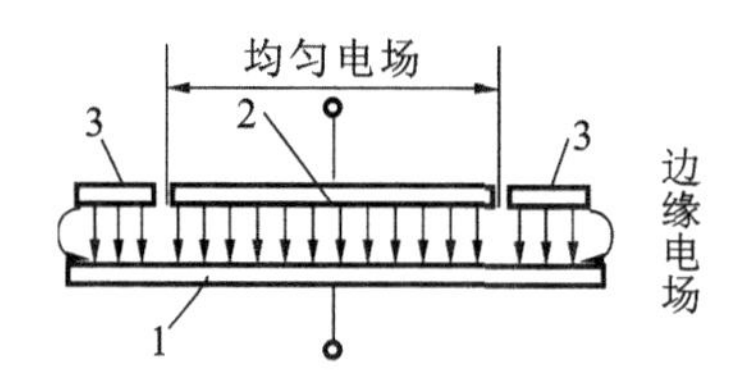

图 5-19　带有等位环的平板电容传感器结构原理图

边缘效应引起的非线性性与变间隙式电容传感器原理上的非线性性恰好相反，在一定程度上起了补偿作用。

3. 消除和减小寄生电容的影响

寄生电容与传感器电容相并联，影响传感器灵敏度，而它的变化则为虚假信号，影响仪器的精度，必须消除和减小它。可采用如下几种方法：

1)增加传感器原始电容值

采用减小极片或极筒间的间距(平板式间距为 0.2～0.5 mm，圆筒式间距为 0.15 mm)，增加工作面积或工作长度来增加原始电容值，但受加工及装配工艺、精度、示值范围、击穿电压、结构等限制。一般电容值变化在 10^{-3}～10^{3} pF 范围内，相对值变化在 10^{-6}～1 范围内。

2)传感器的接地和屏蔽

可动极筒与传感器的屏蔽壳(良导体)同为地，因此，当可动极筒移动时，固定极筒与屏蔽壳之间的电容值将保持不变，从而消除了由此产生的虚假信号。引线电缆也必须屏蔽在传感器屏蔽壳内。为减小电缆电容的影响，应尽可能使用短而粗的电缆线，缩短传感器至电路前置级的距离。

3)集成化

将传感器与测量电路本身或其前置级装在一个壳体内，省去传感器的电缆引线。这样，寄生电容大为减小而且易固定不变，使仪器工作稳定。但这种传感器因电子元件的特点而不能在高、低温或环境差的场合使用。

4)采用驱动电缆(双层屏蔽等位传输)技术

如图 5-20 所示,当电容传感器的电容值很小,而因某些原因(如环境温度较高),测量电路只能与传感器分开时,可采用驱动电缆技术。传感器与测量电路前置级间的引线为双屏蔽层电缆,其内屏蔽层与信号传输线(即电缆芯线)通过 1∶1 放大器成为等电位,从而消除了芯线与内屏蔽层之间的电容。由于屏蔽线上有随传感器输出信号变化而变化的电压,因此称其为驱动电缆。

外屏蔽层接大地或接仪器地,用来防止外界电场的干扰。内、外屏蔽层之间的电容是 1∶1 放大器的负载。1∶1 放大器是一个对输入阻抗要求很高、具有容性负载、放大倍数为 1(准确度要求达 1/10000)的同相(要求相移为零)放大器。因此驱动电缆技术对 1∶1 放大器要求很高,电路复杂,但能保证电容传感器的电容值小于 1 pF 时,也能正常工作。

当电容传感器的初始电容值很大(几百微法)时,只要选择适当的接地点仍可采用一般的同轴屏蔽电缆,电缆即使长达 10 m,仪器仍能正常工作。

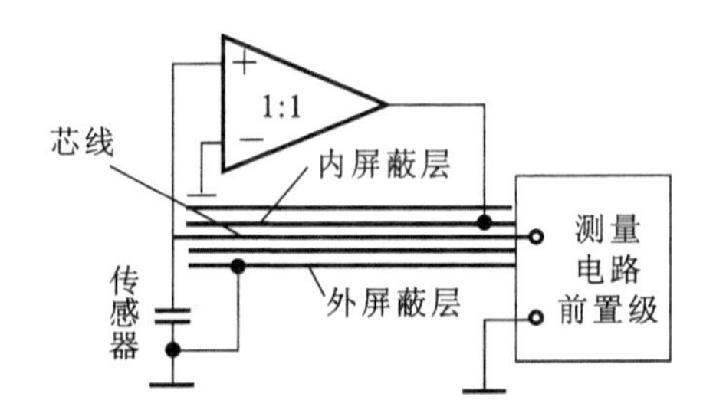

图 5-20　驱动电缆技术原理图

5)采用运算放大器法

图 5-21 所示的是利用运算放大器的虚地点来减小引线电缆寄生电容 C_p 的原理图。图中电容传感器的一个电极经电缆芯线接运算放大器的虚地 Σ 点,电缆的屏蔽层接仪器地,这时与传感器电容相并联的为等效电缆电容 $C_p/(1+A)$,因而大大地减小了电缆电容的影响。外界干扰因屏蔽层接仪器地而对芯线不起作用。

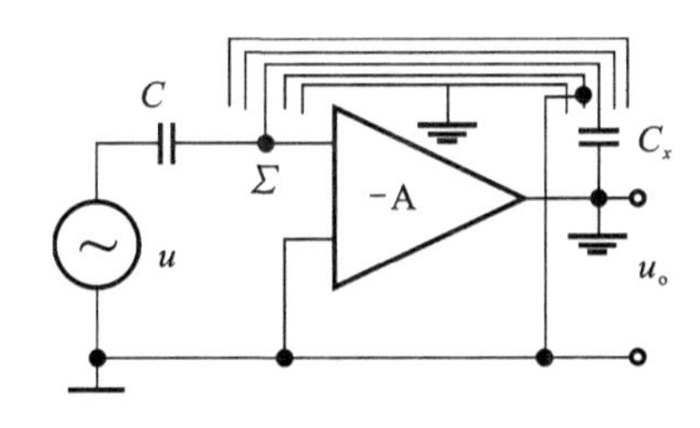

图 5-21　利用运算放大器式电路虚地点来减小引线电缆电容原理图

传感器的另一电极接大地,用来防止外电场的干扰。若采用双屏蔽层电缆,其外屏蔽层接大地,干扰影响就更小。实际上,这是一种不完全的电缆驱动技术,结构较简单。开环放大倍数 A 越大,精度越高。选择足够大的 A 值可保证所需的测量精度。

6)采用整体屏蔽法

将电容传感器和所采用的转换电路、传输电缆等用同一个屏蔽壳屏蔽起来,正确选取接地点，可减小寄生电容的影响和防止外界的干扰。图 5-22 所示的是差动式电容传感器交流电桥所采用的整体屏蔽系统，屏蔽层接地点选择在两固定辅助阻抗臂 Z_3 和 Z_4 中间，使电缆芯线与其屏蔽层之间的寄生电容 C_{p1} 和 C_{p2} 分别与 Z_3 和 Z_4 相并联。如果 Z_3 和 Z_4 比 C_{p1} 和 C_{p2} 的容抗小得多，则寄生电容 C_{p1} 和 C_{p2} 对电桥平衡状态的影响就很小。

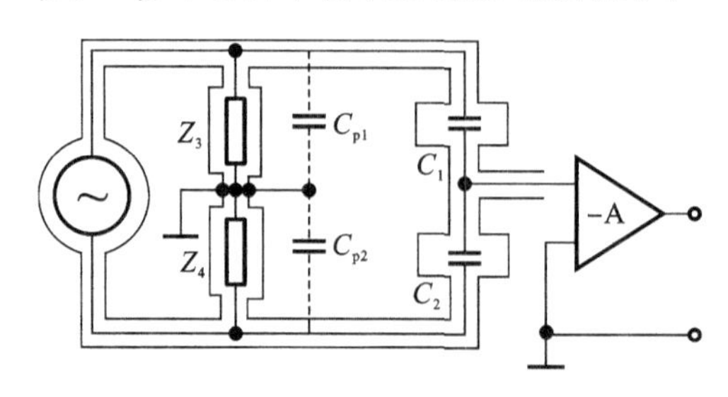

图 5-22　交流电容电桥的屏蔽系统

最易满足上述要求的是变压器电桥，这时 Z_3 和 Z_4 是具有中心抽头并相互紧密耦合的两个电感线圈，流过 Z_3 和 Z_4 的电流大小基本相等，但方向相反。因为 Z_3 和 Z_4 在结构上完全对称，所以线圈中的合成磁通近于零，Z_3 和 Z_4 仅为其绕组的铜电阻及漏感抗，它们都很小。结果寄生电容 C_{p1} 和 C_{p2} 对 Z_3 和 Z_4 的分路作用即可被削弱到很低的程度而不致影响交流电桥的平衡。

还可以再加一层屏蔽，所加外屏蔽层接地点则选在差动式电容传感器两电容 C_1 和 C_2 之间。这样进一步降低了外界电磁场的干扰，而内、外屏蔽层之间的寄生电容等效作用在测量电路前置级，不影响电桥的平衡，因此在电缆线长达 10 m 以上时仍能测出 1 pF 的电容。

电容传感器的原始电容值较大（几百皮法）时，只要选择适当的接地点，仍可采用一般的同轴屏蔽电缆。电缆长达 10 m 时，传感器也能正常工作。

7）防止和减小外界干扰

当外界干扰（如电磁场）在传感器上和导线之间感应出电压并与信号一起输送至测量电路时就会产生误差。干扰信号足够大时，仪器无法正常工作。此外，接地点不同所产生的接地电压差也是一种干扰信号，也会给仪器带来误差和故障。防止和减小干扰的措施归纳如下：

（1）屏蔽和接地。

（2）增加原始电容量，降低容抗。

（3）导线和导线之间要离得远，线要尽可能短，最好呈直角排列，若必须平行排列，可采用同轴屏蔽电缆线。

（4）尽可能一点接地，避免多点接地。

（5）地线要用粗的良导体或宽印制线。

（6）采用差动式电容传感器，减小非线性误差，提高传感器灵敏度，减小寄生电容的影响和温度、湿度等引起的误差。

5.5　电容传感器的应用

电容传感器可以直接测量的非电量为直线位移、角位移及介质的几何尺寸（或称物位）。

直线位移及角位移可以是静态的，也可以是动态的，例如是直线振动及角振动。用于上述三类非电参数变换测量的变换器一般说来原理比较简单，无须再做任何预变换。

用来测量金属表面状况、距离尺寸、振幅等量的传感器，往往采用单极式变间隙式电容传感器，使用时常将被测物作为传感器的一个极板，而另一个电极板在传感器内。近年来已采用这种方法测量油膜等物质的厚度。这类传感器的动态范围均比较小，为十分之几毫米，而灵敏度则在很大程度上取决于选材、结构的合理性及寄生参数影响的消除。精度达到 0.1 μm，分辨力为 0.025 μm，可以实现非接触测量，它加给被测对象的力极小，可忽略不计。

5.5.1　电容压力传感器

其结构原理如图 5-23 所示，由一个固定电极和一个膜片电极形成距离为 d_0、极板有效面积为 πa^2 的、改变极板间平均间隙的平板电容变换器，在忽略边缘效应时，初始电容值

$$C_0=\frac{\varepsilon_0 \pi a^2}{d_0} \tag{5-43}$$

这种传感器中的膜片均取得很薄，使其厚度与直径 $2a$ 相比可以略去不计，因而膜片的弯曲刚度也小得可以略去不计，在被测压力 P 的作用下，膜片向间隙方向呈球状凸起，下面计算这种传感器的灵敏度。

当被测压力为均匀压力时，在距离膜片圆心为 r 的周长上，各点凸起的挠度相等并设为 y，此值可近似写为（在 $h \ll d_0$ 的条件下）

$$y=\frac{P}{4S}(a^2-r^2) \tag{5-44}$$

式中：S 为膜片的拉伸引力。

球面上宽度为 $\mathrm{d}r$、长度为 $2\pi r$ 的环形带与固定电极间的电容值为

$$\mathrm{d}C=\frac{\varepsilon_0 2\pi r \mathrm{d}r}{d_0-y} \tag{5-45}$$

由此可求得被测压力为 P 时，传感器的电容值为

$$C_x=\int_0^a \mathrm{d}C=\int_0^a \frac{\varepsilon_0 2\pi r \mathrm{d}r}{d_0-y}=\frac{2\pi\varepsilon_0}{d_0}\int_0^a \frac{r}{1-\dfrac{y}{d_0}}\mathrm{d}r \tag{5-46}$$

当满足条件 $y \ll d_0$ 时，式(5-46)改写为

$$C_x=\frac{2\pi\varepsilon_0}{d_0}\int_0^a\left(1+\frac{y}{d_0}\right)r\mathrm{d}r \tag{5-47}$$

将(5-46)代入式(5-47)中有

$$\begin{aligned} C_x &= \frac{2\pi\varepsilon_0}{d_0}\left[\frac{a^2}{2}+\frac{P}{4d_0 S}\int_0^a r(a^2-r^2)\mathrm{d}r\right] \\ &= \frac{\varepsilon_0 \pi a^2}{d_0}+\frac{\varepsilon_0 \pi a^4}{8{d_0}^2 S} \end{aligned} \tag{5-48}$$

由式(5-48)可见，右边第二项即为 P 引起的电容增量，因此可得压力 P 引起传感器电容的相对变化值为

$$\frac{\Delta C}{C_0}=\frac{a^2}{8d_0 S}P \tag{5-49}$$

式中：P 为被测压强(N/m^2)；S 为膜片的拉伸张力(N/m)，$S=\frac{t^3E}{0.85\pi a^2}$；$t$ 为膜片厚度(m)。

最后可得

$$\frac{\Delta C}{C_0}=\frac{a^4}{3d_0t^3E}P \tag{5-50}$$

膜片的基本谐振频率为

$$f_0=\frac{1.2}{\pi a}\sqrt{\frac{S}{\mu t}} \tag{5-51}$$

应注意以上推导只适用于静态压力情况下，因为推导过程中未计空气间隙中空气层的缓冲效应。如果考虑这个缓冲效应，将使动刚度增加，其结果使动态压力灵敏度比式(5-50)计算出的低很多。

若膜片具有一定的厚度 t(比前述略厚)，则弯曲刚度不可忽略，在被测压力作用下，膜片的变形将出现如图 5-23 所示形状。这时在半径为 r 的圆周上产生的挠度 y 为

$$y=\frac{3}{16}\cdot\frac{1-\mu^2}{E\cdot t^3}(a^2-r^2)^2P \tag{5-52}$$

式中：a 为电极半径(m)；P 为被测均布压强(N/m^2)。

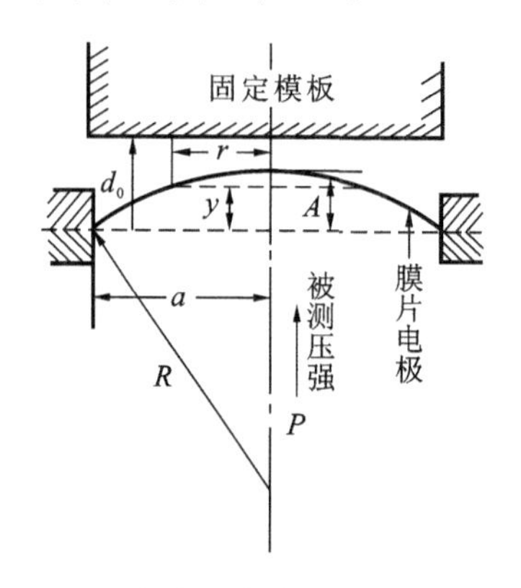

图 5-23　电容压力传感器结构原理图

可得传感器电容值为

$$C_z=\frac{2\pi\varepsilon_0}{d_0}\int_0^a\frac{r\cdot dr}{1-\frac{y}{d_0}}=\frac{2\pi\varepsilon_0}{d_0}\int_0^a\left(1+\frac{y}{d_0}\right)r\cdot dr$$

$$=\frac{2\pi\varepsilon_0}{d_0}\int_0^a\left[1+\frac{3}{16}\cdot\frac{1-\mu^2}{E\cdot t^3d_0}(a^2-r^2)P\right]r\,dr \tag{5-53}$$

灵敏度为

$$\frac{\Delta C/C}{P}=\frac{3(1-\mu^2)a^4}{32\cdot E\cdot d_0t^3} \tag{5-54}$$

以上推导也未考虑边缘效应及空气的缓冲作用。

5.5.2　电容加速度传感器

测量振动使用加速度及角加速度传感器，一般采用惯性式传感器测量绝对加速度。在这

种传感器中可应用电容传感器。一种差动式电容传感器的原理结构示于图 5-24 中。这里有两个定极板，极板中间有一用弹簧支撑的质量块，此质量块的两个端面经过磨平抛光后作为动极板。当传感器测量竖直方向的振动时，由于质量块的惯性作用，其相对固定电极产生位移，两个差动电容器 C_1 和 C_2 的电容发生相应的变化，其中一个变大，另一个变小。

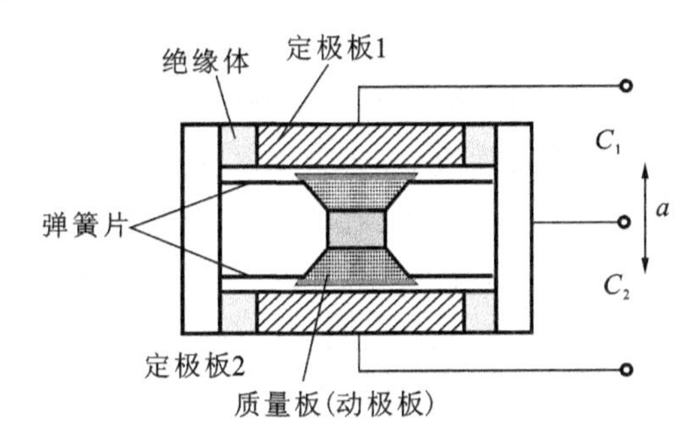

图 5-24　电容加速度传感器

5.5.3　电容位移传感器

DWY-3 振动、位移测量仪是一种利用电容、调频原理的非接触式测量仪器。它既是测振仪，又是电子测微仪，主要用来测量旋转轴的回转精度和振摆、往复机构的运动特性和定位精度、机械构件的相对振动和相对变形、工件尺寸和平直度，以及用于某些特殊测量等，作为一种通用性的精密测试仪器得到广泛应用。

它的传感器是一片金属片，作为固定极板，而以被测构件为动极板，组成电容器。测量原理如图 5-25 所示。在测量时，首先调整好传感器与被测工件间的原始间隙 d_0，当轴旋转时，因轴承间隙等原因，转轴产生径向位移和振幅 $\pm\Delta d$，相应地产生电容变化 ΔC，DWY-3 振动、位移测量仪可以直接指示出 Δd 的大小，配有记录和图形显示仪器时，可将 Δd 的大小记录下来，并以图像显示其变化情况。

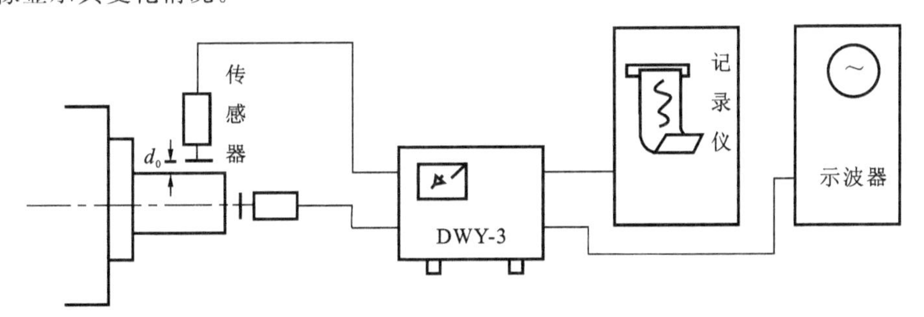

图 5-25　测量旋转轴的回转精度和振摆示意图

5.5.4　电容测厚传感器

电容测厚仪是用来测量金属带材在轧制过程中的厚度的。它的变换器就是电容厚度传感器，其工作原理如图 5-26 所示。在被测带材的上下两边各置一块面积相等、与带材距离相同的极板，这样极板与带材就形成两个电容器(带材也作为一个极板)。把两块极板用导线连接起来，就成为一个极板，而带材则是电容器的另一极板，其总电容 $C=C_1+C_2$。

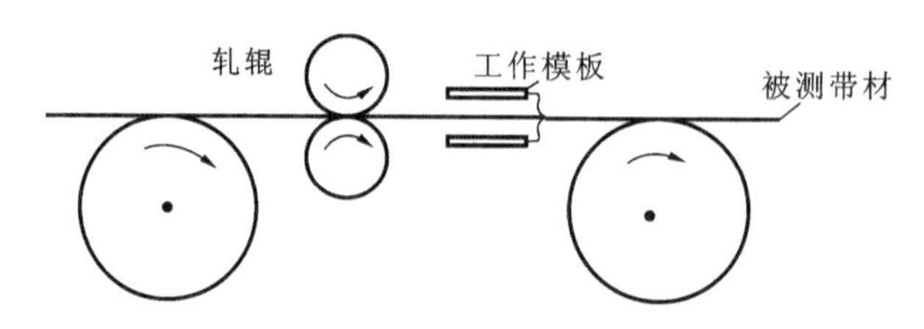

图 5-26　电容测厚传感器

金属带材在轧制过程中不断向前送进，如果带材厚度发生变化，则将引起它与上下两个极板间距变化，即引起电容量的变化。如果总电容 C 作为交流电桥的一个臂，则电容的变化 ΔC 引起电桥不平衡输出，经过放大、检波、滤波，最后在仪表上显示出带材的厚度。这种测厚仪的优点是带材的振动不影响测量精度。

5.5.5　电容液位传感器

电容液位计利用液位高低变化影响电容器电容量大小的原理进行测量。依此原理还可进行其他形式的物位测量，对导电介质和非导电介质都能测量，此外还能测量有倾斜晃动及高速运动的容器的液位，不仅可作液位控制器，还能用于连续测量。

图 5-27 所示的为用于测量非导电介质的同轴双层电极电容液位计。内电极和与之绝缘的同轴金属套组成电容的两极，外电极上开有很多流通孔，使液体流入极板间。

在有些特殊场合，还有其他特殊安装形式：对大直径容器或介电系数较小的介质，为增大测量灵敏度，通常只用一根电极，将其靠近容器壁安装，使它与容器壁构成电容器的两极；在测大型容器或非导电容器内装非导电介质时，可用两根不同轴的圆筒电极平行安装构成电容；在测极低温度下的液态气体时，一个电容灵敏度太低，可取同轴多层电极结构，把奇数层和偶数层的圆筒分别连接在一起成为两组电极，变成相当于多个电容并联，以增加灵敏度。

电容料位和液位传感器如图 5-28 所示，测定电极安装在金属储罐的顶部，储罐的罐壁和测定电极之间形成了一个电容器。

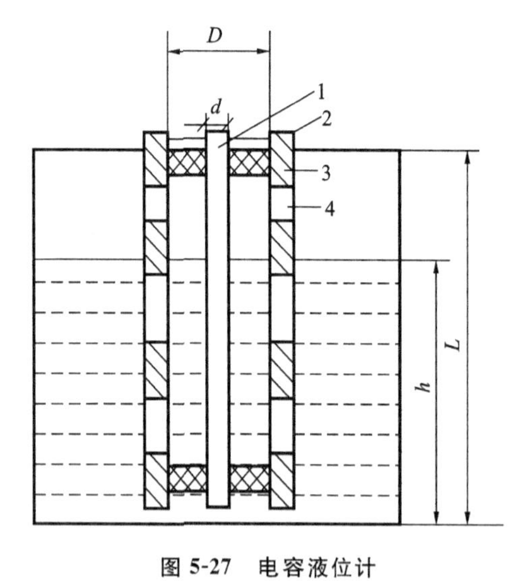

图 5-27　电容液位计

1,2—内、外电极；3—绝缘套；4—流通孔

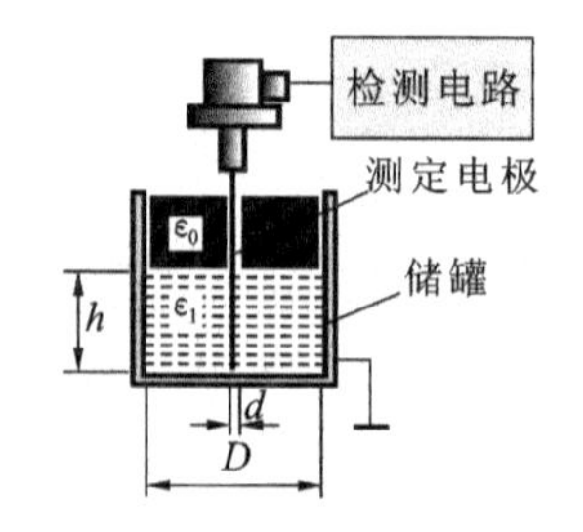

图 5-28　电容料位和液位传感器

图 5-28 中电容随料位高度 h 变化的关系为

$$C=\frac{k(\varepsilon_1-\varepsilon_0)h}{\ln\frac{D}{d}}$$

式中：k 为比例常数；D 为储罐的内径；d 为测定电极的直径；h 为被测物料的高度；ε_0 为空气的相对介电常数；ε_1 为被测物料的相对介电常数。

可以看出，两种介质的介电常数差别越大，D 与 d 相差越小，传感器的灵敏度越高。

思　考　题

1. 为什么变间隙式电容传感器的灵敏度和非线性性是矛盾的？实际应用中怎样解决这一问题？

2. 有一变间隙式电容传感器，两极板的重合面积为 8 cm^2，两极板间的距离为 1 mm，已知空气的相对介电常数为 1.0006，试计算该传感器的位移灵敏度。

3. 一电容测微仪，其传感器的圆形极板半径 $r=4$ mm，工作初始间隙 $\delta=0.3$ mm，问：

(1) 工作时，如果传感器与工作的间隙变化量 $\Delta\delta=\pm1$ μm，则电容变化量是多少？

(2) 如果测量电路的灵敏度 $S_1=100$ mV/pF，读数仪表的灵敏度 $S_2=5$ 格/mV，在 $\Delta\delta=\pm1$ μm 时，读数仪表的指示值变化多少格？

4. 如何改善单组式变间隙式电容传感器的非线性性？

5. 如图 5-29 所示，单组式变面积式平板型线位移电容传感器两极板相对覆盖部分的宽度 b 为 4 mm，两极板的间隙 δ 为 0.5 mm，极板间介质为空气，试求其静态灵敏度。若两极板相对移动 $\Delta a=2$ mm，求其电容变化量。

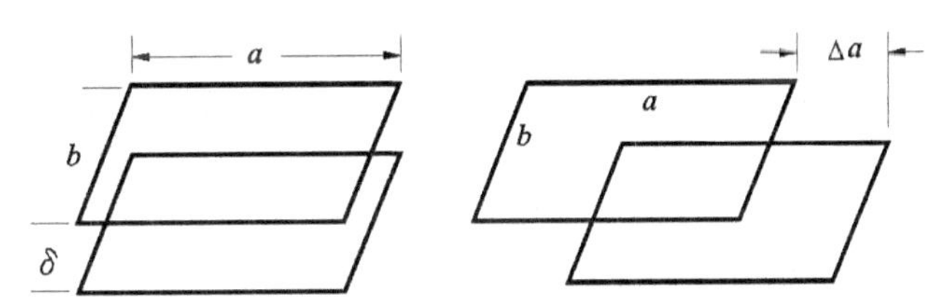

图 5-29　思考题 5 图

6. 画出并说明电容传感器的等效电路及其高频和低频时的等效电路。

7. 设计电容传感器时主要应考虑哪几方面的因素？

第 6 章　电感传感器

电感传感器(见图 6-1)利用电磁感应把被测的物理量(如压力、位移、流量、振动等)转换成线圈的自感系数和互感系数的变化,再由测量电路转换为电压或电流的变化量输出,实现非电量到电量的转换。电感传感器的核心部分是可变的电感或互感。

电感传感器具有结构简单、可靠、输出功率大、输出阻抗小、抗干扰能力强、对工作环境要求不高、灵敏度和分辨力高、稳定性好等优点。它的缺点是:频率响应低,不宜用于高频动态测量。这种传感器能实现信息的远距离传输、记录、显示和控制,在工业自动控制系统中被广泛采用。电感传感器种类很多,常见的有自感式、互感式和电涡流式。

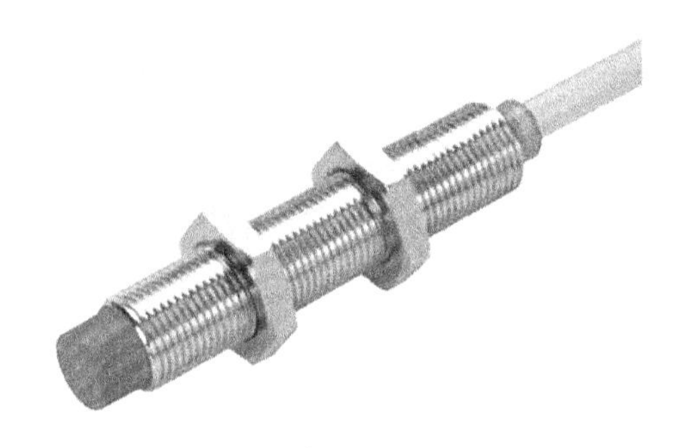

图 6-1　电感传感器实物

6.1　自感式传感器

6.1.1　自感式传感器的结构和工作原理

自感式传感器主要由线圈、铁芯和衔铁三部分组成,基本结构如图 6-2 所示。铁芯和衔铁都由导磁材料制成,如硅钢片或坡莫合金。铁芯和活动衔铁之间有气隙,气隙宽度为 δ。传感器的运动部分与衔铁相连,当衔铁移动时,气隙宽度 δ 发生变化,从而使磁路中磁阻变化,导致电感线圈的电感值改变,然后通过测量电路测出其变化量,由此可得出被测位移量的大小。

由电工学公式知线圈的电感值 L

$$L=\frac{N^2}{R_m} \tag{6-1}$$

$$R_m=R_1+R_2+R_\delta \tag{6-2}$$

$$R_1=\frac{L_1}{\mu_1 A_1} \tag{6-3}$$

$$R_2=\frac{L_2}{\mu_2 A_2} \tag{6-4}$$

$$R_{\delta}=\frac{2\delta}{\mu_0 A} \tag{6-5}$$

式中：N 为线圈匝数；R_m 为磁路的总磁阻；R_1 为铁芯的磁阻；R_2 为衔铁的磁阻；R_{δ} 为空气气隙磁阻；L_1、L_2 分别为铁芯和衔铁的磁路长度；μ_1、μ_2 为铁芯材料和衔铁材料的磁导率；μ_0 为空气的磁导率，$\mu_0=4\pi\times10^{-7}$ H/m；A_1 和 A_2 分别为铁芯和衔铁的横截面积；A 为气隙横截面积。

一般情况下，$\mu_0 \ll \mu_1$，$\mu_0 \ll \mu_2$，因此 $R_{\delta} \gg R_1$，$R_{\delta} \gg R_2$，则式(6-1)中的线圈电感可近似地表示为

$$L=\frac{\mu_0 N^2 A}{2\delta} \tag{6-6}$$

由式(6-6)可知，当线圈匝数 N 确定后，只要改变 δ 和 A 均可导致电感的变化。因此，自感式传感器可分为变间隙式自感传感器(见图 6-2(a))、变面积式自感传感器(见图 6-2(b))和螺线管式自感传感器(同时改变 δ 和 A)(见图 6-2(c))。

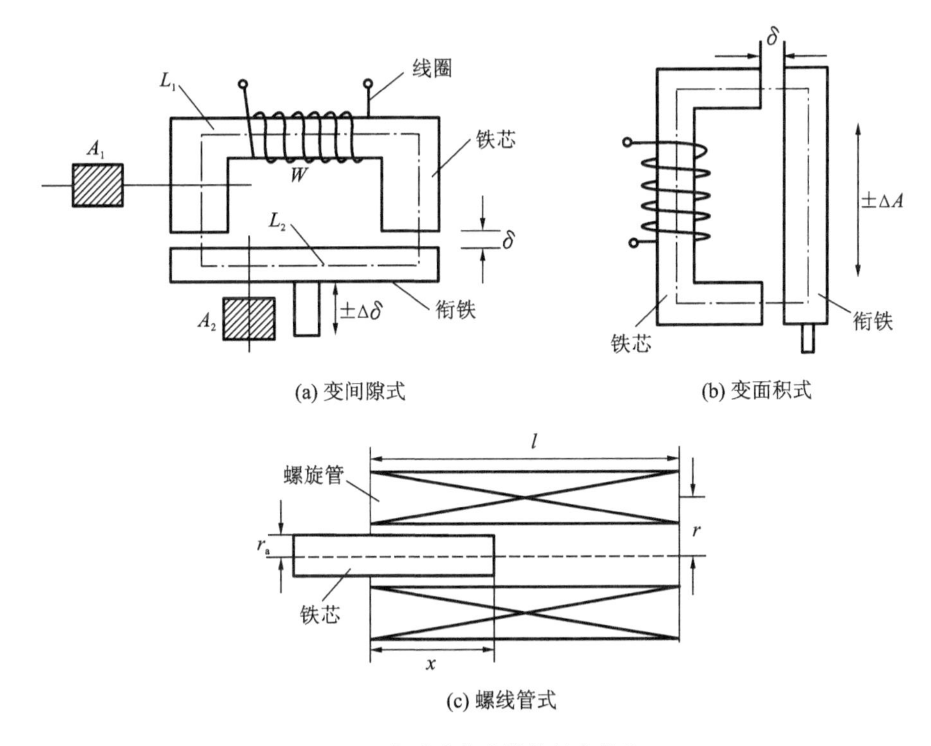

图 6-2　自感式传感器的基本结构

在实际使用中，常采用两个相同的传感器线圈共用一个衔铁，构成差动式电感传感器，这样可以提高传感器的灵敏度，减小测量误差。图 6-3 所示的是变间隙式差动电感传感器和螺线管式差动电感传感器。

差动式电感传感器的结构要求是，两个导磁体的几何尺寸及材料完全相同，两个线圈的电气参数和几何尺寸完全相同。

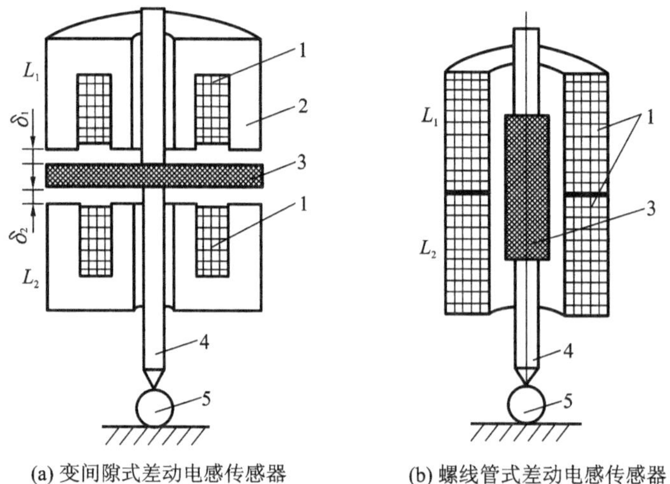

(a) 变间隙式差动电感传感器　　(b) 螺线管式差动电感传感器

图 6-3　差动式电感传感器结构

1—差动线圈；2—铁芯；3—衔铁；4—测杆；5—工件

6.1.2　自感传感器的输出特性

1. 自感传感器

当自感传感器线圈匝数和气隙面积一定时，电感 L 与气隙厚度 δ 成反比，变间隙式自感传感器的输出特性如图 6-4 所示。

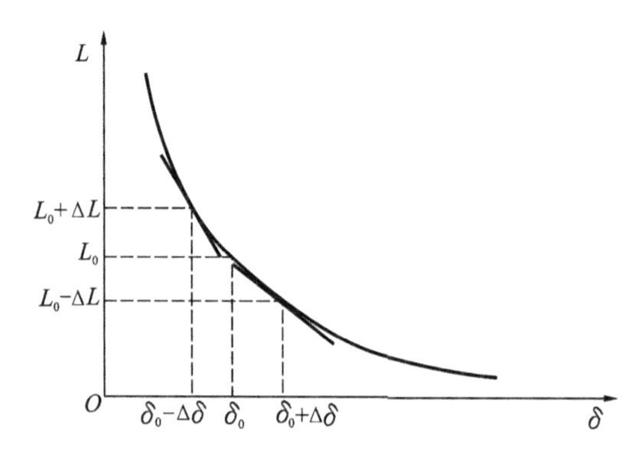

图 6-4　变间隙式自感传感器的输出特性

设传感器的初始气隙为 δ_0，初始电感为 L_0，衔铁位移引起的气隙变化量为 $\Delta\delta$，由式(6-7)知，L 和 δ 之间是非线性关系。

初始电感量为

$$L_0=\frac{\mu_0 N^2 A}{2\delta_0} \tag{6-7}$$

当衔铁上移 $\Delta\delta$ 时，传感器气隙减小 $\Delta\delta$，$\delta=\delta_0-\Delta\delta$，此时电感量增加为

$$L=L_0+\Delta L=\frac{\mu_0 N^2 A}{2(\delta_0-\Delta\delta)}=\frac{L_0}{1-\frac{\Delta\delta}{\delta_0}}=\frac{L_0\left(1+\frac{\Delta\delta}{\delta_0}\right)}{1-\left(\frac{\Delta\delta}{\delta_0}\right)^2} \tag{6-8}$$

当 $\Delta\delta/\delta_0 \ll 1$ 时，$1-(\frac{\Delta\delta}{\delta_0})^2 \approx 0$，将式(6-8)展开成级数形式为

$$L=\Delta L+L_0=L_0+\left[1+\frac{\Delta\delta}{\delta_0}+(\frac{\Delta\delta}{\delta_0})^2+(\frac{\Delta\delta}{\delta_0})^3+\cdots\right] \tag{6-9}$$

则

$$\Delta L=L_0\frac{\Delta\delta}{\delta_0}\left[1+\frac{\Delta\delta}{\delta_0}+(\frac{\Delta\delta}{\delta_0})^2+\cdots\right] \tag{6-10}$$

当衔铁下移 $\Delta\delta$ 时，同上可得

$$\Delta L=L_0\frac{\Delta\delta}{\delta_0}\left[1-\frac{\Delta\delta}{\delta_0}-(\frac{\Delta\delta}{\delta_0})^2-\cdots\right] \tag{6-11}$$

忽略上述两式的高次项，电感的相对灵敏度 K 为

$$K=\frac{\frac{\Delta L}{L_0}}{\Delta\delta}=\frac{1}{\delta_0} \tag{6-12}$$

可见，δ_0 越小，灵敏度越高；但 δ_0 越小，达到 $\Delta\delta/\delta_0 \ll 1$ 的条件越不易，线性度越差。因此，变间隙式自感传感器的测量范围不能与灵敏度及线性度同时提高，只在测量微小位移时较准确。通常 δ_0 取 0.1～0.5 mm，$\Delta\delta=(0.1\sim0.2)\delta_0$。为了减小非线性误差，实际测量时广泛采用变间隙式差动自感传感器。

传感器气隙厚度保持不变，令磁通截面积随被测非电量而变，则此变面积式自感传感器的灵敏度为

$$K=\frac{\mathrm{d}L}{\mathrm{d}A}=\frac{\mu_0 N^2}{2\delta_0}=\text{常数} \tag{6-13}$$

这种传感器在改变截面时，其衔铁行程受到的限制小，故测量范围较大，又因衔铁易做成转动式的，故多用于角位移测量。

螺线管式电感传感器，由于磁场分布不均匀，故从理论上来分析较困难。由实验可知，其输出特性为非线性关系，灵敏度较前两种形式的低，但其测量范围广，且结构简单，装配容易，又因螺线管可以做得较长，故宜测量较大的位移。

2. 差动式自感传感器

差动式自感传感器以变间隙式的应用最广。变间隙式差动传感器结构图如图 6-3 (a)所示，其特性曲线如图 6-5 所示。当衔铁上下移动时，两个磁回路中磁阻发生大小相等、方向相反的变化，导致一个线圈的电感量增加，另一个线圈的电感量减小，形成差动形式。

当衔铁上移 $\Delta\delta$ 时，两个线圈的电感变化量 ΔL_1、ΔL_2，即

$$\Delta L=\Delta L_1+\Delta L_2=2L_0\frac{\Delta\delta}{\delta_0}\left[1+\frac{\Delta\delta}{\delta_0}+(\frac{\Delta\delta}{\delta_0})^2+(\frac{\Delta\delta}{\delta_0})^3+\cdots\right] \tag{6-14}$$

对上式进行线性处理，忽略高次项得

$$\frac{\Delta L}{L_0}=2\frac{\Delta\delta}{\delta_0} \tag{6-15}$$

电感的相对灵敏度 K 为

$$K=\frac{\frac{\Delta L}{L_0}}{\Delta\delta}=\frac{2}{\delta_0} \tag{6-16}$$

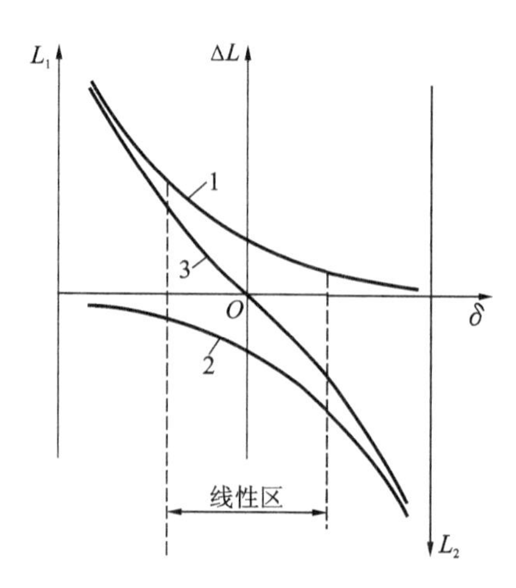

图 6-5　单线圈电感传感器与差动式电感传感器的特性比较

1—上线圈特性；2—上线圈特性；3—差动连接后的特性

比较单线圈式和差动式两种变间隙电感传感器的特性，可知差动式具有以下优点：

(1)线性度高，差动式的非线性项等于单线圈式非线性项乘以 $\Delta\delta/\delta_0\approx1$，线性度得到明显改善。

(2)灵敏度高，差动式比单线圈式的灵敏度高一倍。

(3)对温度变化、电源频率变化、外界干扰等影响可以进行补偿，从而减小了外界影响造成的误差。

(4)电磁吸力对测力变化的影响也由于能相互抵消而减小。

6.1.3　自感式传感器的测量电路

自感式传感器实现了把被测量的变化转换为电感的变化。为了测出电感量的变化，同时也为了送入下级电路进行放大和处理，就要用转换电路把电感的变化转换为电压或电流的变化，常用的测量转换电路有调幅、调频、调相电路。在实际使用中，用得较多的是调幅电路，调频、调相电路用得较少。

1. 调幅电路

1)交流电桥式测量电路

图 6-6 所示的为交流电桥式测量电路，传感器的两个线圈作为电桥的两个相邻桥臂 Z_1 和 Z_2，另两个相邻的桥臂用纯电阻 $Z_3=Z_4=R$ 代替。由于电桥工作臂是差动形式，因此在工作时，$Z_1=Z+\Delta Z$ 和 $Z_2=Z-\Delta Z$。当空载时，其输出称为开路输出电压，表达式为

$$\dot{U}_o=\left(\frac{Z_1}{Z_1+Z_2}-\frac{Z_3}{Z_3+Z_4}\right)\dot{U}_{AC}=\frac{\Delta Z}{2Z}\dot{U}_{AC} \tag{6-17}$$

2)变压器式交流电桥

变压器式交流电桥的结构如图 6-7 所示。相邻的两工作臂 Z_1 和 Z_2 是差动式自感传感器的两个线圈的阻抗，另两个臂为交流变压器磁线圈的二分之一阻抗，其每半电压为 $U_{AC}/2$，输出电压取自 A、B 两点，D 点为零电位。设传感器线圈取高品质因数，即线圈电阻远小于其感抗，则输出电压为

$$\dot{U}_o=\dot{U}_{AD}-\dot{U}_{BD}=\frac{Z_2}{Z_1+Z_2}\dot{U}-\frac{\dot{U}}{2}=\frac{\dot{U}}{2}\frac{Z_2-Z_1}{Z_2+Z_1} \tag{6-18}$$

在初始位置时，衔铁位于中间，$Z_1=Z_2=Z$，此时，$U_o=0$，电桥平衡。

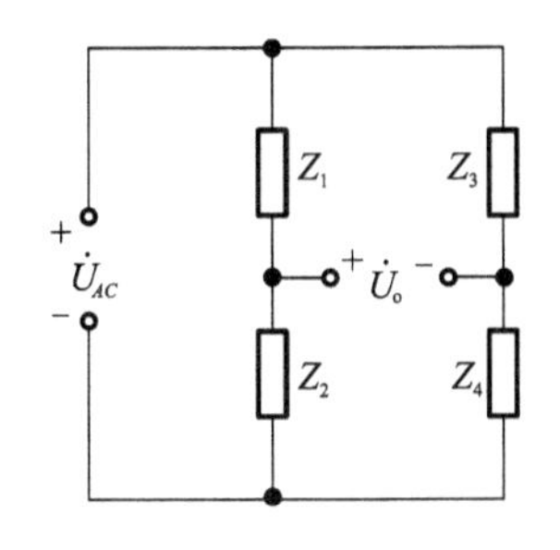

图 6-6 交流电桥式测量电路

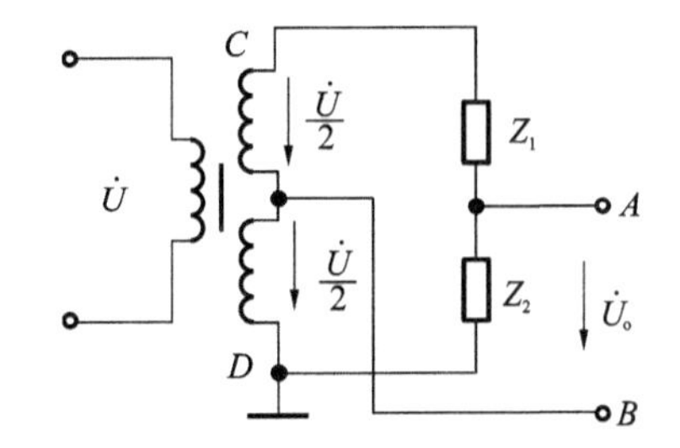

图 6-7 变压器式交流电桥原理图

当衔铁下移时，下线圈阻抗增加，即 $Z_2=Z+\Delta Z$，而上线圈阻抗减小，$Z_1=Z-\Delta Z$，由式(6-18)可知

$$\dot{U}_o=\frac{\dot{U}}{2}\cdot\frac{(Z+\Delta Z)-(Z-\Delta Z)}{(Z+\Delta Z)+(Z-\Delta Z)}=\frac{\dot{U}}{2}\cdot\frac{\Delta Z}{Z}\approx\frac{\dot{U}}{2}\cdot\frac{\Delta L}{L} \tag{6-19}$$

当衔上移时，$Z_1=Z+\Delta Z$，$Z_2=Z-\Delta Z$，则

$$\dot{U}_o=-\frac{\dot{U}}{2}\cdot\frac{\Delta Z}{Z}\approx-\frac{\dot{U}}{2}\cdot\frac{\Delta L}{L} \tag{6-20}$$

综合式(6-19)和式(6-20)有

$$\dot{U}_o=\pm\frac{\dot{U}}{2}\cdot\frac{\Delta Z}{Z}\approx\pm\frac{\dot{U}}{2}\cdot\frac{\Delta L}{L} \tag{6-21}$$

因此，衔铁上、下移动时，输出电压大小相等、极性相反，但由于是交流电压，从输出指示无法判断出位移方向，必须采用相敏检波器鉴别出输出电压极性随位移方向变化而产生的变化。

2. 调频电路

调频电路的基本原理是传感器电感 L 变化将引起输出电压频率 f 的变化。一般是把传感器电感 L 和电容 C 接入一个振荡回路中，如图 6-8(a)所示，其振荡频率 $f=\frac{1}{2\pi\sqrt{LC}}$。当 L 变化时，振荡频率随之变化，根据 f 的大小即可测出被测量的值。图 6-8(b)所示的为 f 与 L 的特性关系，具有明显的非线性关系。调频电路只有在 f 较大的情况下才能达到较高的精度。

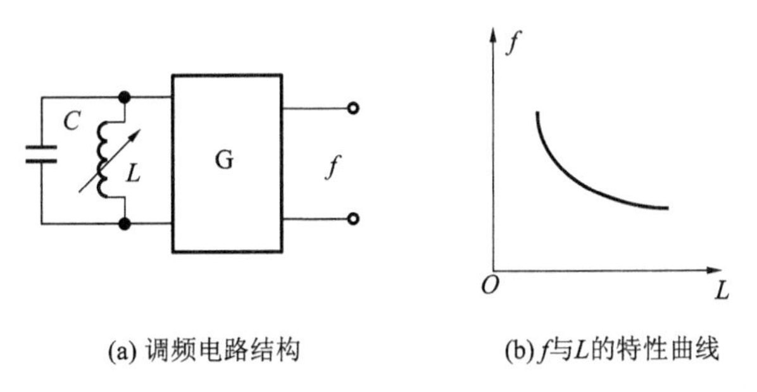

(a) 调频电路结构　(b) f与L的特性曲线

图 6-8 谐振式调频电路

3. 调相电路

调相电路的基本原理是传感器 L 变化将引起输出电压相位角 φ 的变化。图 6-9(a)所示的是一个相位电桥，一个桥臂为传感器，另一桥臂为固定电阻。设计时使电感线圈具有高品质因数。忽略其损耗电阻，则电感线圈与固定电阻上的压降$\dot{U}_L$和$\dot{U}_R$两个相量是相互垂直的，如图 6-9(b)所示。当电感 L 变化时，输出电压$\dot{U}_o$的幅值不变，相位角 φ 随之变化。φ 与 L 的关系为

$$\varphi=2\arctan\frac{\omega L}{R} \tag{6-22}$$

图 6-9(c)所示的为 φ-L 特性关系曲线。

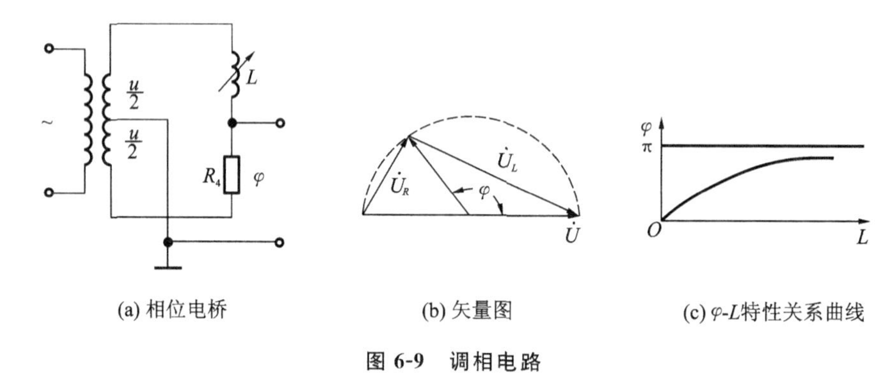

(a) 相位电桥　　(b) 矢量图　　(c) φ-L特性关系曲线

图 6-9　调相电路

6.2　差动式变压器传感器

6.2.1　差动式变压器传感器的结构和工作原理

把被测量的变化转换为变压器互感变化的传感器称为互感式传感器，变压器的初级线圈输入交流电压，次级线圈则互感应出电势，由于互感式传感器的次级线圈常接成差动形式，故又称差动式变压器传感器。

差动式变压器结构形式较多，有变间隙式、变面积式和螺线管式等，但其工作原理基本一样。非电量测量中，应用最多的是螺线管式差动变压器，它可以测量 1～100 mm 范围内的机械位移，并具有测量精度高、灵敏度高、结构简单、性能可靠等优点。

三段式螺线管式差动变压器结构如图 6-10 所示，它由初级线圈、两个次级线圈和插入线圈中央的圆柱形活动磁铁(铁芯)等组成。

图 6-11 所示的是一个 π 形差动变压器，它由两个 π 形铁芯、一个活动衔铁及多个铁芯线圈组成。

线圈 1 和线圈 2 正向串接组成初级绕组，$\dot{U}$ 为加在初级绕组的激励电压。线圈 3 和线圈 4 反向串接组成次级绕组，其输出电压为$\dot{U}_{sc}$。初次级线圈间的耦合程度与衔铁的位置有关。假如衔铁上移，则线圈 1、3 间的耦合加强，它们之间的互感增大，而线圈 2、4 间的耦合程度减弱，它们之间的互感减小，初级线圈与两次级线圈间的互感系数为 M_1 和 M_2。因此，差动式变压器的初次级线圈间的耦合程度随衔铁的移动而改变，即被测位移可转换为传感器的互感变

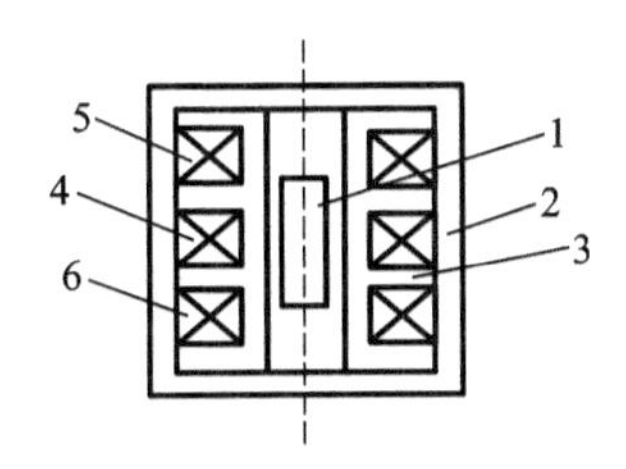

图 6-10　三段式螺线管式差动变压器结构图

1—活动磁铁(铁芯)；2—导磁外壳；3—骨架；4—匝数为 w_1 的初级线圈

5—匝数为 w_{2a} 的次级线圈；6—匝数为 w_{2b} 的次级线圈

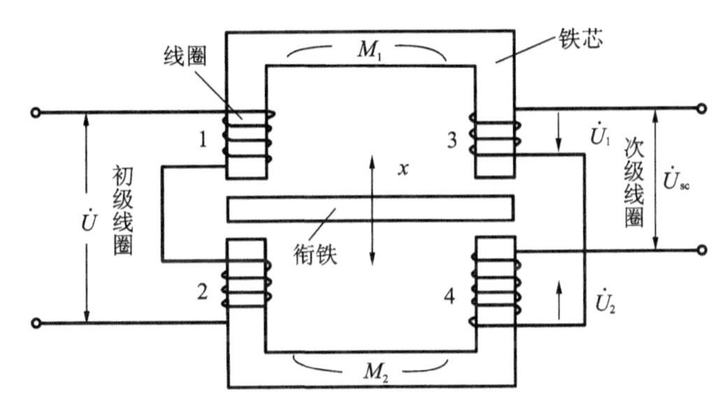

图 6-11　π 形差动变压器的结构原理

化。当用一定频率的电压激励初级绕组时，次级的输出电压$\dot{U}_{sc}$与互感的变化有关，这样，将被测位移转换为电压输出。

差动变压器与一般变压器不同，一般变压器为闭合磁路，初级线圈的互感为常数，而差动变压器由于存在铁芯气隙，是开磁路，且初级的互感随衔铁位移而变化，另外，差动变压器的两个次级线圈按差动方式工作，输出电压$\dot{U}_{sc}=\dot{U}_1-\dot{U}_2$。

(1)当衔铁位于中间位置时，$M_1=M_2$，$\dot{U}_1=\dot{U}_2$，$\dot{U}_{sc}=0$。

(2)当衔铁向上移动时，$M_1>M_2$，$\dot{U}_1>\dot{U}_2$，$\dot{U}_{sc}>0$。

(3)当衔铁向下移动时，$M_1<M_2$，$\dot{U}_1<\dot{U}_2$，$\dot{U}_{sc}<0$。

所以，当衔铁偏离中心位置时，输出电压$\dot{U}_{sc}$随偏离距离的增大而增加，但上、下偏移的相位差180°，如图 6-12 所示。实际上，位于中心位置时，输出电压$\dot{U}_{sc}$并不等于零，而是存在一个零点残余电压$\dot{U}_r$。其产生原因很多，主要是变压器的制作工艺导致的不对称以及铁芯位置等。$\dot{U}_r$ 一般在几十毫伏及以下，实际使用中，必须设法减小，否则会使传感器的输出特性在零点附近不灵敏，产生测量误差。

减小零点残余电压可采取以下方法：

(1)在设计和工艺上尽可能保证传感器几何尺寸、线圈电气参数对称。磁性材料要经过处理，消除内部的残余应力，使其性能均匀稳定。

(2)选用合适的测量电路，如采用相敏整流电路，既可判别衔铁移动方向，又可改善输出特性，减小零点残余电压。

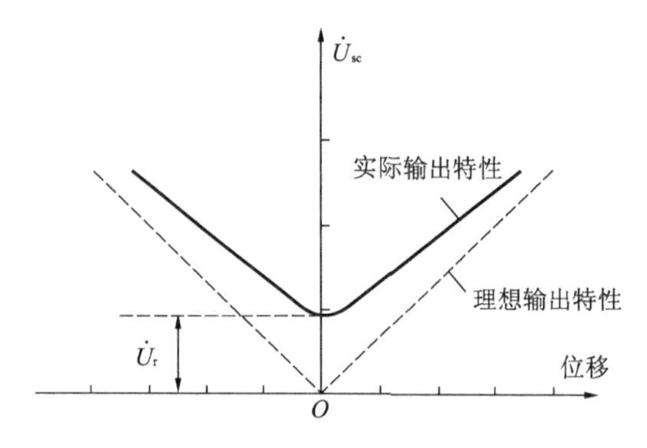

图 6-12　差动变压器输出特性曲线

(3)采用补偿电路减小零点残余电压，如加串联电阻、加并联电阻、加并联电容、加反馈绕组或反馈电容等，如图 6-13 所示。

图 6-13(a)中输出端接入电位器 RP，电位器的动点接次级线圈的公共点。调节电位器，可使次级线圈输出电压的大小和相位发生变化，从而使零点残余电压为最小值。RP 一般在 10 kΩ 左右。这种方法对基波正交分量有明显的补偿效果，但对高次谐波无补偿作用。图 6-13(b)中通过并联电容 C 可以有效补偿高次谐波分量。电容大小要适当，通常为 0.1 μF，要通过实验确定。图 6-13(c)中，串联电阻 R 调整次级线圈的电阻值不平衡，并联电容 C 改变了某一输出电动势的相位，能达到良好的零点残余电压补偿作用。图 6-13(d)中，接入 R(几百千欧)，减轻了次级线圈的负载，可以避免外接负载不是纯电阻而引起的较大零点残余电压。

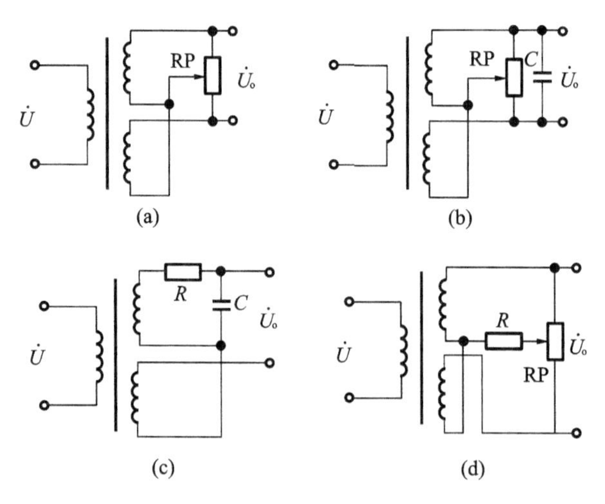

图 6-13　减小零点残余电压的补偿电路

6.2.2　差动式变压器传感器的等效电路

在忽略线圈寄生电容、铁芯涡流损耗及磁滞损耗的情况下，一个理想的差动变压器可等效为图 6-14 所示的电路。

初级线圈 1、2 正向串接，如图 6-11 所示可等效为一个初级线圈。R_1 和 L_1 为初级线圈的损耗电阻及电感；$\dot{U}_1$ 和 $\dot{I}_1$ 为初级线圈的激励电压和电流；角频率为 ω；R_{2a} 和 R_{2b} 为两个次级线

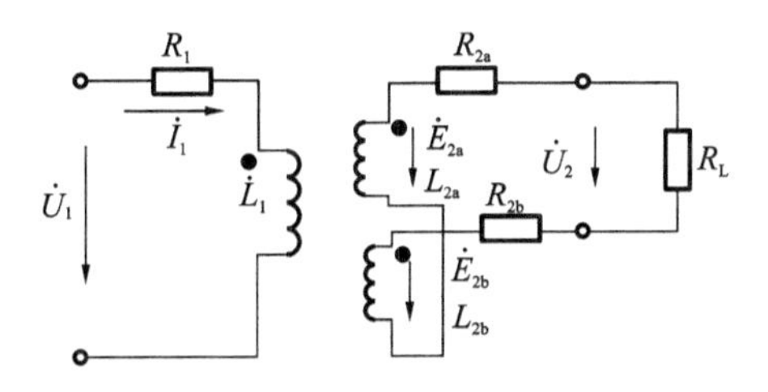

图 6-14　差动变压器等效电路

圈的损耗电阻；L_{2a} 和 L_{2b} 为两个次级线圈的电感；$\dot{E}_{2a}$ 和 $\dot{E}_{2b}$ 为两次级线圈的感应电动势；U_2 为输出电压。

当次级开路时，初级线圈的交流电为

$$\dot{I}_1=\frac{\dot{U}_1}{R_1+j\omega L_1} \tag{6-23}$$

次级线圈的感应电动势为

$$\dot{E}_{2a}=-j\omega M_1\dot{I}_1 \tag{6-24}$$

$$\dot{E}_{2b}=-j\omega M_2\dot{I}_1 \tag{6-25}$$

差动变压器输出电压为

$$\dot{U}_2=\dot{E}_{2a}-\dot{E}_{2b}=-j\omega(M_1-M_2)\dot{I}_1=-j\omega(M_1-M_2)\frac{\dot{U}_1}{R_1+j\omega L_1} \tag{6-26}$$

输出电压有效值为

$$U_2=\frac{\omega(M_1-M_2)U_1}{\sqrt{R_1^2+(j\omega L_1)^2}} \tag{6-27}$$

6.2.3　差动式变压器传感器的测量电路

差动变压器输出的是交流电压，若用交流模拟数字电压表测量，只能反映衔铁位移的大小，不能反映移动方向。另外，其测量值必定含有零点残余电压。为了达到能辨别移动方向和消除零点残余电压的目的，实际测量时，常采用两种测量电路，即差动整流电路和相敏检波电路。

1. 差动整流电路

差动整流电路把差动变压器的两个次级线圈的感应电压分别整流，然后再将整流后的电压或电流的差值作为输出。图 6-15 给出了几种典型电路形式，其中图(a)所示的为半波电压输出电路，图(b)所示的为半波电流输出电路，图(c)所示的为全波电压输出电路，图(d)所示的为全波电流输出电路。图(a)、(c)所示电路适用于交流负载阻抗，图(b)、(d)所示电路适用于低负载阻抗，电阻 R_0 用于调整零点残余电压。

以全波电压输出电路为例说明其工作原理，其电路如图 6-15(c)所示。

假设某瞬间载波为正半周，即上线圈 a 端为正，b 端为负，下线圈 c 端为正，d 端为负。在上线圈中，电流自 a 端出发，路径为 a→1→2→4→3→b，流过电容的电流方向是 2→4，电容上的电压为 U_{24}。在下线圈中，电流由 c 端出发，路径为 c→5→6→8→7→d，流过电容的电流方

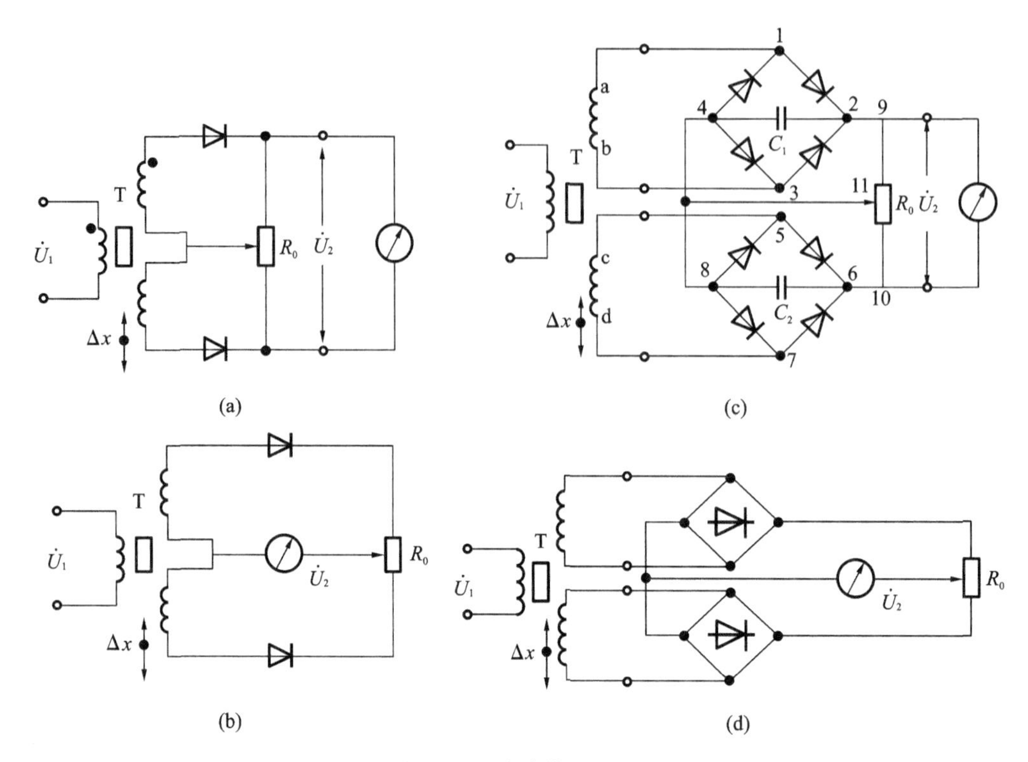

图 6-15　差动整流电路

向是 6→8，电容上的电压为 U_{68}。总的输出电压 $U_2=U_{24}+U_{86}=U_{24}-U_{68}$。

当载波为负半周时，上线圈 a 端为负，b 端为正，而下线圈 c 端为负，d 端为正。在上线圈中，电流由 b 端出发，路径为 b→3→2→4→1→a，流过电容的电流方向是 2→4。在下线圈中，电流由 d 端出发，路径为 d→7→6→8→5→c 流过电容的电流方向仍是由 6→8，总的输出电压 $U_2=U_{24}-U_{68}$。

可见，无论载波是正半周还是负半周，通过上、下线圈中电容的电流方向始终不变，因而总的输出电压始终为 $U_2=U_{24}-U_{68}$。

当衔铁在零位时，因为 $U_{24}=U_{68}$，所以 $U_2=0$；当衔铁在零位以上时，因为 $U_{24}>U_{68}$，所以 $U_2>0$；当衔铁在零位以下时，$U_{24}<U_{68}$，则 $U_2<0$。

差动整流电路具有结构简单、不需要考虑相位调制和零点残余电压的影响、分布电容影响小和便于远距离传输等优点，因而得到了广泛的应用。

2. 相敏检波电路

图 6-16 中 L_1 和 L_2 是差动式自感传感器的两个线圈的电感，作为交流电桥的相邻工作臂，C_1 和 C_2 为另两个桥臂。VD_1、VD_2、VD_3、VD_4 构成相敏整流器，R_1、R_2、R_3 和 R_4 为四个线绕电阻，用于减小温度差，R_L 为负载电阻，输出信号由电压表指示，C_3 为滤波电容，供桥电压由变压器 B 的次级提供，加在 E、F 点，输出电压自 G、H 取出。

当衔铁上移时，上线圈 L_1 电感增大，下线圈 L_2 电感减小。如果输入交流电压为正半周，即 E 点电位为正，F 点电位为负，则二极管 VD_1、VD_4 导通，VD_2、VD_3 截止，这样，在 $EJGF$ 支路中，G 点电位由于 L_1 的增大而比平衡时的电位降低，而在 $EKHF$ 支路中，H 点电位由于 L_2

的减小而比平衡时的电位升高，所以，H 点电位高于 G 点的，指针正向偏转。

如果输入交流电压为负半周，即 E 点电位为负，F 点电位为正，则二极管 VD_1、VD_4 截止，VD_2、VD_3 导通，这样，在 $EKGF$ 支路中，G 点电位由于 L_2 的减小而比平衡时降低，而在 $EJHF$ 支路中，由于 L_1 的增大，H 点电位比平衡时的电位升高，仍然是 H 点电位高于 G 点的，指针正向偏转。

当衔铁下移时，上线圈 L_1 的电感减小，下线圈 L_2 的电感增大。同理分析可知，无论输入交流电压为正半周还是负半周，H 点电位总是低于 G 点电位，指针反向偏转。

这样，相敏检波电路既能反映位移的大小，也能用于判断位移的方向。

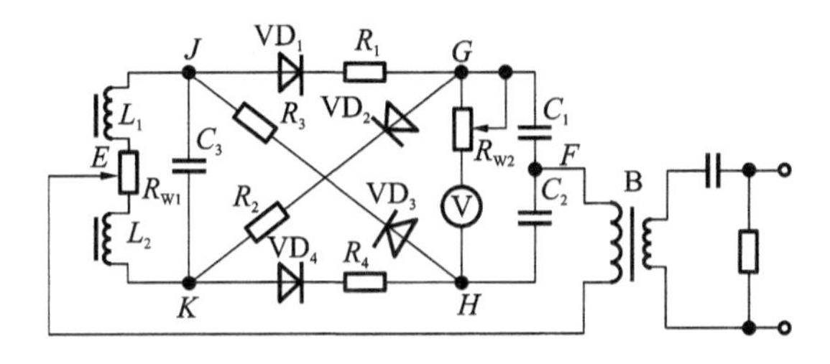

图 6-16　带相敏检波的交流电桥

6.3　电涡流式传感器

6.3.1　电涡流式传感器的工作原理

根据法拉第电磁感应原理，块状金属导体置于变化的磁场中或在磁场中作切割磁力线运动时，导体内将产生呈涡旋状的感应电流，即电涡流，以上现象称为电涡流效应。根据电涡流效应制成的传感器称为电涡流式传感器，如图 6-17 所示。电涡流式传感器最大的特点是能对位移、厚度、振动、速度、应力、材料损伤等进行非接触式连续测量，另外还具有体积小、灵敏度高、频率响应宽等特点。

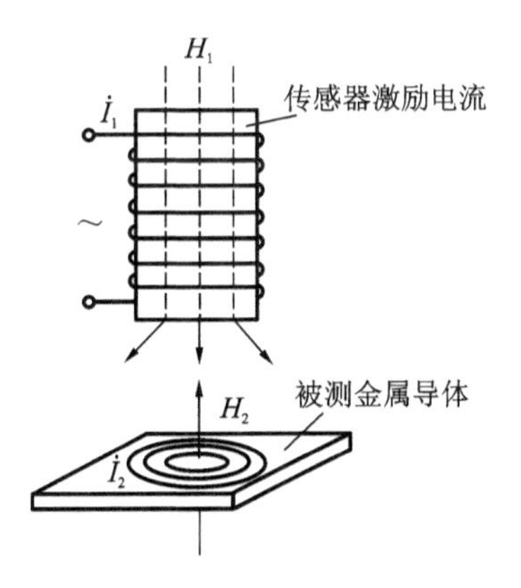

图 6-17　电涡流式传感器原理图

当传感器线圈通以交变电流 $\dot{I}_1$ 时，线圈周围空间必然产生正弦交变磁场 H_1，使置于此磁场中的金属导体中感应电涡流$\dot{I}_2$，$\dot{I}_2$又产生新的交变磁场H_2。根据愣次定律，H_2与H_1方向相反，削弱原磁场H_1，导致传感器线圈的电感量、等效阻抗和品质因数发生变化。由上可知，线圈阻抗的变化完全取决于被测金属导体的电涡流效应。而电涡流效应既与被测体的电阻率ρ、磁导率μ及几何形状有关，也与线圈几何参数、线圈中激磁电流频率有关，还与线圈与导体间的距离x有关，因此，传感器线圈受到电涡流影响时的等效阻抗Z的函数关系式为

$$Z=F(\rho,\mu,r,f,x) \tag{6-28}$$

式中：r为线圈与被测体的尺寸因子；f为线圈激励电流频率；x为线圈到金属的距离。

如果保持式(6-28)中其他参数不变，只改变其中一个参数，传感器线圈阻抗Z就仅仅是这个参数的单值函数。通过与传感器配用的测量电路测出阻抗Z的变化量，就可以实现对该参数的测量。

6.3.2 电涡流式传感器的等效电路

将被测非磁性金属导体上形成的电涡流等效为一个短路环，它与传感器线圈磁通相耦合。电涡流式传感器的等效电路如图6-18所示。设电涡流线圈的等效电阻和电感分别为R_1和L_1，加在线圈两端的激励电压为$\dot{U}_1$，短路环的等效电阻和电感分别为R_2和L_2。当有被测非磁性导体靠近电涡流线圈时，线圈与导体之间存在一个互感系数M，互感系数随线圈与导体间的距离增大而减小。对电涡流式传感器的等效电路，根据基尔霍夫定律，列出回路Ⅰ和回路Ⅱ的电压平衡方程如下：

$$R_1\dot{I}_1+j\omega L_1\dot{I}_1-j\omega M\dot{I}_2=\dot{U}_1 \tag{6-29}$$

$$R_2\dot{I}_2+j\omega L_2\dot{I}_2-j\omega M\dot{I}_1=0 \tag{6-30}$$

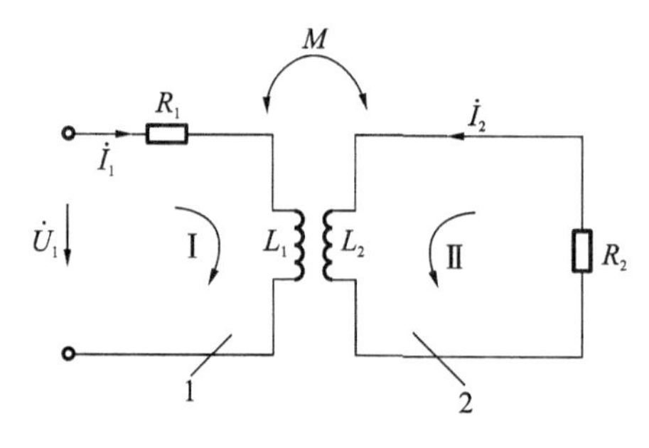

图6-18　电涡流式传感器的等效电路

解方程可得到回路内的电流$\dot{I}_1$和$\dot{I}_2$，并可进一步求得线圈受金属导体影响后的等效阻抗为

$$Z=\frac{\dot{U}_1}{\dot{I}_1}=R_1+R_2\frac{\omega^2M^2}{R_2{}^2+\omega^2L_2{}^2}+j\omega\left(L_1-L_2\frac{\omega^2M^2}{R_2{}^2+\omega^2L_2{}^2}\right) \tag{6-31}$$

等效电阻和等效电感为

$$R=R_1+R_2\frac{\omega^2M^2}{R_2{}^2+\omega^2L_2{}^2} \tag{6-32}$$

$$L=L_1-L_2\frac{\omega^2 M^2}{R_2{}^2+\omega^2 L_2{}^2} \tag{6-33}$$

线圈的等效品质因数 Q 为

$$Q=\frac{\omega L}{R} \tag{6-34}$$

6.3.3　电涡流式传感器测量电路

由电涡流式传感器的工作原理可知，被测参数可以通过传感器线圈转换成等效阻抗 Z、等效电感 L 及品质因数 Q 的变化，因此电涡流式传感器是一个阻抗变换器。

其框图如图 6-19 所示。

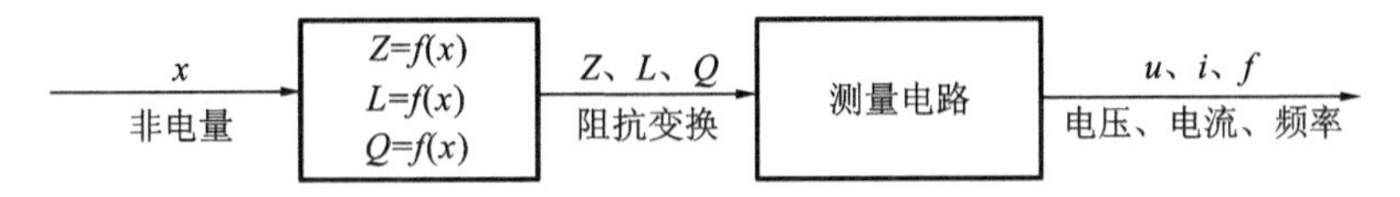

图 6-19　电涡流式传感器测量原理框图

利用阻抗 Z 的转换电路一般用电桥电路，属于调幅电路；利用电感 L 的转换电路一般用谐振电路，根据输出量是电压幅值还是频率，又分为调幅和调频两种；利用 Q 值的转换电路使用较少，这里不作讨论。

1）电桥电路

如图 6-20 所示，线圈 A 和 B 为传感器线圈，传感器线圈的阻抗作为电桥的桥臂，在无被测量输入时，使电桥平衡。在进行测量时，由于传感器线圈的阻抗发生变化，电桥失去平衡，将电桥不平衡造成的输出信号进行放大并检波，就可得到与被测量成正比的输出。电桥法是将传感器线圈的阻抗变化转换为电压或电流变化的方法。

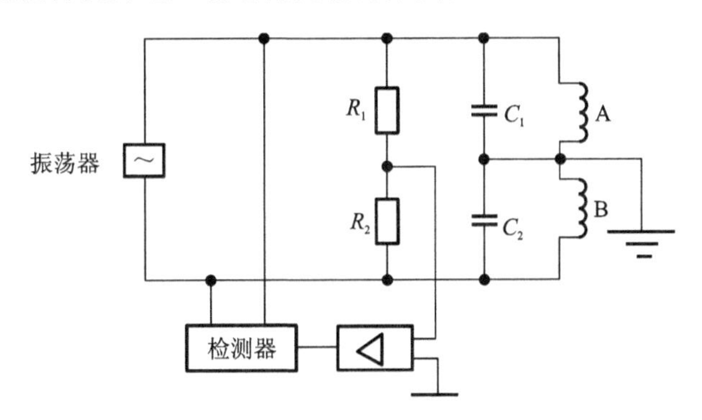

图 6-20　电桥法测量电路原理图

电桥法主要用于两个电涡流线圈组成的差动式传感器。这里采用交流电信号电桥电路，相比直流信号电桥电路，交流信号电桥电路具有能够克服放大器的温度所引起的漂移电压等优点，电容起吸收干扰波的作用，使电路更稳定。

2）谐振调幅电路

如图 6-21 所示，传感器线圈电感 L 和电容 C 并联组成谐振电路，石英晶体组成石英晶体振荡电路，起恒流源的作用，给谐振回路提供一个稳定频率 f_0 和激励电流 i_0。电路采用石英晶体作为振荡器，旨在获得高稳定度的频率激励信号，以保证稳定的输出。若振荡频率变化1%，一般会引起输出电压发生10%的漂移。

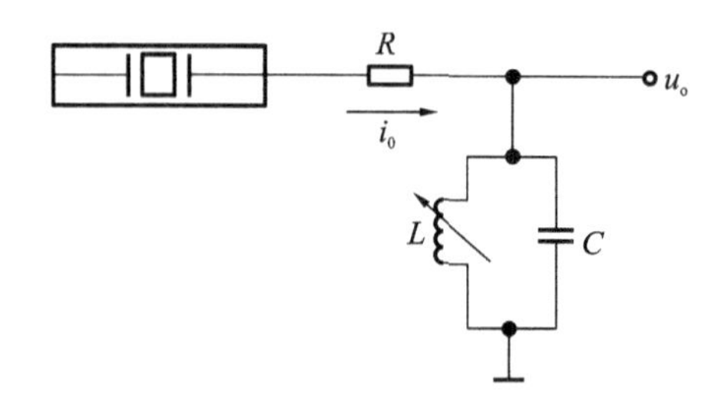

图6-21　谐振调幅电路原理图

并联谐振电路的谐振频率为

$$f_0=\frac{1}{2\pi\sqrt{LC}} \tag{6-35}$$

LC回路的输出电压为

$$u_o=i_0Z \tag{6-36}$$

Z是LC回路的阻抗，为

$$Z=\frac{L}{R'C} \tag{6-37}$$

式中：R'为回路的等效损耗电阻。

当金属导体远离或被去掉时，谐振回路呈现的阻抗最大，谐振回路上的输出电压u_o的幅值也最大。当金属导体靠近传感器线圈时，线圈的等效电感L发生变化，谐振回路的阻抗降低，导致回路失谐偏离激励频率，输出电压U_o降低。L的数值随传感器与被测导体距离x的变化而变化，导致输出电压U_o也随距离x变化而变化，此电压U_o经过放大、检波后，可由指示仪表直接显示距离x的大小。

图6-21中R为耦合电阻，用来减小传感器对振荡器的影响，并作为恒流源的内阻，其大小将影响转换电路的灵敏度。R越大，灵敏度越低；R越小，灵敏度越高。但如果R太小，由于振荡器的旁路作用，灵敏度反而会降低。耦合电阻的选择应考虑振荡器的输出阻抗和传感器线圈的品质因数。

3）谐振调频电路

如图6-22所示，传感器线圈接入LC振荡回路，当传感器与被测导体距离x发生改变时，在涡流影响下，传感器的电感L变化，导致晶体振荡频率f_0变化，且$f_0=f(x)$，该频率可由数字频率计直接测量，或者通过f/U变换，用数字电压表测量对应的电压，从而得出距离x。

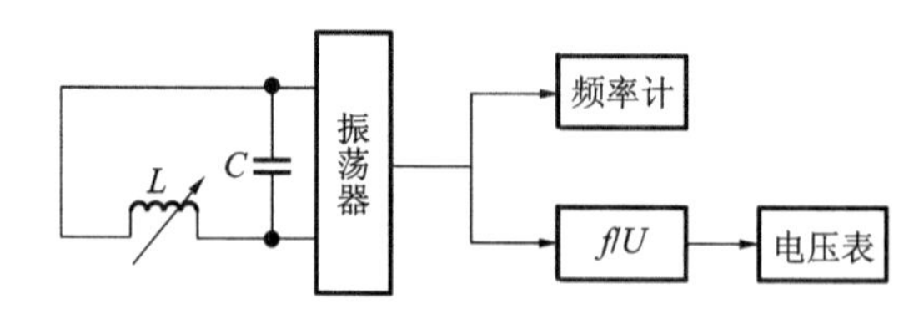

图6-22　谐振调频电路原理图

6.4　电感传感器的应用

6.4.1　自感式传感器的应用

自感式传感器可直接用于测量直线位移、角位移，还可以测量力、压力、转矩等。

1. 压力的测量

图 6-23 所示的为变间隙式差动自感压力传感器，它主要由 C 形弹簧管、衔铁、铁芯和线圈等组成。

当被测压力进入 C 形弹簧管时，C 形弹簧管产生变形，其自由端发生位移，带动与自由端连接成一体的衔铁运动，使线圈 1 和线圈 2 中的电感发生大小相等、方向相反的变化。电感的变化经过电桥电路转换为电压输出，由于输出电压与被测压力之间成比例关系，因此只要用检测仪表测量出输出电压，就可得出被测压力的大小。

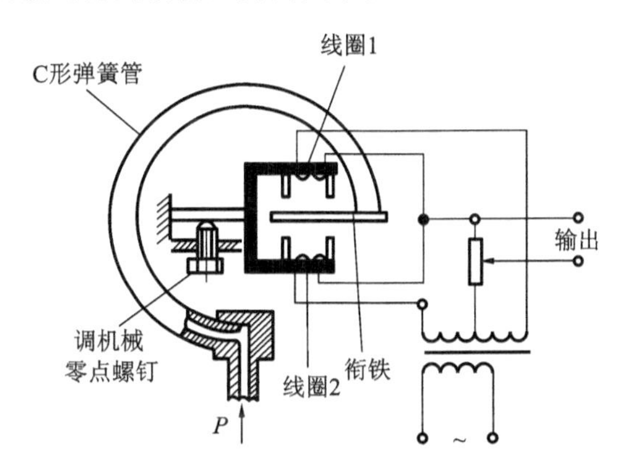

图 6-23　变间隙式差动自感压力传感器

图 6-24 所示的是变间隙式电感压力传感器的结构图，它由膜盒、铁芯、衔铁及线圈等组成，衔铁与膜盒的上端连在一起。

当压力进入膜盒时，膜盒的顶端在压力 P 的作用下产生与压力 P 大小成正比的位移。于是衔铁也发生移动，从而使气隙发生变化，流过线圈的电流也发生相应的变化，电流表指示值就反映了被测压力的大小。

2. 直径的测量

图 6-25 所示的是电感式滚柱直径分选装置原理图。被测滚柱用机械排序装置送入电感测微器。电感测微器的测杆在电磁铁的控制下，先提升到一定的高度，让滚柱进入其正下方，再由电磁铁释放。

衔铁向下压住滚柱，滚柱的直径决定了衔铁位置的大小。电感传感器的输出信号送到计算机，计算出直径的偏差值。完成测量的滚柱被机械装置推出电感测微器，这时相应的翻板打开，滚柱落入与其直径偏差相对应的容器中。以上测量和分选步骤是在计算机控制下由电磁阀执行的。

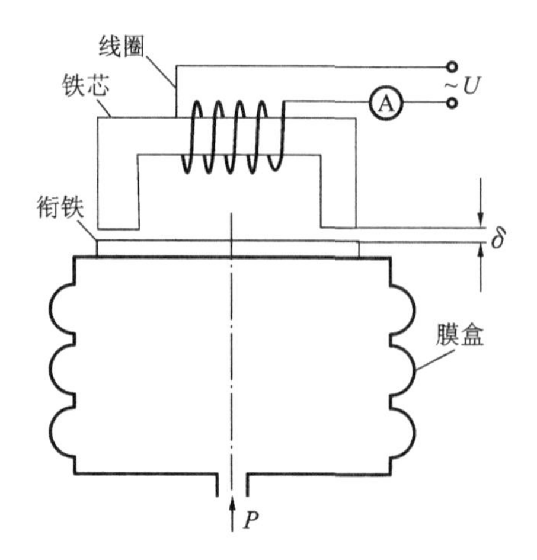

图 6-24　变间隙式电感压力传感器

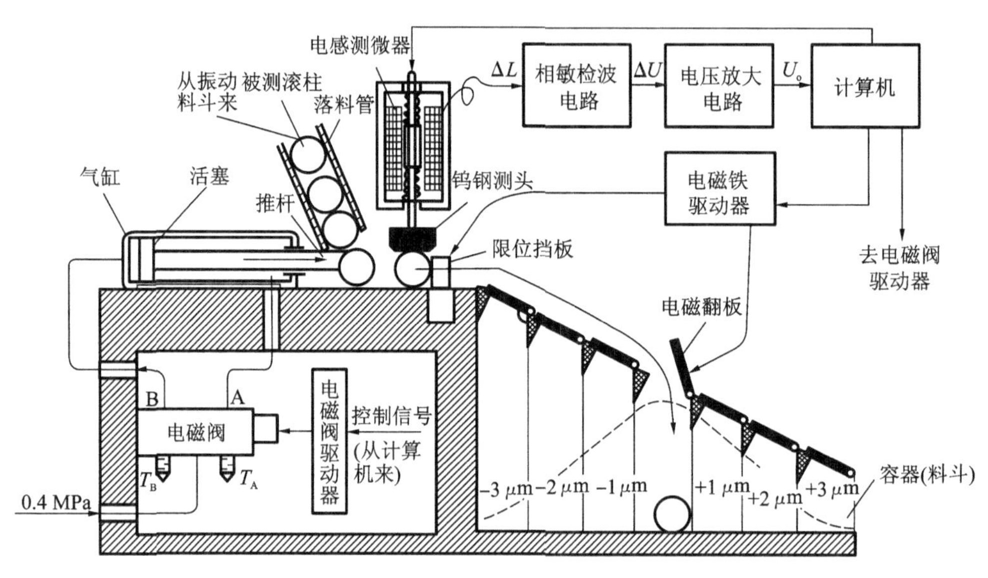

图 6-25　电感式滚柱直径分选装置原理图

6.4.2　差动变压器式传感器的应用

差动变压器式传感器可以直接用于位移测量，也可以测量与位移有关的任何机械量，如振幅、加速度、应变、比重、张力和厚度等。

1. 加速度的测量

图 6-26 所示的为差动变压器式加速度传感器的结构示意图。它由悬臂梁 1 和差动变压器 2 构成。测量时，将悬臂梁底座及差动变压器的线圈骨架固定，而将衔铁的 A 端与被测振动体相连。当被测体带动衔铁以 $\Delta x(t)$ 振动时，差动变压器的输出电压也按相同规律变化。通过输出电压值的变化间接反映了被测加速度值的变化。

用于测定振动物体的频率和振幅时，其激磁频率必须是振动频率的十倍以上才能得到精确的测量结果。

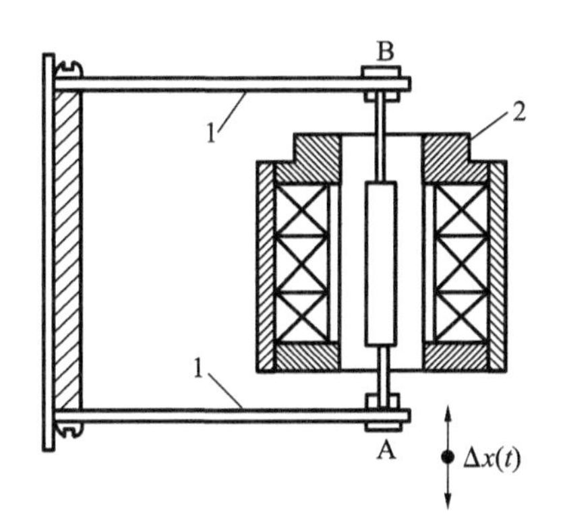

图 6-26　差动式变压器加速度传感器原理图

1—悬臂梁；2—差动变压器

2. 压力的测量

图 6-27 所示的为微压力传送器的结构及电气原理框图。将差动变压器和弹性敏感元件(膜片、膜盒和弹簧管等)相结合，可以组成各种形式的压力传感器。

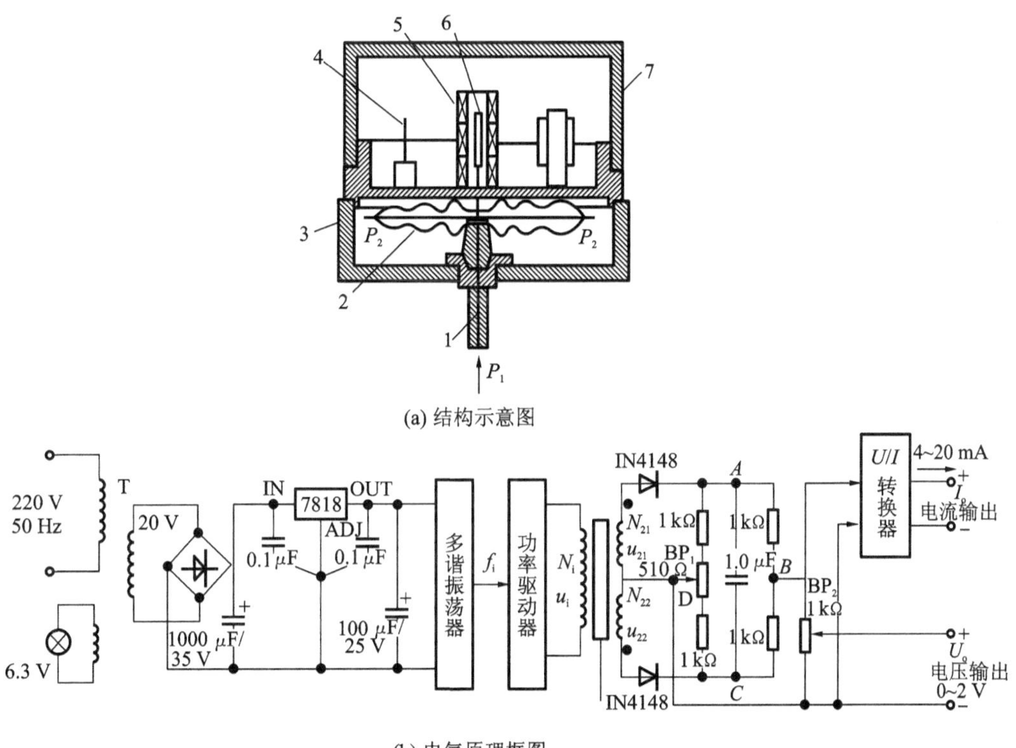

图 6-27　微压力传送器结构及电气原理框图

1—接头；2—膜盒；3—底座；4—线路板

5—差动变压器线圈；6—衔铁；7—罩壳

在无压力即 $P_1=0$ 时，膜盒处于初始状态，固定连接在膜盒中心的衔铁位于差动变压器线圈的中部，输出电压为零。当被测压力 P_1 经接头输入膜盒后，推动衔铁移动，从而使差动变压器输出电压正比于被测电压。这种微压力传感器可分档测量$(-5\sim6)\times10^4$ Pa的压力，输出信号电压为0～50 mV，精度为1.5级。

6.4.3 电涡流式传感器的应用

电涡流式传感器的特点是结构简单、易于进行非接触性的连续测量、灵敏度高、适用性强，因此得到了广泛的应用，如图6-28所示。其应用大致有以下几个方面：①利用位移x作为变换量，可以做成测量位移、厚度、振幅、振摆、转速等的传感器，也可做成接近开关、计数器等；②利用材料电阻率ρ作为变换量，可以做成测量温度、判别材质等的传感器；③利用磁导率μ作为变换量，可以做成测量应力、硬度等的传感器；④利用变换量x、ρ、μ等的综合影响，可做成探伤装置等。

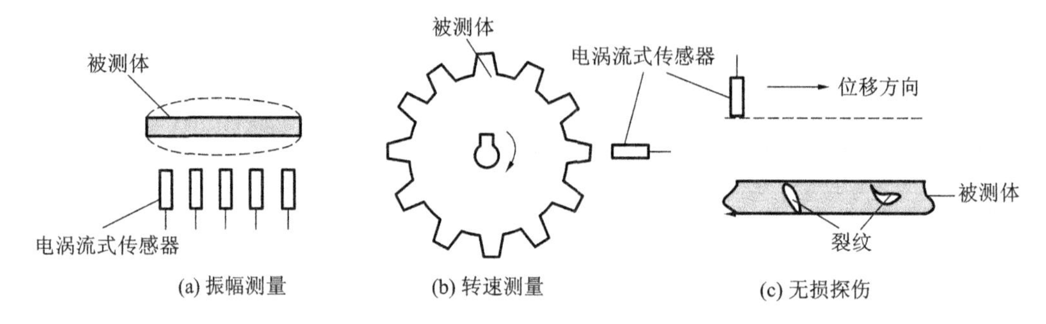

图6-28 电涡流式传感器的测量应用

1. 厚度的测量

图6-29所示的为透射式涡流厚度传感器结构原理图及输出特性。在被测金属上方设有发射传感器线圈L_1，在被测金属板下方设有接收传感器线圈L_2。当在L_1上加低频电压U_1时，L_1上产生交变磁通Φ_1。若两线圈间无金属板，则交变磁场直接耦合至L_2中，L_2产生感应电压U_2。如果将被测金属板放入两线圈之间，则L_1线圈产生的磁通将导致在金属板中产生电涡流。此时磁场能量受到损耗，到达L_2的磁通将减弱为Φ'_1，从而使L_2产生的感应电压U_2下降。金属板越厚，电涡流损失就越大，电压U_2就越小。因此，可根据电压U_2的大小间接反映被测金属板的厚度δ。透射式涡流厚度传感器检测范围可达1～100 mm，分辨力为0.1 μm，线性度为1%。

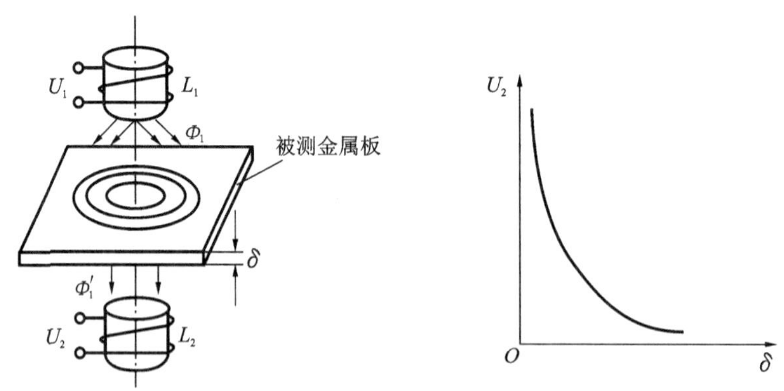

图6-29 透射式涡流厚度传感器结构原理图及输出特性

图 6-30 所示的是高频反射式涡流测厚仪测试系统原理图。为了克服带材不够平整或运行过程中上下波动的影响，在带材的上、下两侧对称地设置了两个特性完全相同的涡流传感器 S_1 和 S_2。S_1、S_2 与被测带材表面之间的距离分别为 x_1 和 x_2。若带材厚度不变，则被测带材上、下表面之间的距离总有“$x_1+x_2=$常数”的关系存在，两传感器的输出电压之和为 $2U_0$ 数值不变。如果被测带材厚度改变量为 $\Delta\delta$，则两传感器与带材之间的距离也改变了 $\Delta\delta$，两传感器输出电压此时为 $2U_0+\Delta U$。ΔU 经放大器放大后，通过指示仪表电路即可指示出带材的厚度变化值。带材厚度给定值与偏差指示值的代数和就是被测带材的厚度。

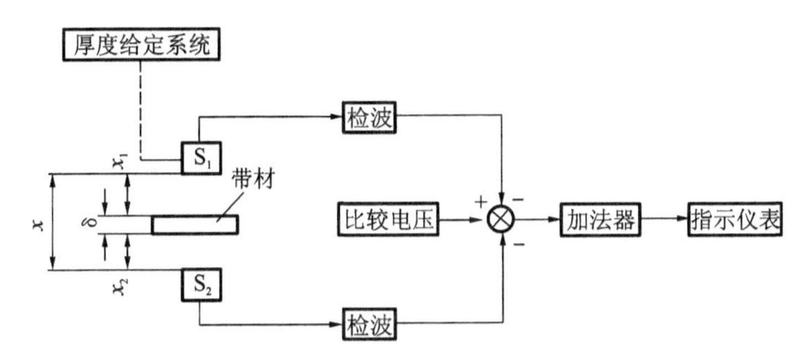

图 6-30　高频反射式涡流测厚仪测试系统原理图

2. 转速的测量

图 6-31 所示的为电涡流式转速传感器的工作原理图。在软磁材料制成的输入轴上加工一个键槽，在距输入表面 d_0 处设置电涡流式传感器，输入轴与被测旋转轴相连。

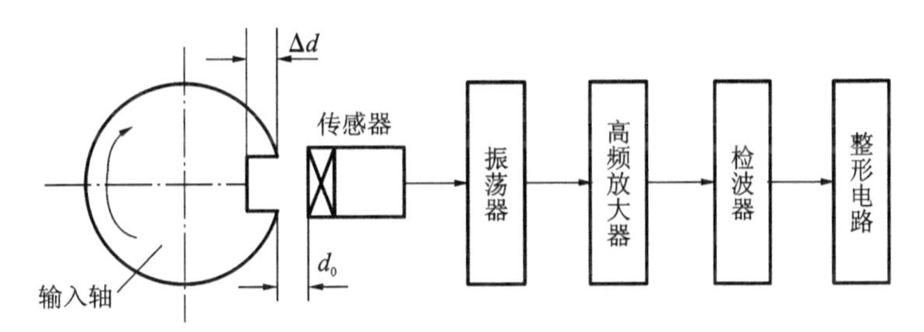

图 6-31　电涡流式转速传感器的工作原理

当被测旋转轴转动时，输出轴的距离发生 $d_0+\Delta d$ 的变化。由于电涡流效应，这种变化将导致振荡谐振回路的品质因数变化，使传感器线圈电感随 Δd 的变化也发生变化，它们将直接影响振荡器的电压幅值和振荡频率。因此，随着输入轴的旋转，从振荡器输出的信号中包含有与转数成正比的脉冲频率信号。该信号由检波器检出电压幅值的变化量，然后经整形电路输出脉冲频率信号 f_n。该信号经电路处理便可得到被测转速。这种转速传感器可实现非接触式测量，抗污染能力很强，可安装在旋转轴近旁长期对被测转速进行监视。最高测量转速可达 600000 r/min。

3. 位移的测量

图 6-32 是由电涡流式传感器构成的液位监控系统。如图所示，通过浮子与杠杆带动涡流板上下移动，由电涡流式传感器发出信号，控制电动泵开启而使液位保持一定。

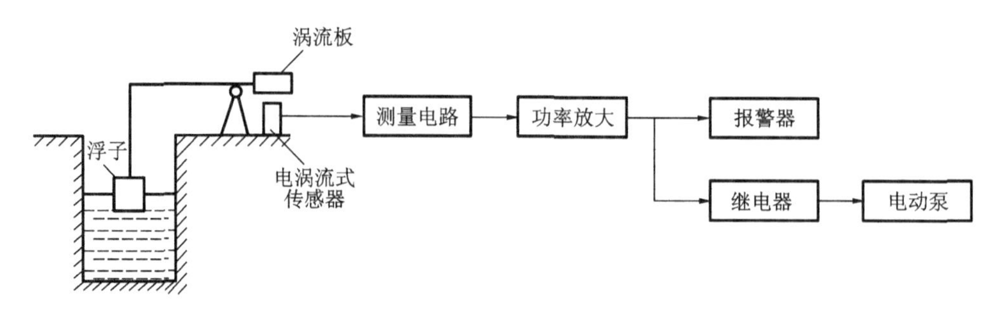

图 6-32　由电涡流式传感器构成的液位监控系统

用电涡流式传感器来测量金属件的静态或动态位移，最大量程达数百毫米，分辨率为 0.1%。目前电涡流式传感器的分辨力最高已做到 0.05 μm（量程为 0～15 μm）。凡是可转换为位移量的参数，都可用电涡流式传感器测量，如机器转轴的轴向窜动、金属材料的热膨胀系数、钢水液位、纱线张力、流体压力等。

4. 电涡流式接近开关

电涡流式接近开关又称无触点行程开关，其原理框图如图 6-33 所示。它能在一定的距离（几毫米至几十毫米）内检测有无金属物体靠近。电涡流式接近开关的实物如图 6-34 所示。

当物体接近设定距离时，就可发出动作信号。接近开关的核心部分是感辨头，它对正在接近的物体有很高的感辨能力。

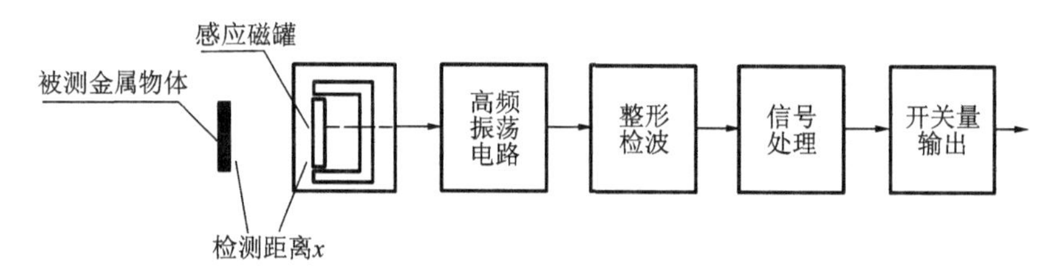

图 6-33　电涡流式接近开关原理框图

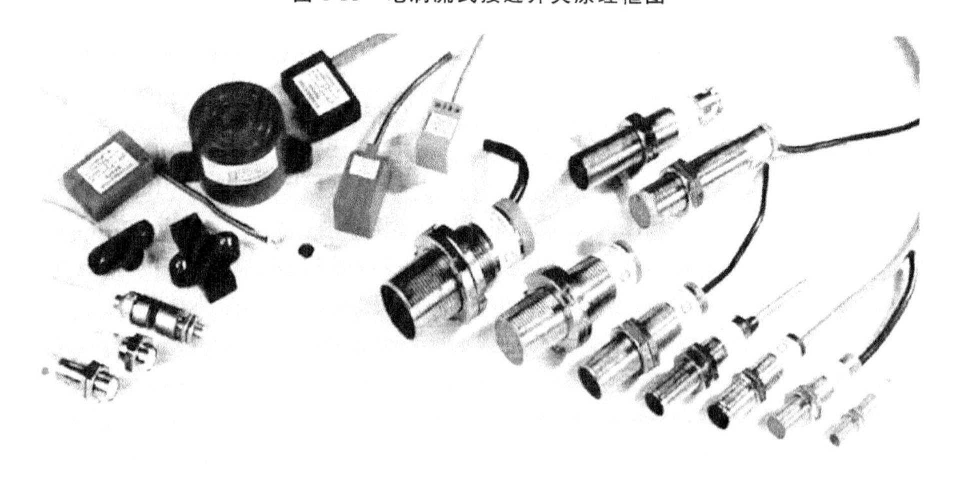

图 6-34　电涡流式接近开关实物图

思　考　题

1. 试说明单线圈式和差动式两种变间隙式电感传感器的主要组成、工作原理和基本特性。

2. 电感传感器测量电路的主要任务是什么？变压器式电桥和带相敏整流的交流电桥，哪一种能更好地完成这一任务？为什么？

3. 什么是零点残余电压？说明其产生的原因及消除方法。

4. 比较自感式传感器和差动式变压器传感器的异同。

5. 变间隙式电感传感器采用差动结构具有哪些优点？

6. 什么叫电涡流效应？概述电涡流式传感器的基本结构与工作原理。

第 7 章　压电式传感器

7.1　压电式传感器的工作原理

压电式传感器的工作原理是基于某些介质材料的压电效应，是典型的有源传感器。当某些材料受力作用而变形时，其表面会有电荷产生，从而实现对非电量测量。

压电式传感器具有体积小、重量轻、工作频带宽、灵敏度高、工作可靠、测量范围广等特点，在各种动态力、机械冲击与振动的测量，以及声学、医学、力学、宇航等方面都得到了非常广泛的应用。

7.1.1　压电效应

压电效应是指某些介质在施加外力造成本体变形而产生带电状态或施加电场而产生变形的双向物理现象，是正压电效应和逆压电效应的总称，一般习惯上压电效应指的是正压电效应。

某些电介质在沿一定方向上受到外力的作用而变形时，其内部会产生极化现象，同时在它的两个相对表面上出现正负相反的电荷。当去掉外力后，它又会恢复到不带电的状态，这种现象称为正压电效应。当作用力的方向改变时，电荷的极性也随之改变。相反，当在电介质的极化方向上施加电场时，这些电介质也会发生变形，去掉电场后，电介质的变形随之消失，这种现象称为逆压电效应。以上原理如图 7-1 所示。

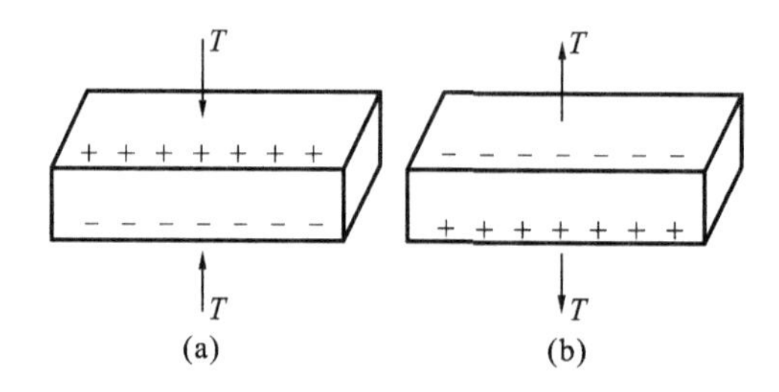

图 7-1　正压电效应和逆压电效应

为了对压电材料的压电效应进行描述，表明材料的电学量(D)与力学量(T)之间的关系，建立了压电方程。正压电效应中，外力与因极化作用而在材料表面存储的电荷量成正比。

$$D=dT \quad 或 \quad \sigma=dT \tag{7-1}$$

式中：D 为电位移矢量；σ 为电荷密度；T 为应力；d 为正压电系数。

7.1.2　压电材料

具有压电效应的电介质有很多，但大多数因压电效应微弱而没有实用价值。目前，具有良好压电效应的电介质主要有三类，包括压电晶体(单晶)、压电陶瓷和新型压电材料。它们具有较大的压电常数，机械性能良好，时间稳定性好，温度稳定性好，是较理想的压电材料。

压电材料的主要特性参数有压电系数、弹性系数、刚度、介电常数、电阻压电材料的绝缘电阻和居里点。压电系数是衡量材料压电效应强弱的参数，它直接关系到压电输出的灵敏度。压电材料的弹性系数、刚度决定着压电元件的自然振荡频率和动态特性。对于一定形状、尺寸的压电元件，其固有电容与介电常数有关，而固有电容又影响着压电式传感器的频率下限。电阻压电材料的绝缘电阻将减少电荷泄漏，从而改善压电式传感器的低频特性。压电材料开始丧失压电特性的温度称为居里点。

压电材料应具备以下几个主要特性。

(1)转换性能：要求具有较大的压电常数。

(2)机械性能：机械强度高、刚度大。

(3)电性能：高电阻率和大介电常数。

(4)环境适应性：温度和湿度稳定性要好，要求具有较高的居里点，获得较宽的工作温度范围。

(5)时间稳定性：要求压电性能不随时间变化。

1. 压电晶体(单晶)

压电晶体中常见的为石英晶体，石英晶体俗称水晶，有人造的和天然的两种，主要成分均为 SiO_2，晶体的结构为六角晶系。压电系数为 $d_{11}=2.31\times10^{-12}$ C/N，压电系数稳定，常温下几乎不变，在 20～200 ℃范围内，温度每升高 1 ℃，压电系数减少约 0.016%。当温度达到 573 ℃的时候，它会完全失去压电特性，这就是它的居里点。石英晶体的突出优点是性能非常稳定，有很高的机械强度和稳定的机械性能，可承受 700～1000 kg/cm^2 的压强，无热释电性，且绝缘性、重复性好。但石英材料价格昂贵，且压电系数比压电陶瓷的低很多，因此一般仅用于标准仪器或要求较高的传感器中。

天然的石英晶体外形是一个正六面体，石英晶体各个方向的特性是不同的，如图 7-2 所示。

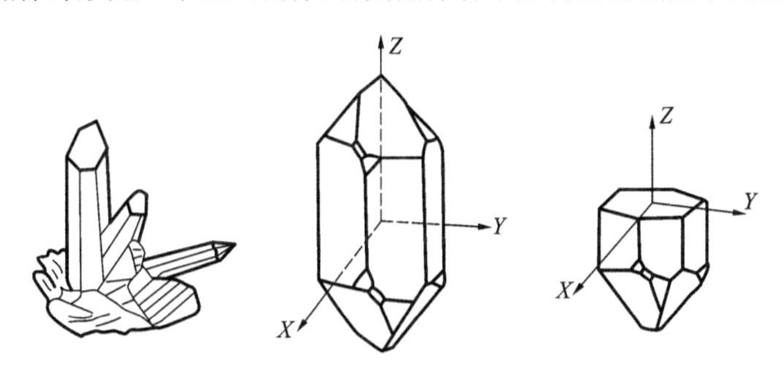

图 7-2　理想石英晶体的外形和坐标系

纵轴 Z 称为光轴，光线沿该轴通过时无折射，沿该轴方向没有压电效应。通过六棱柱棱线而垂直于光轴的轴线 X 称为电轴，在垂直于此轴的面上压电效应最强。垂直于棱面的轴线 Y 称为机械轴，在电场作用下，沿该轴方向的机械变形最明显。

通常从晶体上沿三轴线切下一个平行六面体切片，切片在受到沿不同方向的作用力时，会产生不同的极化作用，主要的压电效应有纵向效应、横向效应和切向效应三种。当受力方向和变形不同时，压电系数也不同。图 7-3 所示的是几种压电效应的示意图。

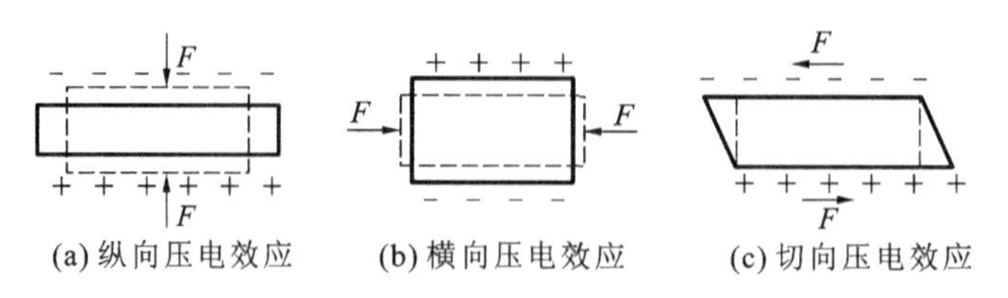

图 7-3　压电效应示意图

1)纵向压电效应

当晶体材料受到 X 方向压力时,在 X 方向产生正压电效应,而 Y、Z 方向则不产生压电效应,称为纵向压电效应。纵向压电效应使晶面产生的电荷量和外力成正比而与晶片的几何尺寸无关。

2)横向压电效应

当晶体受到沿 Y 方向施加的压力时,电荷仍在垂直于 X 轴的平面上出现,称为横向压电效应。电荷量不仅与力的大小有关,也与晶片的几何尺寸有关。

3)切向压电效应

当沿晶片相对两平面施加外力时,晶体表面便产生电荷,这种现象称为切向压电效应。

石英晶体的压电效应机理如图 7-4 所示,图(a)所示的为 XY 平面投影,等效为图中的正六边形排列。图中"+"代表 Si 离子,"−"代表 O 离子。当石英晶体未受力时,正负离子正好分布在六边形的角上,形成三个大小相等、互成 120°夹角的电偶极矩 $\boldsymbol{P}_1$、$\boldsymbol{P}_2$ 和 $\boldsymbol{P}_3$,此时,电偶极矩的矢量和为零,$\boldsymbol{P}_1+\boldsymbol{P}_2+\boldsymbol{P}_3=0$。这时,晶体表面不产生电荷,整体呈电中性。当石英晶体受到 X 轴方向的压力 F_X 时(见图 7-4(b)),产生形变,正负离子的相对位置发生改变,正负电荷中心不再重合,电偶极矩在 X 轴方向的分量$(P_1+P_2+P_3)_X>0$,在 Y 轴和 Z 轴方向的分量为零。这种沿 X 轴施加压力 F_X,而在垂直于 X 轴晶体表面上产生电荷的现象,称为纵向压电效应。同理,当石英晶体受到 Y 轴方向的压力 F_Y 时(见图 7-4(c)),电偶极矩在 X 轴方向的分量$(P_1+P_2+P_3)_X<0$,在 Y 轴和 Z 轴方向的分量为零,这种沿 Y 轴施加压力 F_Y,而在垂直于 X 轴晶体表面上产生电荷的现象,称为横向压电效应。

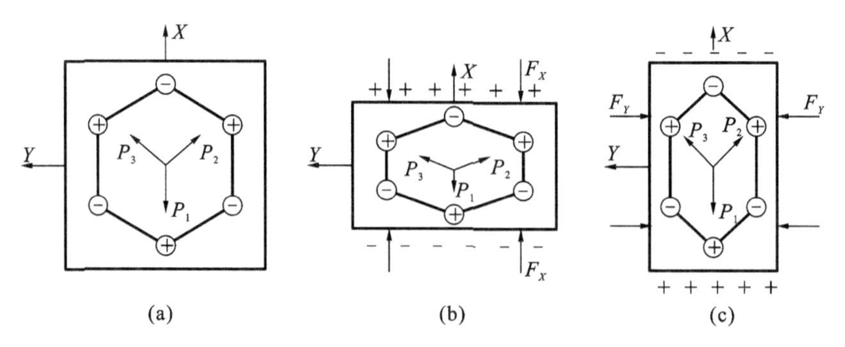

图 7-4　压电效应机理图

当晶体受到 Z 轴方向的力时,无论是压力还是拉力,因为晶体在 X 轴方向和 Y 轴方向的形变相同,正负电荷中心始终保持重合,所以,石英晶体不会产生压电效应。上述是假设晶体沿 X 轴和 Y 轴方向受到了压力。当晶体受到的是拉力时,同样有压电效应,只是电荷的极性将随之改变。

压电晶体中，除了石英晶体外，还有锂盐类压电和铁电单晶，如铌酸锂($LiNbO_3$)、钽酸锂($LiTaO_3$)、锗酸锂($LiGeO_3$)等材料，也已在传感器技术中日益得到广泛应用。

2. 压电陶瓷

压电陶瓷是一种经极化处理后的人工多晶压电材料。所谓"多晶"，它是由无数细微的单晶组成。每个单晶形成单个电畴，在无外电场作用时，无数单晶电畴无规则排列，它们各自的极化效应被相互抵消，致使原始的压电陶瓷呈现各向同性而不具有压电特性。因此，必须做极化处理，即在一定温度下对其施加强直流电场，迫使电畴趋向外电场方向作规则排列。极化电场去除后，趋向电畴基本保持不变，形成很高的剩余极化强度，从而呈现出压电性。压电陶瓷中的电畴变化如图7-5所示。

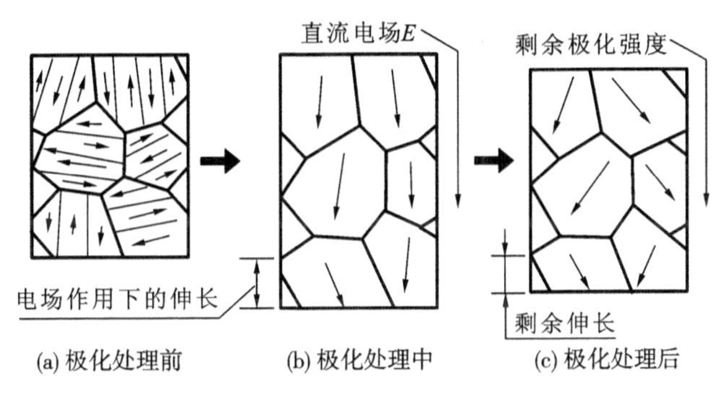

图7-5 压电陶瓷中的电畴变化示意图

极化处理后的陶瓷材料内部存在很高的剩余极化强度，当陶瓷材料受到外力作用时，电畴的界线发生移动，电畴发生偏转，从而引起剩余极化强度的变化，因而在垂直于极化方向的平面上将出现极化电荷的变化。这种因受力而产生的由机械效应转变为电效应，将机械能转变为电能的现象，就是压电陶瓷的正压电效应。电荷量的大小与外力成正比关系：

$$Q=d_{33}F \tag{7-2}$$

式中：d_{33}为压电陶瓷的压电系数；F为作用力。

压电陶瓷的压电系数比石英晶体的大得多，所以采用压电陶瓷制作的压电式传感器的灵敏度较高。极化处理后的压电陶瓷材料的剩余极化强度和特性与温度有关，它的参数也随时间变化，从而使其压电特性减弱。压电陶瓷除了有压电特性外，还具有热释电性，这会造成热干扰，降低稳定性。

最早使用的压电陶瓷材料是钛酸钡($BaTiO_3$)，它是由碳酸钡($BaCO_3$)和二氧化钛(TiO_2)1∶1混合后在高温下合成的，它的压电系数约为石英的50倍，但是居里点温度只有115 ℃，其温度稳定性和机械强度都不如石英的。压电陶瓷按组成元素可分为二元系压电陶瓷、三元系压电陶瓷和四元系压电陶瓷。其中二元系压电陶瓷主要包括钛酸钡、钛酸铅($PbTiO_3$)、锆钛酸铅($PbZrO_3$)系列，锆钛酸铅系列压电陶瓷应用最广。它与钛酸钡系列相比，压电系数更大，居里点温度在300 ℃以上，各项机电参数受温度影响小，时间稳定性好。此外，在锆钛酸中添加一种或两种其他微量元素(如铌、锑、锡、锰、钨等)还可以获得不同性能的压电材料。三元系压电陶瓷目前应用的有PMN，它是由铌镁酸铅($Pb(Mg_{1/3}Nb_{2/3})O_3$)、钛酸铅、锆钛酸铅三种成分配比而成的。

常见的压电陶瓷外形如图 7-6 所示。

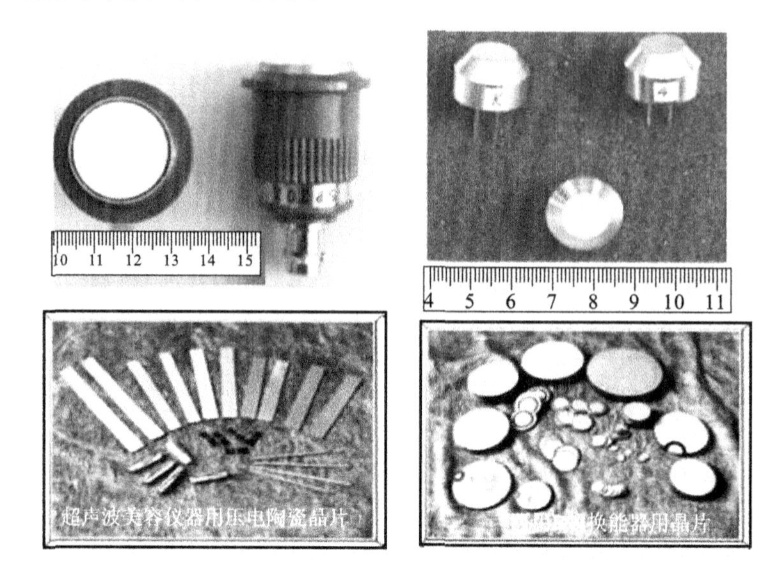

图 7-6　常见的压电陶瓷外形

3. 新型压电材料

常见的压电半导体材料有新型压电材料和有机高分子压电材料。

压电半导体的显著特点是既有压电特性，又有半导体特性。常见材料有硫化锌(ZnS)、碲化镉(CdTe)、氧化锌(ZnO)、硫化镉(CdS)、碲化锌(ZnTe)和砷化镓(GaAs)等。压电半导体可用其压电性研制传感器，也可用其半导体特性制作电子器件，还可以两者结合，研制成新型集成压电式传感器系统。

某些合成高分子聚合物经延展拉伸和电极化后，成为具有压电特性的高分子压电薄膜，如图 7-7 所示。它们质轻柔软，抗拉强度高，耐冲击，体电阻大，热释电和热稳定性好，具有防水性，便于大批量生产和制成较大的面积。其价格便宜，频率响应范围较宽，测量动态范围可达 80 dB。还有一些高分子化合物掺杂压电陶瓷 PZT 或者 $BaTiO_3$ 粉末制成的高分子压电薄膜，这种材料同样有较好的柔软性和压电性。

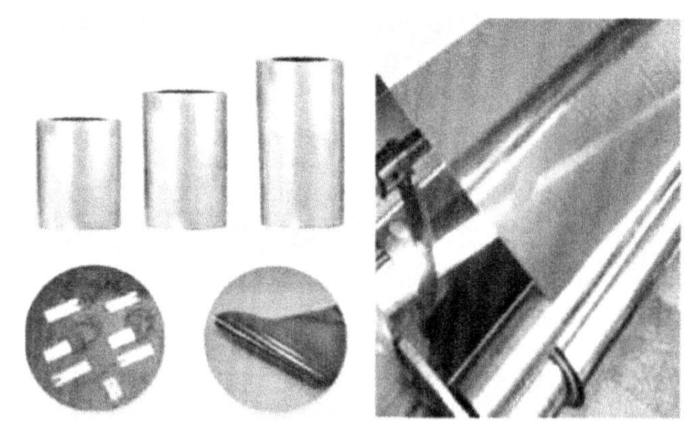

图 7-7　高分子压电薄膜及其拉制

7.2 压电元件常用结构形式

在实际使用中，采用单片压电片工作，若要产生足够的表面电荷，需要有足够的作用力。在作用力较小的情况下，为了提高其灵敏度，通常是把两片或两片以上同型号的压电元件粘贴在一起。连接方式有并联和串联两种，如图 7-8 所示。

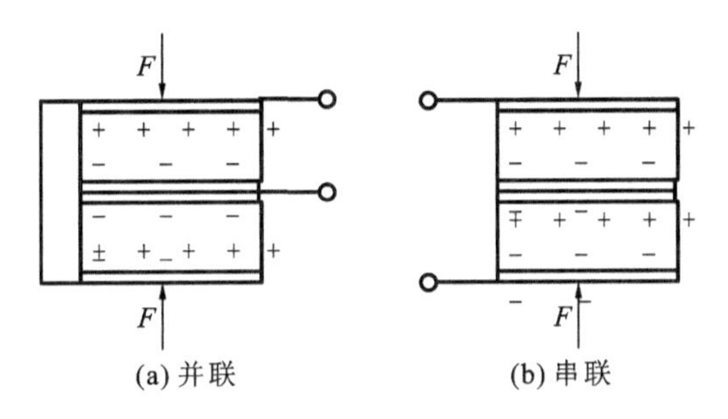

图 7-8 压电片的连接方式

并联时，输出电压 U_o、输出电容 C_o 与极板上的电荷量 Q_o 与单片各值的关系为

$$U_o=U, C_o=2C, Q_o=2Q \tag{7-3}$$

串联时，输出电压 U_o、输出电容 C_o 与极板上的电荷量 Q_o 与单片各值的关系为

$$U_o=2U, C_o=C/2, Q_o=Q \tag{7-4}$$

压电片并联连接时，输出电荷量大，电容大，时间常数大，适合测量缓变信号和以电荷输出的场合。压电片串联连接时，输出电压大，电容小，时间常数小，适合测量高频信号和以电压输出的场合。

7.3 压电元件的等效电路及测量电路

7.3.1 等效电路

压电元件两个电极表面进行金属蒸镀形成金属膜(两电极间的压电陶瓷或石英为绝缘体)，如图 7-9 所示，压电元件实质上是一个以压电材料为介质的电容器，其电容为

$$C_a=\frac{\varepsilon_r\varepsilon_0 A}{\delta} \tag{7-5}$$

式中：ε_r 为压电材料的相对介电常数；$\varepsilon_0=8.85\times10^{-12}$，为真空介电常数；$A$ 为压电元件电极面积；δ 为压电元件的厚度。

压电元件在外力作用下两个表面产生数量相等、极性相反的电荷 Q，两极间开路电压为 $U_a=\frac{Q}{C_a}$。

当压电元件输出电压时，可以等效为电压源 U_a 和一个电容器 C_a 的串联电路，如图 7-10(a)所示。当压电元件输出电荷时，可等效为一个电荷源 Q 和一个电容器 C_a 的并联电路，如图 7-10(b)所示。

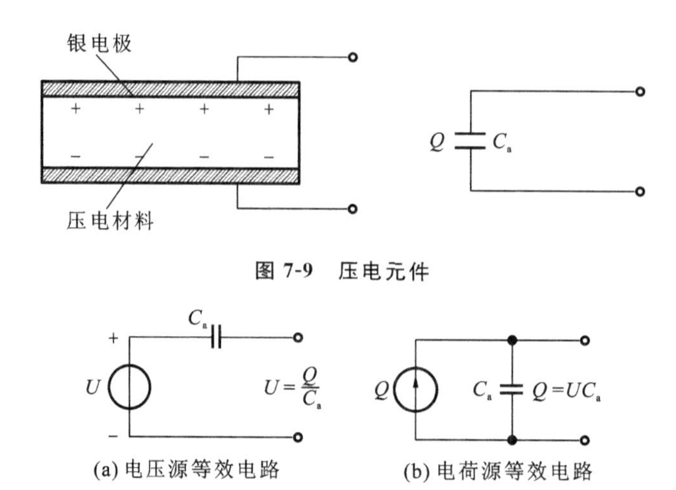

图 7-9　压电元件

图 7-10　压电元件等效电路

上述等效电路及其输出电压在理想条件下才成立，即要求压电元件本身理想绝缘，无泄漏，输出端开路。在实际使用中，连接电缆将压电元件接入测量电路，要考虑连接电缆的分布电容 C_c、后续测量电路的输入电阻 R_i 和输入电容 C_i 等形成的负载阻抗影响、压电元件内部的泄漏电阻 R_a，因此，由压电元件构成的传感器的实际等效电路如图 7-11 所示。

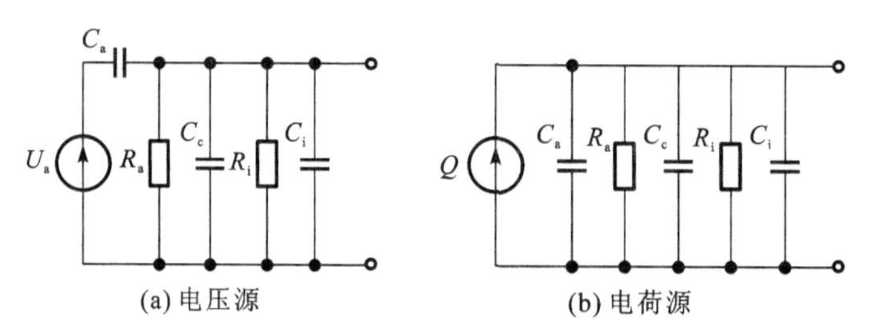

图 7-11　压电元件的实际等效电路

7.3.2　测量电路

压电式传感器本身的内阻抗很高，输出能量较小。为了保证压电式传感器的测量误差较小，它的测量电路通常需要接入一个高输入阻抗的前置放大器，然后再接一般的放大电路及其他电路。前置放大器有两个重要作用，第一是把压电式传感器的微弱信号放大，第二是把传感器的高阻抗输出变换为低阻抗输出。

压电传感器的输出可以是电压信号，也可以是电荷信号，因此前置放大器也有两种形式：电压放大器和电荷放大器。

电压放大器又称阻抗变换器。它的主要作用是把压电器件的高输出阻抗变换为传感器的低输出阻抗，并保持输出电压与输入电压成正比。其等效电路如图 7-12 所示。

在图 7-12(b)中电阻 $R=\frac{R_a R_i}{R_a+R_i}$，电容为 $C=C_c+C_i$，而 $u_a=\frac{Q}{C_a}$，若压电元件受正弦力 $f=F_m\sin(\omega t)$的作用，则其电压为

$$\dot{U}_a=\frac{dF_m}{C_a}\sin(\omega t)=U_m\sin(\omega t) \tag{7-6}$$

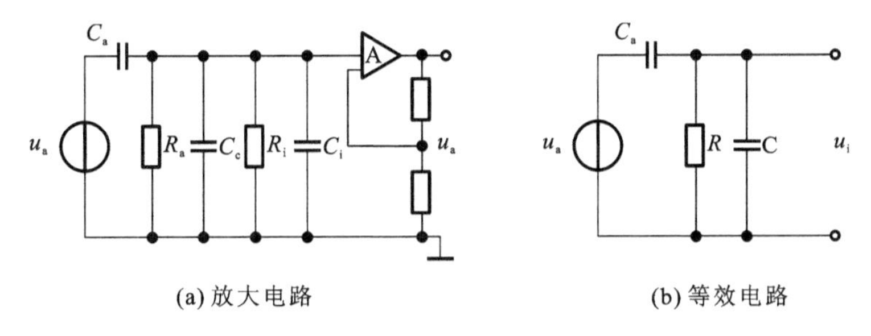

(a) 放大电路　　(b) 等效电路

图 7-12　电压放大器放大电路及其等效电路

式中：U_m 为压电元件输出电压幅值；d 为压电系数。

由此可得放大器输入端电压

$$\dot{U}_i = d_{33}\dot{F}\ \frac{j\omega R}{1+j\omega R(C_a+C)} \tag{7-7}$$

在理想情况下，传感器的 R_a 与前置放大器的输入电阻 R_i 都为无限大，理想情况下输入电压幅值为

$$U_{im} = \frac{d_{33}F}{C_a+C_c+C_i} \tag{7-8}$$

当电缆长度改变时，连接电缆电容也将改变，因此输入电压也随之改变。因此，压电式传感器与前置放大器之间连接电缆不能随意更换，否则将引入测量误差。

电荷放大器是压电式传感器另一种专用的前置放大器，能将高内阻的电荷源转换为低内阻的电压源，而且输出电压正比于输入电荷。因此，电荷放大器同样也起着阻抗变换的作用，其输入阻抗为$10^{10}\sim10^{12}$ Ω，输出阻抗小于 100 Ω。其等效电路如图 7-13 所示。

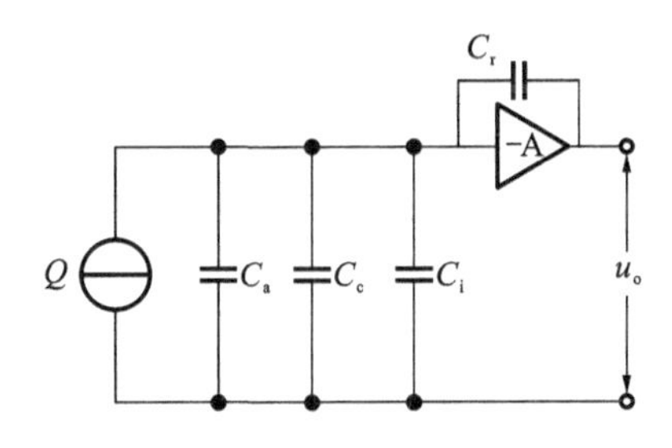

图 7-13　电荷放大器等效电路

电荷放大器常作为压电传感器的输入电路，由一个反馈电容 C_f 和高增益运算放大器构成。当放大器开环增益 A 和输入电阻 R_i、反馈电阻 R_f 相当大时，输出电压

$$U_o \approx U_{cf} = -\frac{AQ}{C_a+C_c+C_i+(1+K)C_f} \approx -\frac{Q}{C_f} \tag{7-9}$$

结论如下：

(1)电荷放大器的输出电压仅与输入电容和反馈电容有关，若保持 C_f 数值不变，输出电压正比于输入电荷量。

(2)当$(1+K)C_f \gg (C_a+C_c+C_i)$时，输出电压与电缆电容无关。

(3)要达到一定的输出灵敏度要求，就必须选择适当的反馈电容。反馈电容 C_f 的温度和时间稳定性要好，C_f 越小，输出电压越大。

7.4 压电式传感器的抗干扰问题

7.4.1 温度的影响

环境温度对压电式传感器工作性能的影响主要通过三个因素实现，第一是压电材料的特性参数，第二是某些压电材料的热释电效应，第三是传感器结构。

环境温度变化将使压电材料的压电常数 d、介电常数 ε、电阻率 ρ 和弹性系数 k 等机电特性参数发生变化。d 和 k 的变化将影响传感器的输出灵敏度，ε 和 ρ 的变换会导致时间常数 $\tau=RC$ 的变化，从而使传感器的低频响应变坏。在必须考虑温度，尤其是高温对传感器低频特性影响的情况下，采用电荷放大器将会得到满意的低频响应。

某些铁电多晶压电材料具有热释电效应。通常这种热电输出只对频率低于 1 Hz 的缓变温度较敏感，从而影响准静态测量。在测量动态参数时，有效的办法是采用下限频率高于或等于 3 Hz 的放大器。

瞬变温度对压电式传感器的影响突出。瞬变温度除引起压电元件热释电效应外，还在传感器内部引起温度梯度，造成各部分结构的不均匀热应变，这一方面会产生热应力和寄生热电输出，另一方面也改变了预紧力和传感器的线性度。这种热电输出的频率通常很高，幅值随温度升高而增大，可增大到使放大器过载。因此在高温环境下进行低电平信号测量时，必须采取下列措施。

(1)采用剪切式、隔离基座型结构设计，或使用时采用隔离安装销。

(2)在压电元件受热冲击的一端设置由热导率小的材料(如某些未极化的压电陶瓷)做成的绝热片，或采用由大膨胀系数材料、陶瓷及铁镍铍青铜组合材料制成的温度补偿片，以实现高温下的结构等膨胀匹配，克服热应力影响。

(3)采用水流式冷却装置和具有弹性预紧筒的传感器，实现较为方便。

7.4.2 湿度的影响

环境湿度主要影响压电元件的绝缘电阻，使其明显下降，造成传感器低频响应变坏。因此在高湿度环境中工作的压电式传感器必须选用高绝缘材料，并采取防潮密封措施。

7.4.3 横向灵敏度的影响

横向灵敏度是衡量横向干扰效应的指标。理想的单轴压电式传感器应该仅对其轴向作用力敏感，而对横向作用力不敏感，如对于压缩式压电传感器，就要求压电元件的敏感轴(电极向)与传感器轴线(受力向)完全一致。但实际的压电式传感器压电切片、极化方向的偏差，压电片各作用面的粗糙度或各作用面的不平行，以及装配、安装不精确等种种原因，都会造成如图 7-14 所示的压电式传感器电极向和受力向不重合。横向灵敏度用轴向灵敏度的百分比表示，即定义为

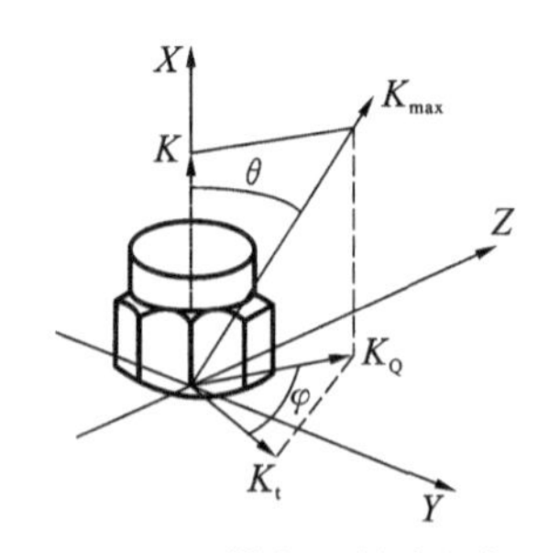

图 7-14 横向灵敏度图解

最大横向灵敏度为

$$K_m=(K_Q/K)\times 100\%=(K_{max}\sin\theta/K_{max}\cos\theta)\times 100\%=\tan\theta\times 100\%$$

一般横向灵敏度为

$$K_c=(K_t/K)\times 100\%=(K_Q\cos\varphi/K_{max}\cos\theta)\times 100\%=\tan\theta\cos\varphi\times 100\%$$

产生横向灵敏度的必要条件，一是伴随轴向作用力的同时，存在横向力，二是压电元件本身具有横向压电效应。因此，消除改善灵敏度的技术途径也相应有从设计、工艺和使用诸方面确保力与电轴的一致和尽量采用剪切型力/电转换方式。较好的压电式传感器最大横向灵敏度不大于 5%。

7.5　压电式传感器的应用

压电式传感器的应用特点如下：

(1)灵敏度和分辨率高，线性范围大，结构简单，牢固，可靠性好，寿命长。

(2)体积小，重量轻，刚度、强度、承载能力和测量范围大，频带宽，动态误差小。

(3)易于大量生产，便于选用，使用和校准方便，适用于近测、遥测。

7.5.1　压电式压力传感器的应用

压电式压力传感器由石英晶片、受压膜片、薄壁管、外壳等组成，如图 7-15 所示。多片石英晶片叠放在薄壁管内，并由拉紧的薄壁管对石英晶片加预载力。感受外部压力的是位于外壳和薄壁管之间的膜片。这种压电式压力传感器的优点是动静态特性好，结构紧凑。按测力状态，有单向、双向和三向传感器，它们在结构上基本一样。

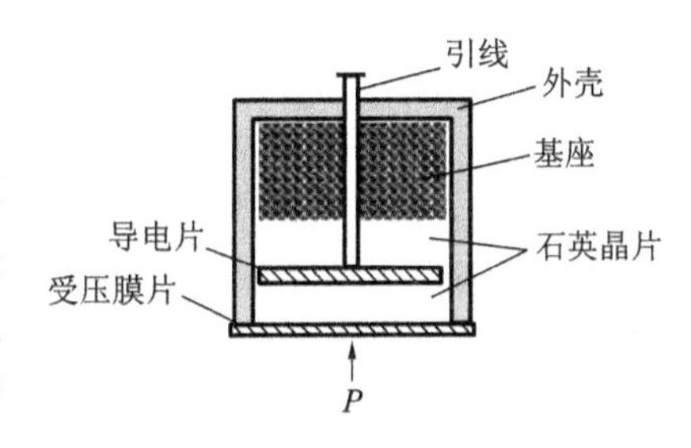

图 7-15　压电式压力传感器

压电式压力传感器必须通过弹性膜、盒等收集压力，再传递给压电元件。当膜片受到压力 F 作用后，在石英晶片表面上产生电荷，压电式压力传感器的输出电荷 Q 与输入压强 P 成正比。

7.5.2　压电式加速度传感器的应用

目前压电式加速度传感器的结构形式主要有三种：压缩型、剪切型和复合型。

1. 压缩型

图 7-16 所示的为压缩型压电式加速度传感器的结构原理图。压电元件一般由两个压电片组成。在压电片的两个表面上镀银层，并在银层上焊接输出引线，或在两个压电片之间夹一片金属，引线就焊接在金属片上，输出端的另一根引线直接与传感器基座相连。在压电片上放置一个比重较大的质量块，然后用硬弹簧或螺栓、螺帽对质量块预加载荷。整个组件装在一个金属外壳中。为了防止试件的任何应变传递到压电元件上去，避免产生假信号输出，一般要加厚基座或选用刚度较大的材料来制造。

测量时，将传感器基座与试件刚性固定在一起。当传感器感受到振动时，由于弹簧的刚度相当大，而质量块的质量相对较小，可以认为质量块的惯性很小，因此质量块感受到与传感器基座相同的振动，并受到与加速度方向相反的惯性力作用。这样，质量块就有一个正比于加速度的交变力作用在压电片上，$F=ma$。由于压电片具有压电效应，因此在它的两个表面上就产生了交变电荷（电压）。当振动频率远低于传感器自然振荡频率时，传感器的输出电荷（电压）与作用力成正比，即与试件的加速度成正比，$Q=d_{33}F=d_{33}ma$。输出电量由传感器输出端引出，输入前置放大器后就可以用普通的测量器测出试件的加速度，如在放大器中加进适当的积分电路，就可以测出试件的振动加速度或位移。

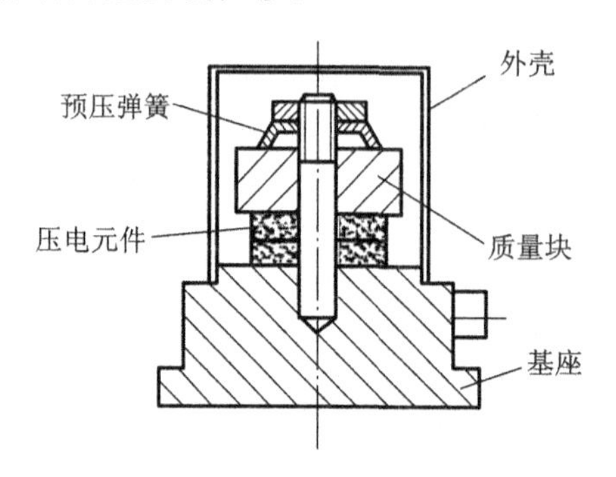

图 7-16　压缩型压电式加速度传感器结构原理图

图 7-17(a)所示的为正装中心压缩型压电式加速度传感器，特点是质量块和弹性元件通过中心螺栓固紧在基座上，形成独立的体系，从而与易受其他因素干扰的壳体分开，具有灵敏度高、性能稳定、频率响应好、工作可靠等优点，但基座的机械应变和热应变仍会对其产生影响。为此又设计出改进型的隔离基座压缩型压电式加速度传感器、倒转中心压缩型压电式加速度传感器、隔离预载筒筒压缩型压电式加速度传感器，分别如图 7-17(b)、(c)、(d)所示。

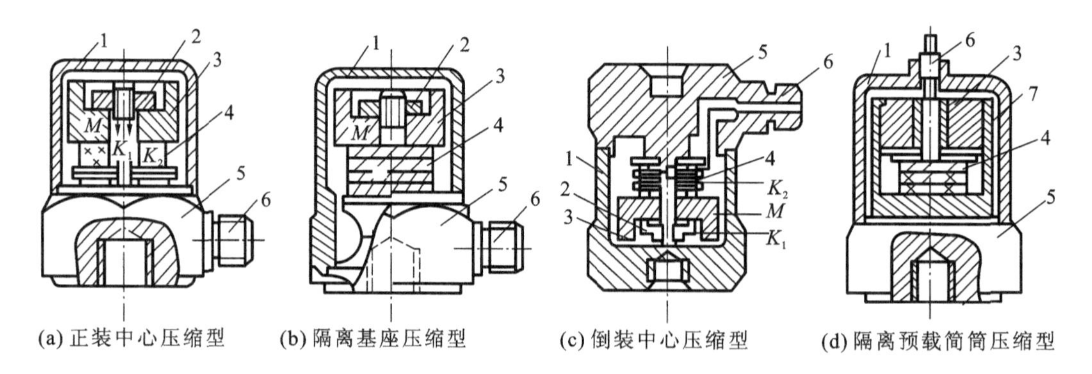

图 7-17　压缩型压电式加速度传感器

1—壳体；2—预紧螺母；3—质量块；4—压电元件；5—基座；6—引线接头；7—预紧筒

2. 剪切型

剪切型压电式加速度传感器（见图 7-18）利用了压电元件受剪应力产生压电效应这一原理。其压电元件以压电陶瓷为佳。按压电元件结构形式，剪切型压电式加速度传感器可分为环形剪切型压电式加速度传感器、三角剪切型压电式加速度传感器、H 剪切型压电式加速度传感器等。

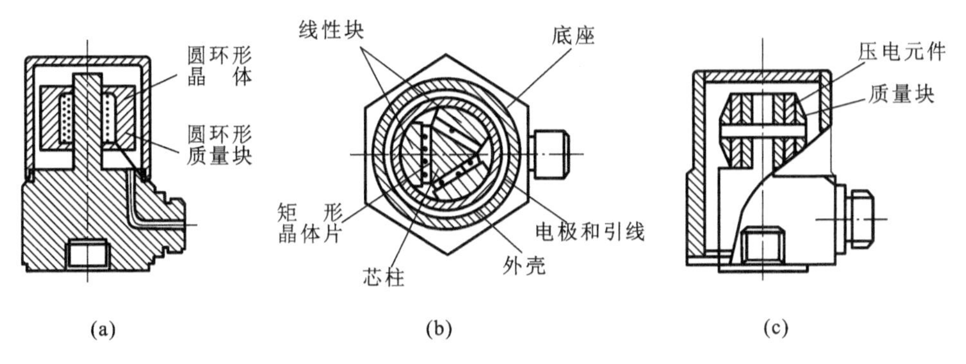

图 7-18　剪切型压电式加速度传感器

3. 复合型

复合型压电式加速度传感器是指那些具有组合结构、运用差动原理、组合一体化的压电式加速度传感器。两种最常见的类型为三向加速度传感器和组合一体化压电式加速度传感器。

三向加速度传感器由三组具有 X、Y、Z 三向互相正交压电效应的压电元件组成。其中一组为压缩型，感受 Z 轴方向的加速度，另两组为剪切型，分别感受 X 轴和 Y 轴方向的加速度，灵敏轴线互相垂直。

组合一体化压电式加速度传感器早期是集压电式传感器与电子线路于一身的组合一体化压电-电子传感器，又称压电管。如今，这类传感器大多为采用集成工艺制作的完全集成化压电式加速度传感器。

7.5.3　压电式超声波传感器的应用

超声波传感器是实现声电装换的装置，能够发射超声波，也可以接收超声回波，并转换成电信号。

当交变信号加在压电陶瓷两端面时，由于压电陶瓷的逆压电效应，陶瓷片会在电极方向产生周期性的伸长和缩短，这种机械振动会在空气中激发出声波。这时的声传感器就是声频信号发生器。

当一定频率的声波信号经过传播到达换能器上时，空气振动换能器上的压电陶瓷片受到外力作用而产生压缩变形，由于压电陶瓷的正压电效应，压电陶瓷上将出现充、放电现象，即将声频信号转换成了交变信号。这时的声传感器就是声频信号接收器。

压电式超声波传感器主要由压电晶片、吸收块(阻尼块)、保护膜等组成，如图 7-19 所示。压电晶片为两面镀银，作导线极板。压电晶片为薄片，超声波频率与薄片的厚度成反比。吸收块吸收声能，降低机械品质。无阻尼时，电脉冲停止，晶片会继续振荡，加长脉冲宽度，会使分辨率变差。

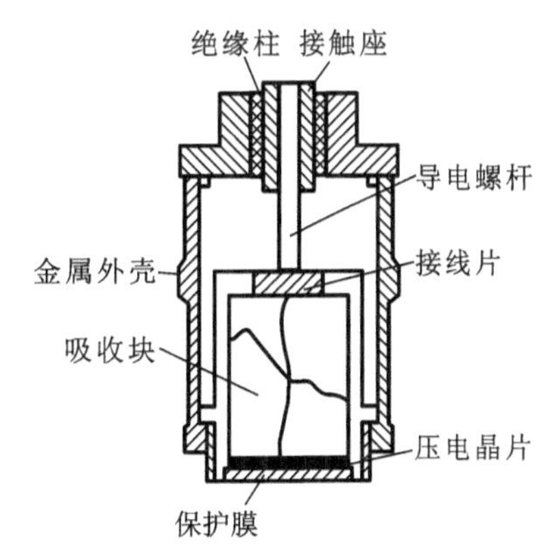

图 7-19　压电式超声波传感器的结构

超声波传感器常用于超声波测距、测液位、测液体的流速。

1. 超声波测距

超声波测距时，超声探头发出超声波，到达被测目标后，经过反射，超声探头接收到反射信号，被测距离为 $d=\frac{ct}{2}$，c 为声速，t 为往返时间。但是超声波束发散，测量范围小，波束聚焦困难，测量精度低，测量目标不能太小。因此，超声测距技术适于大目标、近距离、一般精度测距，如用手持测距仪为盲人导盲，安装汽车倒车雷达保障汽车安全，在工业上用该技术测量液位、物体位置等。

2. 超声波测液位

图 7-20 所示的为压电式超声波传感器测量液位的工作原理。探头发出的脉冲通过介质到达液面，经液面反射后又被探头接收，测量发射与接收超声脉冲的时间间隔和超声脉冲在介质中的传播速度，即可求出探头与液面间的距离。

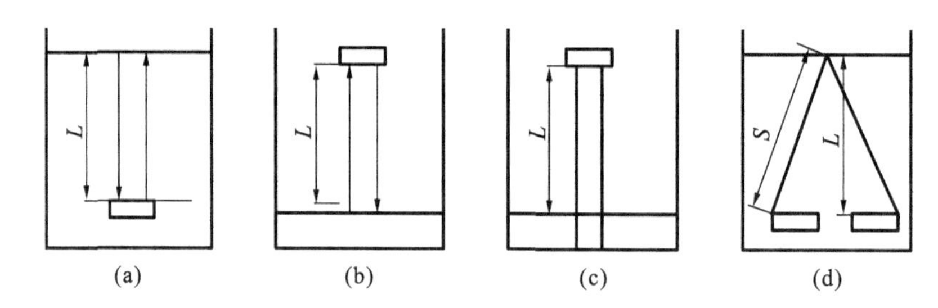

图 7-20 压电式超声波传感器测量液位的工作原理

3. 超声波测流速

如图 7-21 所示，设顺流方向的传播时间为 t_1，逆流方向的传播时间为 t_2，流体静止时的超声波传播速度为 c，流体流动速度为 v，两个超声波传感器之间的距离为 L，则

$$t_1=L/(c+v),t_2=L/(c-v)$$

因此，超声波传播时间差为

$$t_2-t_1=2Lv/(c^2-v^2)$$

一般来说，流体的流速远小于超声波在流体中的传播速度，即 $c\gg v$，从上式便可得到流体的流速，即 $v=c^2(t_2-t_1)/2L$。

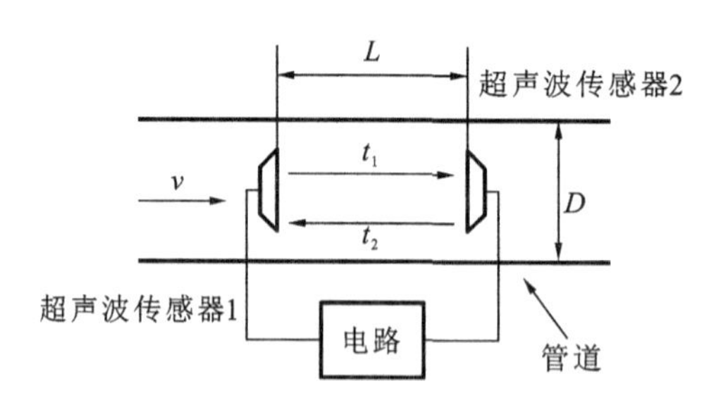

图 7-21 压电式超声波传感器测流速

思　考　题

1. 什么是压电效应？试比较石英晶体和压电陶瓷的压电效应。

2. 为什么压电式传感器不能用于静态测量，只能用于动态测量？

3. 设计压电式传感器检测电路的基本考虑点是什么，为什么？

4. 某种压电式传感器的灵敏度 $K_1=10$ pC/MPa，连接灵敏度 $K_2=0.008$ V/pC 的电荷放大器，所用的笔式记录仪的灵敏度 $K_3=25$ mm/V，当压力变化 $\Delta P=8$ MPa 时，笔式记录仪在记录纸上的偏移为多少？

5. 简述压电式传感器前置放大器的作用、电压放大器和电荷放大器各自的优缺点及如何合理选择回路参数。

6. 为了提高压电式传感器的灵敏度，设计中常采用双晶片或者多晶片组合，试说明其组合的方式和适用场合。

第 8 章　热电式传感器

温度是表征物体或系统冷热程度的物理量，与自然界中各种物理和化学过程相关联。温度的检测和控制在国民经济各部门，如电力、化工、机械、冶金、农业、医学等，以及人们的日常生活中广泛应用，是科学现代化中的重要组成部分。热电式传感器是利用转换元件电磁参量随温度变化的特征，对温度和与温度有关的参量进行检测的装置。能够检测温度的传感器或敏感元件很多，本章主要介绍热电偶、热电阻、热敏电阻和集成温度传感器，重点讲解热电偶、热电阻和热敏电阻的工作原理及特性。

8.1　热电偶

8.1.1　热电偶的结构与分类

热电偶传感器是能够将温度的变化转换为电势变化的传感器。在工业生产过程中，热电偶是应用最广泛的测温元器件之一。它的测温范围广，可以在 −270 ℃至 2800 ℃的范围内使用，而且精度高，性能稳定，结构简单，动态性能好。热电偶将温度转换为电势信号，也便于信号处理和远距离传输。

热电偶由两种不同的金属 A 和 B 构成的闭合回路，如图 8-1 所示，金属 A 和 B 就是热电偶的热电极。

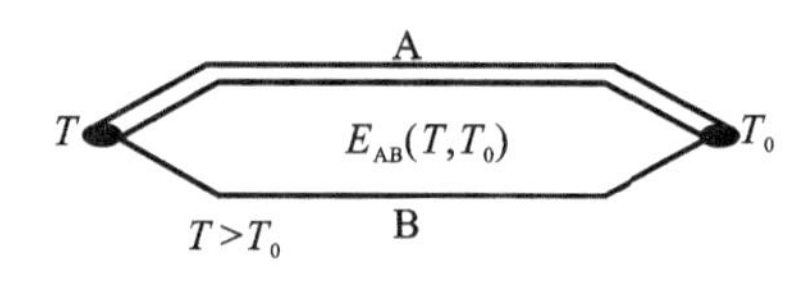

图 8-1　热电偶

热电偶的种类很多。按照材料，热电偶可以分为廉金属、贵金属、难熔金属和非金属热电偶四大类。廉金属有铁-康铜、铜-康铜、镍铬-考铜、镍铬-镍硅(镍铝)等；贵金属有铂铑$_{10}$-铂、铂铑$_{30}$-铂铑$_6$及铱铑系、铱钌系和铂铱系等；难熔金属有钨铼系、铱钨系和铌钛系等；非金属有二碳化钨-二碳化钼、石墨-碳化物等。

按照用途和结构，热电偶可以分为普通工业用和专用两类。普通工业用热电偶又可分为直形热电偶、角形热电偶和锥形热电偶；专用热电偶又可分为钢水测温的消耗式热电偶、多点式热电偶和表面测温热电偶等。

8.1.2　热电偶的工作原理

热电偶测温是基于热电效应。在组成热电偶的不同金属 A 和 B 构成的闭合回路中，如果它们两个接触点温度不同，回路中便会产生一个电动势，通常称这种电动势为热电势，这种现象就是热电效应。如图 8-1 所示，两个接触点中，一个置于温度为 T 的被测对象中，称为热端或工作端，而温度为 T_0 的另一端称为冷端或参考端，又称参比端或自由端，金属 A 和 B 称为热电极。若温度 $T>T_0$，回路中会产生热电势 $E_{AB}(T,T_0)$，热电势的大小取决于两种金属材料的接触电势和单一材料的温差电势。

1. 接触电势

接触电势是由于不同导体的自由电子密度不同而在接触处形成的电动势，又称帕尔贴电动势。当两种不同的金属材料 A 和 B(电校 A 和 B)接触时，自由电子就要从密度大的金属材料扩散到密度小的金属材料中去，从而产生自由电子的扩散现象，如图 8-2 所示。当金属材料 A 的自由电子密度比金属材料 B 的大时，则有自由电子从 A 扩散到 B。当扩散达到平衡时，金属材料 A 失去电子而带正电荷，金属材料 B 得到电子而带负电荷。这样，A、B 接触处形成一定的电位差，这就是接触电势，其大小可以表示为

$$e_{AB}(T)=\frac{kT}{e}\ln\frac{N_A}{N_B} \tag{8-1}$$

式中：$e_{AB}(T)$为电极 A 和电极 B 在温度为 T 时的接触电势；k 为玻尔兹曼常数；T 为接触面的热力学温度；e 为单位电荷；N_A、N_B 分别为金属电极 A 和 B 的自由电子密度。

2. 温差电势

温差电势是在同一导体的两端因其温度不同而产生的一种热电势，又称汤姆逊电势。如图 8-3 所示，以金属材料 A 为例，当金属材料两端的温度不同，即 $T>T_0$ 时，由于高温端的电子能量比低温端的电子能量大，故电子从高温端扩散到低温端的电子数比从低温端扩散到高温端的电子数要多，并最后达到平衡。高温端因失去电子而带正电荷，低温端因得到电子而带负电荷，从而形成一定的电位差，即温差电势，其大小可以表示为

$$e_A(T,T_0)=\int_{T_0}^{T}\delta\mathrm{d}T \tag{8-2}$$

式中：$e_A(T,T_0)$为 A 材料两端温度分别为 T 和 T_0 时的温差电势；δ 为汤姆逊系数，它表示温度为 1 ℃时所产生的电势值，与材料的性质有关。

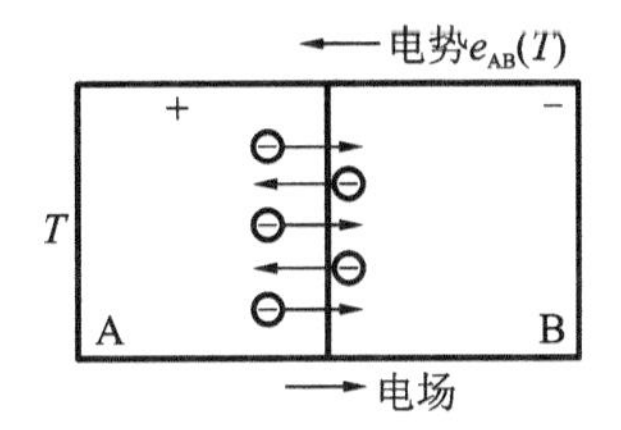

图 8-2　热电偶的接触电势

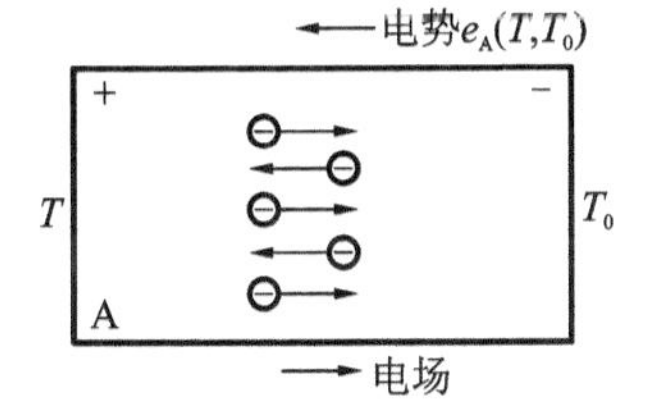

图 8-3　热电偶的温差电势

3. 热电偶回路的总电势

在两种金属材料 A 和 B 组成的热电偶回路中，两接触点的温度分别为 T 和 T_0，且 $N_A>N_B$，$T>T_0$，则回路总的热电势由四个部分组成：两个接触电势 $e_{AB}(T)$和 $e_{AB}(T_0)$、两个温差电势 $e_A(T,T_0)$和 $e_B(T,T_0)$。它们的大小和方向如图 8-4 所示。

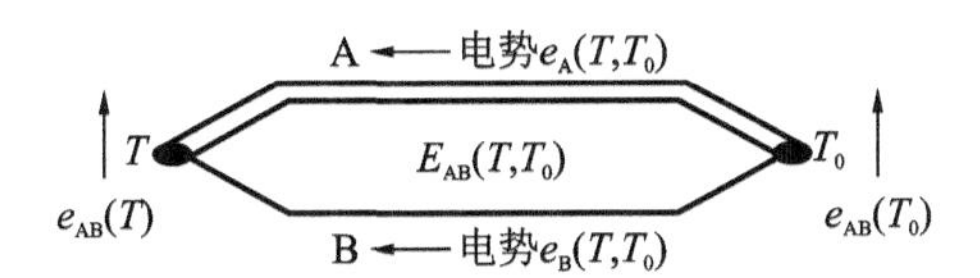

图 8-4　热电偶回路的总电势

按顺时针方向写出 4 个电势的方程为

$$
\begin{aligned}
E_{AB}(T,T_0) &= e_{AB}(T) - e_A(T,T_0) - e_{AB}(T_0) + e_B(T,T_0) \\
&= \frac{kT}{e}\ln\frac{N_A}{N_B} - \frac{kT_0}{e}\ln\frac{N_A}{N_B} + \int_{T_0}^{T}\delta_B\,dT - \int_{T_0}^{T}\delta_A\,dT \\
&= \frac{k}{e}(T-T_0)\ln\frac{N_A}{N_B} - \int_{T_0}^{T}(\delta_A-\delta_B)\,dT
\end{aligned}
\tag{8-3}
$$

由式(8-3)可以看出：若热电极A和B为同一种材料，即 $N_A=N_B$，$\delta_A=\delta_B$，则不论两端温度如何变化，$E_{AB}(T,T_0)=0$；若热电偶两端处于同一温度下，即 $T=T_0$，则不论导体A、B材料是否相同，$E_{AB}(T,T_0)=0$。

因此，热电势的存在必须具备两个条件：

(1)热电偶必须用两种不同的金属材料做电极；

(2)热电偶的两端必须有温差。

将式(8-3)按温度进行整理有

$$
\begin{aligned}
E_{AB}(T,T_0) &= \left[e_{AB}(T) - \int_{0}^{T}(\delta_A-\delta_B)\,dT\right] - \left[e_{AB}(T_0) - \int_{0}^{T_0}(\delta_A-\delta_B)\,dT\right] \\
&= f(T) - f(T_0)
\end{aligned}
\tag{8-4}
$$

从式(8-4)可以看出，热电势是温度 T 和 T_0 两个节点温度的函数，而不是温度的单值函数，不能直接进行温度的测量。因此必须固定冷端的温度，才能确定热电势与被测温度 T 的对应关系。

根据国际温标规定，以冷端温度 $T_0=0$ 为基准温度的条件下，用实验的方法测出各种不同热电偶在不同工作温度下所产生的热电势值，列成表格，称为分度表(见附录A)。

4. 热电偶的基本定律

利用热电偶作为传感器进行温度检测时，需要解决一系列的实际问题。以下通过实验验证的几个定律，可以为热电偶的使用提供理论上的依据。

1)匀质导体定律

由一种导体所组成的闭合回路，不论导体的截面积如何及导体各处温度分布如何，都不能产生热电势。

这一定律说明热电偶必须采用两种不同材料的导体组成，而热电偶的热电势仅与两接触点的温度有关，而与热电极的温度分布无关。如果热电偶的热电极是非匀质导体，则在不均匀的温度场中测温时将造成测量误差。所以，热电极材料的均匀性是衡量热电偶质量的重要技术指标之一。

2)中间导体定律

在热电偶回路中，冷端断开，接入与A、B电极不同的另一种导体(称为中间导体C)，如图8-5所示，只要中间导体的两端温度相同，热电偶回路的总热电势不受中间导体接入的影响。

同理，热电偶回路中接入多种导体后，只要保证接入的每种导体的两端温度相同，则对热电偶的热电势就没有影响。

这一点对热电偶的实际运用十分重要，因为要测量回路的热电势，就需要接入测量仪表，那么仪表中肯定有第三种导体C。根据这一定律，仪表的接入不会引起回路总热电势的变化。

3)中间温度定律

在热电偶回路中，如图8-6所示，两节点温度为 T、T_0 时的热电势等于该热电偶在节点温

度为 T、T_n 和 T_n、T_0 时的热电势的代数和，即

$$E_{AB}(T,T_0)=E_{AB}(T,T_n)+E_{AB}(T_n,T_0) \tag{8-5}$$

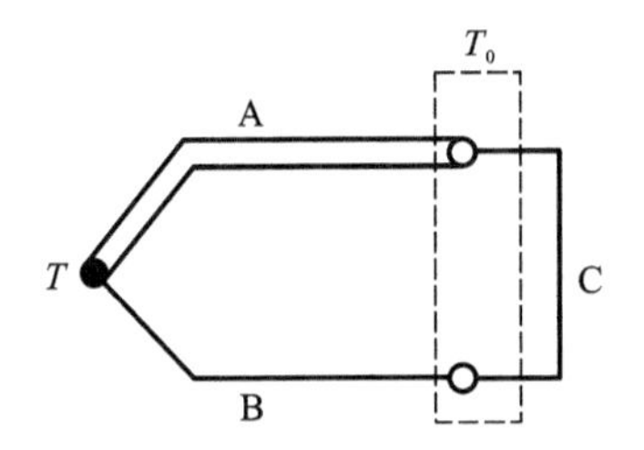

图 8-5　热电偶回路中接入第三种导体

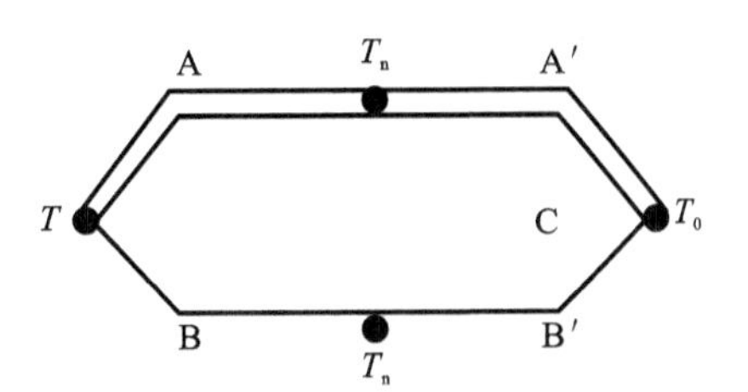

图 8-6　中间温度定律

根据这一定律，只要给出冷端为 0 ℃时的热电势和温度关系，就可以求出冷端为任意温度 T_0 的热电偶的热电势，对参考端温度不为 0 ℃时的热势进行修正，即

$$E_{AB}(T,T_0)=E_{AB}(T,0)-E_{AB}(T_0,0) \tag{8-6}$$

【例 1】 用(S 型)热电偶测量某一温度，若参考端温度 $T_n=30$ ℃，测得的热电势 $E(T,T_n)=7.5$ mV，求测量端实际温度 T。

解　由题意可知　　$E(T,30)=7.5$ mV

查 S 型热电偶分度表(见附录 A)得　　$E(30,0)=0.173$ mV

由中间温度定律　　$E(T,T_0)=E(T,T_n)+E(T_n,T_0)$

有　　$E(T,0)=E(T,30)+E(30,0)$

$=(7.5+0.173)$ mV$=7.673$ mV

查 S 型热电偶分度表得 $T=830$ ℃。

8.1.3　热电偶的误差与补偿

根据热电偶测温原理可知，热电偶回路的热电势的大小不仅与热端温度有关，而且与冷端温度有关，只有当冷端温度保持不变时，热电势才是被测温度的单值函数。我们使用的热电偶分度表中的热电势值就是在冷端温度为恒定的 0 ℃时给出的。然而在实际应用中，由于热电偶的冷端与热端通常距离较近，又暴露于空间受到周围环境温度波动的影响，故冷端温度很难保持恒定，保持在 0 ℃就更难了。所以如果热电偶的冷端温度不是 0 ℃，又不加以适当处理，那么即使测得了热电偶回路热电势的值，仍不能直接应用分度表，即不可能得到测量端的准确温度，会产生测量误差。

因此热电偶在工业应用中，必须采取措施消除冷端温度变化，以及温度不为 0 ℃所产生的影响，进行冷端温度补偿。下面介绍几种冷端处理的方法。

1. 补偿导线法

补偿导线是由两种不同性质的廉价金属材料制成的，在 0～100 ℃的温度范围内具有与所配接的热电偶相同的热电特性，通常由补偿导线合金丝、绝缘层、护套和屏蔽层组成，补偿导线在测温回路中的连接如图 8-7 所示。用它连接热电偶有两方面的功能：第一，可以实现冷端迁移，起到延长热电偶冷端的作用；第二，能够降低电路成本。当热电偶与测量仪表距离较远时，使用补偿导线可以节约热电偶材料，尤其是对贵金属热电偶来说，经济效应更为明显。

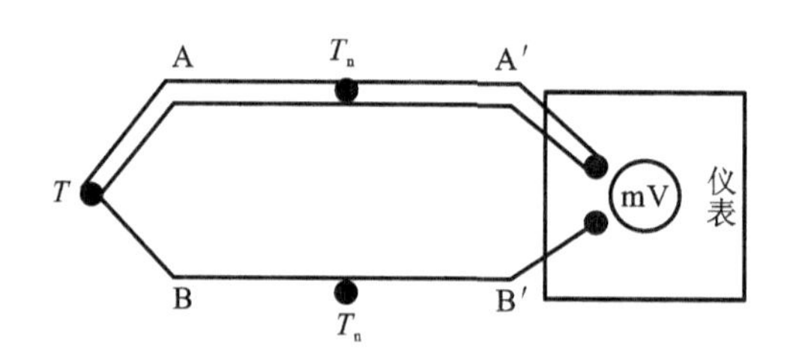

图 8-7 补偿导线在测温回路中的连接

补偿导线又分为延长型和补偿型两种。延长型补偿导线选用的金属材料与热电极材料相同;补偿型补偿导线所选金属材料与热电极材料不同。常用热电偶补偿导线的型号如表 8-1 所示。补偿导线型号的第一个字母与配用热电偶的型号相对应;第二个字母“X”表示延长线补偿导线,字母“C”表示补偿型导线。

表 8-1 常用热电偶补偿导线

补偿导线型号	配用热电偶型号	补偿导线材料		绝缘层颜色	
		正极	负极	正极	负极
SC	S	铜	铜镍合金	红	绿
KC	K	铜	铜镍合金	红	蓝
KX	K	镍铬合金	镍硅合金	红	黑
EX	E	镍铬合金	铜镍合金	红	棕
JX	J	铁	铜镍合金	红	紫
TX	T	铜	铜镍合金	红	白

使用热电偶时必须注意以下几个问题:

(1)补偿导线只能在规定的温度范围(0～100 ℃)内使用;

(2)热电偶和补偿导线的两个连接点必须保持温度相同;

(3)不同型号的热电偶配有不同的补偿导线;

(4)补偿导线的正、负极须分别与热电偶的正、负极相连;

(5)补偿导线的作用是对热电偶冷端进行延长,当冷端温度不等于 0 ℃时还需要进行其他的补偿和修正。

2. 冰浴法

在 1 个标准大气压下将冰和纯水放在一个密闭的保温瓶里,确保冰水混合物的温度为 0 ℃。如图 8-8 所示,在密封的盖子上插入若干试管,试管的直径应尽量小,并有足够的插入深度,试管底部有少量高度相同的水银或变压器油。若放水银,则可以把补偿导线与铜导线直接插入试管中的水银中,形成导电通路,不过在水银上面应加少量蒸馏水并用石蜡密封,以防止水银蒸发或溢出。若改用变压器油代替水银,则必须将补偿导线与铜导线连接好。

这种方法能够保证连接点的温度恒定在 0 ℃,然而不够方便,一般适用于实验中的精确测量和检定热电偶的场合。

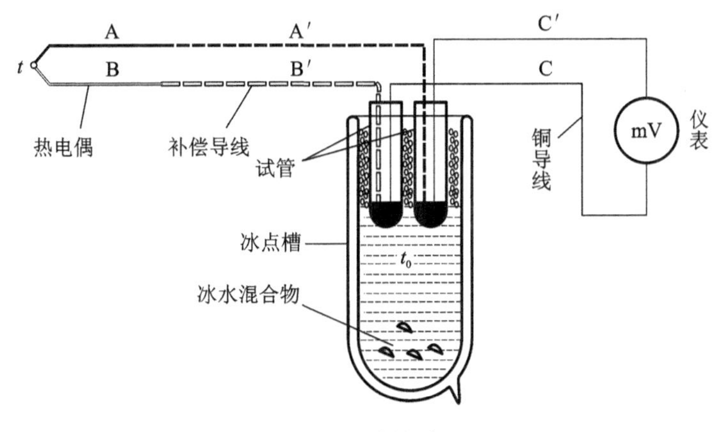

图 8-8　冰浴法

3. 计算修正法

在实际应用中，热电偶的参考端的温度往往不是 0 ℃，而是实际环境温度 T_n，这时测量出的回路热电势要小，因此必须加上环境温度与冰点 0 ℃之间温差所产生的热电势后，才能符合热电偶分度表的要求，根据中间温度定律则有

$$E(T,0)=E(T,T_n)+E(T_n,0) \tag{8-7}$$

可用室温计测出环境温度 T_n，从分度表中查出 $E(T_n,0)$的值，然后加上热电偶回路热电势 $E(T,T_n)$，可得出 $E(T,0)$值，反查分度表即可得到准确的被测温度 T 值，参见本章例 1。

4. 冷端补偿电桥法

冷端补偿电桥法是利用不平衡电桥产生的电势来补偿热电偶因冷端温度变化而引起的热电势变化值的方法，如图 8-9 所示。不平衡电桥即补偿电桥的 4 个桥臂中有 1 个臂是铜电阻，作为感温元件，其余 3 个由阻值恒定的锰铜电阻组成。它串联在热电偶测量回路中。铜电阻 R_{Cu}必须和热电偶的冷端处于同一温度下，其余 3 个电阻分别为 R_1、R_2 和 R_3，通常取温度为 0 ℃时，$R_1=R_2=R_3=R_{Cu}$，这时电桥处于平衡状态，电桥输出电压 $U_{ba}=0$，对仪表的测量值无影响。当冷端温度大于 0 ℃时，热电偶电势将降低，R_{Cu}增大，电桥不平衡，出现 $U_{ba}>0$，这时 U_{ba}与热电势同向串联，电势之和升高，起到补偿的作用，相当于把热电偶冷端置于 0 ℃，完成了热电偶冷端处理和补偿。

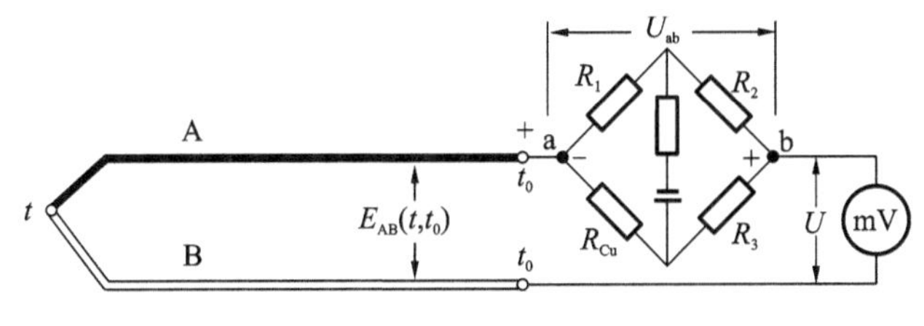

图 8-9　冷端补偿电桥法

8.2　热电阻

利用导体或半导体的电阻率随温度变化的特性制成的传感器称为热电阻式传感器。热电

阻式传感器可以实现将温度变化转化为电阻的变化，主要用于对温度和与温度有关的量进行检测。测温范围主要在中、低温区域(－200～650 ℃)。随着科学技术的不断发展，其测温范围也在不断扩展，在低温方面已成功应用于1～3 K的测量，高温方面也出现了多种用于1000～1300 ℃的热电阻式传感器。热电阻式传感器根据其测温元件不同，可以分为金属热电阻式传感器和半导体热敏电阻式传感器两大类。

8.2.1 热电阻的结构

金属热电阻的结构比较简单，通常由电阻体、绝缘体、保护套管和接线盒四部分组成，电阻体是热电阻的感温元件，也是最主要的部分。普通工业用热电阻式传感器的结构如图8-10所示，它由热电阻、连接热电阻的内部导线、保护管、绝缘管和接线座组成。由于一般的金属材料电阻率会随温度有所变化，故制作热电阻的材料则要求：电阻温度系数要大，以便提高热电阻的灵敏度；电阻率尽可能大，以便在相同灵敏度下减小电阻体的尺寸；热容量要小，以便提高热电阻的响应速度；在整个测量范围内应具有稳定的物理、化学性能；电阻与温度的关系最好接近于线性；应有良好的可加工性，且价格便宜。综合上述要求及金属材料的特性，目前使用最为广泛的热电阻材料是铂和铜。

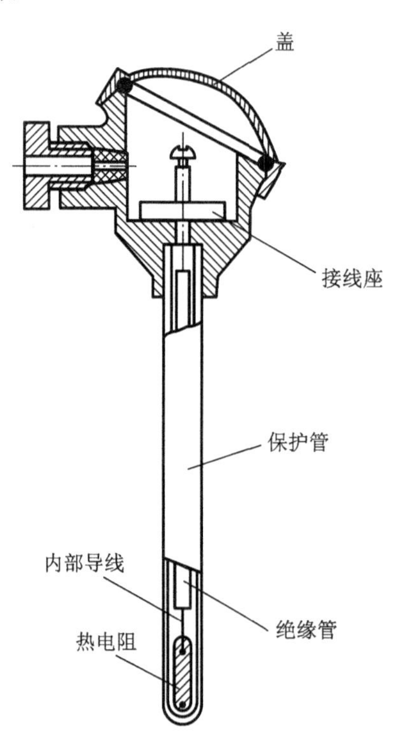

图8-10 普通工业用热电阻式传感器的结构

传感器类热电阻的结构随用途不同会有所不同。铂的电阻率较大，而且相对机械强度较大，铂热电阻一般由直径为0.05～0.07 mm的铂丝绕在片状云母骨架上组成，其结构形式如图8-11所示。引线的直径应比热电阻丝的大几倍，以尽量减小引线的电阻，增加引线的机械强度和连接的可靠性。对于工业用的铂热电阻，一般采用1 mm的银丝作为引线。对于标准的铂热电阻，可以采用 0.3 mm 的铂丝作为引线。通常为了消除电阻丝的电感对测量的影响，热电阻丝应采用双线法绕制。双线法绕制是指用两个金属丝平行绕制，在末端把两个头焊接起来，这样工作电流从一根电阻丝流进，从另一根反向流出，形成两个电流方向相反的线圈，其磁场方向相反，能够使产生的电感相互抵消，也称无感绕法。为使铂丝绝缘和不受化学腐蚀、机械损伤，延长热电阻的使用寿命，电阻体外要设置保护套管。

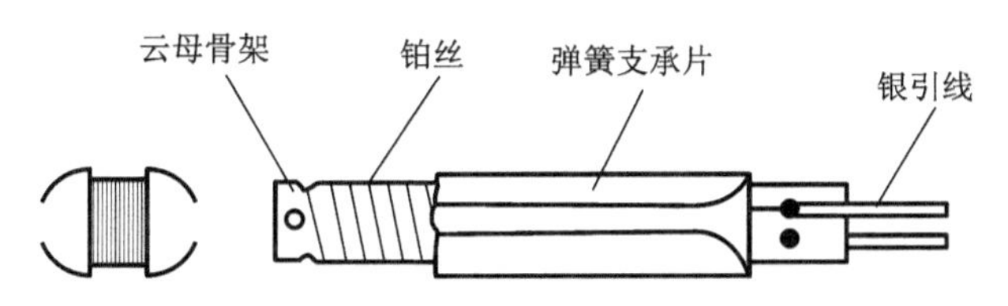

图 8-11　铂热电阻的结构形式

铜热电阻的结构形式如图 8-12 所示。由于铜的机械强度较低，故电阻丝的直径需较大，一般用直径为 0.1 mm 的绝缘铜线，用双绕线法分层绕在圆柱形塑料支架上。它的引线通常由 0.5 mm 的铜丝或镀银铜丝引出。

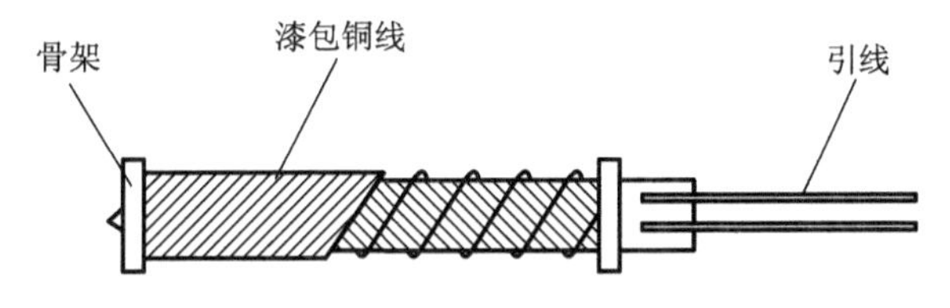

图 8-12　铜热电阻的结构形式

8.2.2　热电阻的工作原理

1. 铂热电阻

铂丝是目前公认制造热电阻的最好材料，其物理、化学性能非常稳定，测量精度高，长期复现性好，广泛应用于温度基准、标准的传递和工业在线测量。但是铂在还原性介质中，特别是高温下很容易被氧化物中还原出来的蒸气所污染，以致铂丝变脆，并改变了它的电阻与温度的关系。因此，铂在高温下不宜在还原性介质中使用。此外，铂是一种贵金属，价格较贵，尽管如此，铂仍然是制造基准热电偶、标准热电偶和工业用热电偶的较好选择。工业用铂热电阻作为测温传感器，通常用来和显示、记录、调节仪表配套，直接测量各种生产过程中 $-200\sim500$ ℃范围内的液体和气体等介质的温度，也可以测量固体表面的温度。

铂热电阻的精度与铂的纯度有关，铂的纯度通常用百度电阻比 $W(100)$ 表示，即

$$W(100)=\frac{R_{100}}{R_0} \tag{8-8}$$

式中：R_{100} 为 100 ℃时的电阻值，R_0 为 0 ℃时的电阻值。

$W(100)$ 越高，表示铂的纯度越高。一般工业用铂电阻温度计要求百度电阻比在 1.387～1.390；作为基准器的铂电阻，百度电阻比不得小于 1.3925。目前技术水平已达到 $W(100)=1.3930$。

铂丝的电阻值与温度之间的关系，即特性方程如下。

当温度 t 为 -200 ℃$\leqslant t \leqslant 0$ ℃时

$$R_t=R_0\left[1+At+Bt^2+C(t-100)t^3\right] \tag{8-9}$$

当温度 t 为 0 ℃≤t≤650 ℃时

$$R_t=R_0[1+At+Bt^2] \tag{8-10}$$

式中：R_t、R_0 是温度分别为 t 和 0 ℃时的铂电阻值；A、B、C 为常数，当 $W(100)=1.391$ 时有 $A=3.96847\times10^{-3}(℃)^{-1}$，$B=-5.847\times10^{-7}(℃)^{-2}$，$C=-4.22\times10^{-12}(℃)^{-4}$。

由特性方程可知，铂电阻的电阻值与温度 t 和初始电阻 R_0 有关，R_t 与 t 是非线性关系。目前，工业铂热电阻的 R_0 值有 10 Ω、50 Ω、100 Ω 和 1000 Ω，对应的分度号为 Pt10、Pt50、Pt100、Pt1000，其中应用最广泛的是 Pt100。热电阻的分度表给出了阻值与温度的关系，可查阅相关资料，Pt100 热电阻分度表见附录 B。在实际测量中，只要测得铂热电阻的阻值 R_t，便可以从分度表中查出对应的温度值。

2. 铜热电阻

铜热电阻也是工业上普遍使用的热电阻。铜容易加工提取，其电阻温度系数很大，而且电阻与温度之间关系呈线性关系，价格便宜，纯度、复制性好。相比铂热电阻，铜热电阻的灵敏度更高，常用在−50～150 ℃范围内的工业领域。其缺点是电阻率较低，铜热电阻的体积较大，铜容易氧化，只适用于 150 ℃以下的低温测量，所以在一些测量准确度要求不高，且温度较低场合较多使用铜电阻温度计。

铜热电阻的阻值与温度之间的关系为

$$R_t=R_0(1+\alpha t) \tag{8-11}$$

式中：α 为铜的温度系数，$\alpha=(4.25\sim4.28)\times10^{-3}(℃)^{-1}$。

由式(8-11)可知，铜热电阻与温度的关系是线性的。目前工业上使用的标准化铜热电阻的 R_0 按国内标准统一设计为 50 Ω 和 100 Ω 两种，分度号为 Cu50 和 Cu100，相应的分度表可查阅相关资料。

8.2.3 热电阻的测量电路

经常使用电桥作为热电阻测温传感器的测量电路，但采用普通电桥会因连接导线电阻受环境温度变化改变而造成测量误差。要消除这种误差，可以采用三线制或四线制电桥。

工业用热电阻一般采用三线制电桥测量电路。图 8-13 所示的是三线制连接的原理图。G 为检流计，R_1、R_2、R_3 为固定电阻，R_a 为零位调节电阻，热电阻 R_t 通过两根具有相同长度和电阻温度系数的导线分别接在相邻两桥臂内。当温度变化引起连接导线电阻变化时，根据差动电桥的原理，电桥输出不受影响。第三根导线接在检流计或电源回路中，影响极小。这种电路的缺点是调零电阻串在桥臂中，其触头的接触电阻可能导致电桥零点不稳。

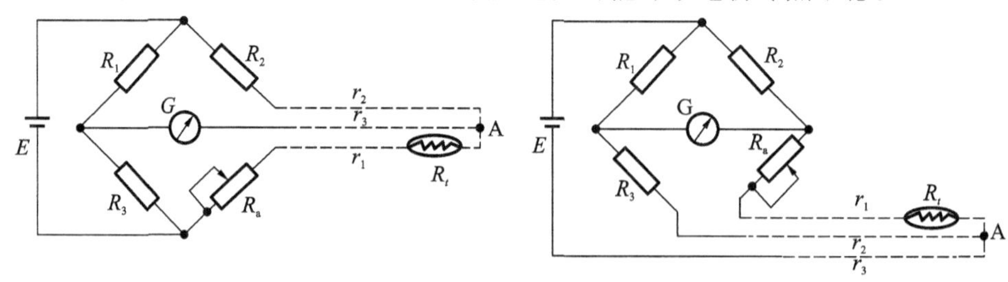

图 8-13　三线制连接的原理图

为了解决三线制连接电桥零点不稳的问题，可以采用四线制连接，如图 8-14 所示，调零电位器的接触电阻与检流计串联，不会影响电桥的平衡和正常工作状态。这种接法不仅可以消除热电阻与测量仪表之间连接导线电阻的影响，而且可以消除测量线路中寄生电动势引起的测量误差，多用于标准计量或实验室中等精密测量中。

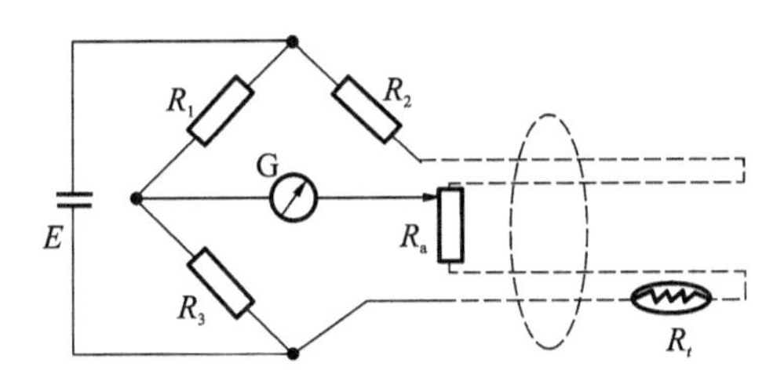

图 8-14　四线制连接的原理图

8.3　热敏电阻

热敏电阻是热电阻式传感器的测温元件之一，是利用半导体的电阻值随温度显著变化的特性而制成的热敏元件。它是由某些金属氧化物和其他化合物按不同的配方比例烧结制成的，广泛应用于宇宙飞船、医学、工业及家用电器方面，用作温度检测、温度控制、温度补偿、流速测量和液面指示等。

8.3.1　热敏电阻的结构

热敏电阻是用半导体-金属氧化物材料复合，掺入一定的黏合剂成形，再经高温烧结而制成。主要材料有 Mn、Co、Ni、Cu、Fe 的氧化物。热敏电阻采用不同的封装形式，如珠状、圆片状、片状、杆状等封装形式，结构分为二端、三端、四端，有直热式和旁热式。热敏电阻主要由热敏探头、引线、壳体等组成，通常二端和三端元件为直热式的，即热敏电阻直接由连接的电路获得功率，四端元件则是旁热式的。根据不同的使用需求，可以把热敏电阻做成不同的形状和结构，其典型结构形式如图 8-15 所示。

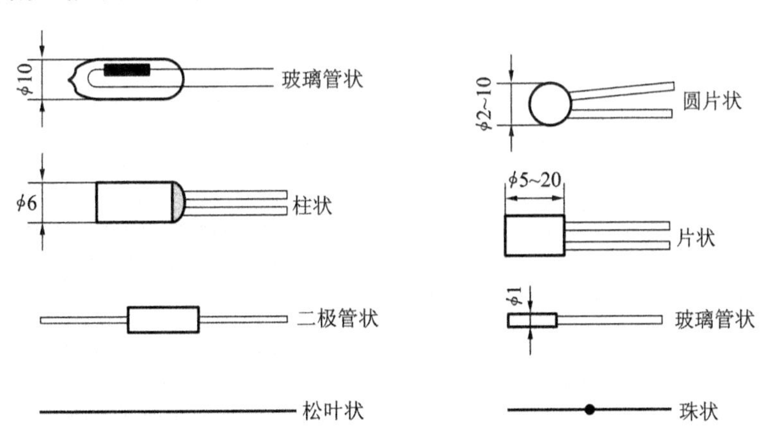

图 8-15　热敏电阻的典型结构形式

随着陶瓷工艺技术的进步，热敏电阻体积小型化、超小型化得以实现，现在已经可以生产出直径在0.5 mm以下的珠状和松叶状热敏电阻，它们在水中的时间常数仅为0.1～0.2 s。

根据热敏电阻的材料和组成结构，相对于金属热电阻来说，它有以下特点：具有更大的温度系数，一般是金属的十几倍，而且半导体材料可以有正或负的温度系数，可以根据需要选择；由于半导体电阻率大，因此可以制成极小的电阻元件，体积小，热惯性小，适合于测量点温、表面温度及快速变化的温度；结构简单，机械性能好，可根据不同要求制成各种形状；热敏电阻的最大缺点是非线性严重，复现性和交换性较差。

8.3.2 热敏电阻的工作原理

热敏电阻是利用半导体的电阻随温度变化的特性制成的测温元件，根据热敏电阻率随温度变化的特性不同，热敏电阻基本可以分为正温度系数（PTC）、负温度系数（NTC）和临界温度系数（CTR）三种类型，其特性如图 8-16 所示。

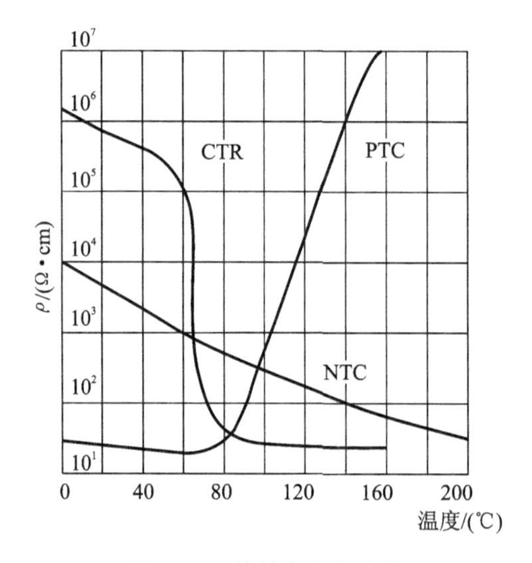

图 8-16 热敏电阻的特性

典型的 PTC 热敏电阻通常是在钛酸钡陶瓷中掺入稀土元素烧结而成的半导体陶瓷元件，具有较大的正温度系数，它的温度特性曲线呈非线性，如图 8-16 所示。它常用在电子线路中起限流和保护作用。当通过 PTC 热敏电阻的电流超过一定的额度，或 PTC 热敏电阻感受到温度超过一定的限度时，其电阻值突然增大，从而限制电流，起到保护作用。

CTR 热敏电阻以三氧化二钛与钡、硅等的氧化物，在磷、硅氧化物的弱还原气氛中混合烧结而成，具有负温度系数。通常 CTR 热敏电阻用树脂包封成珠状或者厚膜形使用，其电阻值为1 kΩ～10 MΩ。在某个温度值上电阻值会剧烈变化，具有开关特性，其主要用作温度开关。

NTC 热敏电阻研制得较早，使用也比较成熟，是常用的测温元件。它最常见的形式是由金属氧化物组成，比如由锰、钴、铁、镍、铜等多种金属的氧化物烧结而成，改变混合物的成分和配比，就可以获得测温范围、阻值及温度系数不同的 NTC 热敏电阻。NTC 热敏电阻通常具有很高的负电阻温度系数，在点温、表面温度、温差、温场等测量中广泛使用。下面主要讨论 NTC 热敏电阻的测温特性。

用于测量的NTC热敏电阻，在较小的温度范围内，电阻-温度特性符合负指数规律，其关系式为

$$R_T = R_0 e^{B\left(\frac{1}{T}-\frac{1}{T_0}\right)} = R_0 e^{B\left(\frac{1}{273+t}-\frac{1}{273+t_0}\right)} \tag{8-12}$$

式中：R_T 和 R_0 分别为热敏电阻在热力学温度 T 和 T_0 时的阻值，Ω；T_0 和 T 分别为介质的起始温度和变化终止温度，K；t_0 和 t 为介质的起始温度和变化温度，℃；B 为热敏电阻材料常数，一般为2000～6000 K，大小取决于制作热敏电阻的材料，通常可以通过实验方法计算得出。

若通过实验测得两个电阻值及相应的温度值，就可以利用式(8-13)求得 B 值。将 B 值代入式(8-12)就可以确定热敏电阻的温度特性，从而达到测量温度的目的。

$$B = \ln\left(\frac{R_T}{R_0}\right) \Big/ \left(\frac{1}{T}-\frac{1}{T_0}\right) \tag{8-13}$$

8.3.3 热敏电阻的伏安特性

静态情况下，热敏电阻上的端电压与通过热敏电阻的电流之间的关系称为伏安特性，它是热敏电阻的重要特性，如图8-17所示。

由图8-17可见，热敏电阻在电流较小的范围内，端电压与电流是成正比的，因为电流小时热敏电阻热效应不明显，温度没有显著升高，热敏电阻阻值只取决于环境温度，电压、电流的关系符合欧姆定律，利用这一段特性可以用来测量环境的温度。

当电流增加到一定数值时，电阻热效应开始显现出来，元件温度升高，阻值下降，故随着电流增加，端电压反而下降。这时热敏电阻所能升高的温度与环境条件（包括周围介质的温度及散热条件等）有关。当电流和周围介质温度一定时，热敏电阻的电阻值就取决于周围介质的流速、流量、密度等散热条件。因此，利用这个原理，可以用热敏电阻来测量流体的速度和介质的密度等物理量。

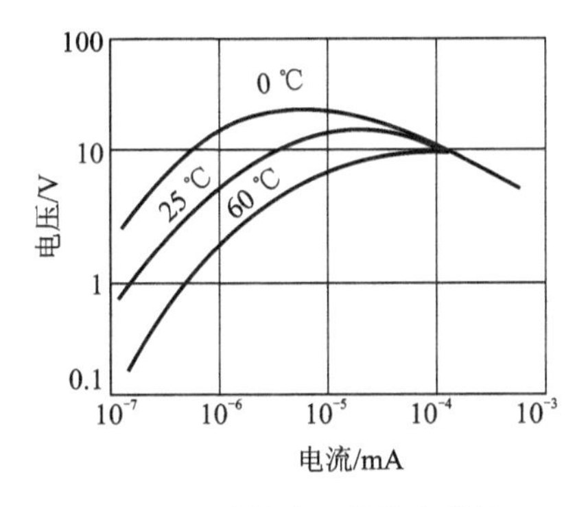

图8-17 热敏电阻的伏安特性

8.3.4 热敏电阻的主要参数

选用热敏电阻时，除了要考虑其特性、结构形式，尺寸、工作温度及一些特殊要求外，还要重点考虑热敏电阻的主要参数。它不仅是设计的主要依据，同时对热敏电阻的正确使用有很强的指导意义。

除了已经介绍的热敏电阻材料常数 B 以外，还有以下几个主要参数。

(1)标称电阻值 R_{H}:指环境温度为(25±0.2)℃时测得的电阻值,又称冷电阻,单位为 Ω。其大小取决于热敏电阻材料和几何尺寸。

(2)耗散系数 H:指热敏电阻的温度与周围介质的温度相差 1 ℃时热敏电阻所耗散的功率,单位为 W /℃。在工作范围内,当环境温度变化时,H 随之变化。此外,H 的大小还和电阻体的结构形状及所处环境有关,因为这些都会影响电阻体的热传导。

(3)电阻温度系数 α:指热敏电阻温度变化 1 ℃时,阻值的变化率。通常指温标为 20 ℃时的温度系数,单位为%/℃。

(4)热容量 C:指热敏电阻的温度变化 1 ℃所需吸收或释放的热量,单位为 J/℃。

(5)能量灵敏度 G:指使热敏电阻的阻值变化 1%所需耗散的功率,单位为 W,G 与 H 和 α 满足 $G=H/\alpha$。

(6)时间参数 τ:指温度为 T_0 的热敏电阻突然置于温度为 T 的介质中,热敏电阻的温度增量为 $\Delta T=0.63(T-T_0)$ 时所需的时间,亦即热容量 C 与耗散系数 H 之比 $\tau=C/H$。

(7)额定功率 P_{E}:指在规定的技术条件下,热敏电阻长期连续使用所允许的耗散功率,单位为 W。在实际使用时,热敏电阻所消耗的功率不得超过额定功率。

8.3.5 热敏电阻的测量电路

由于 NTC 热敏电阻是烧结半导体,其特性参数有一定的离散性,导致它的互换性较差。此外,其热电特性的非线性较大,也影响了热敏电阻式传感器测量精度的提高。为了克服热敏电阻式传感器的上述缺点,改善其性能,通常在热敏电阻上串、并联固定电阻,做成组合式元件来代替单个的热敏元件,使组合式元件电路特性参数保持一致并获得一定程度的线性特性。图 8-18 给出了几种组合式元件及其热电特性曲线。

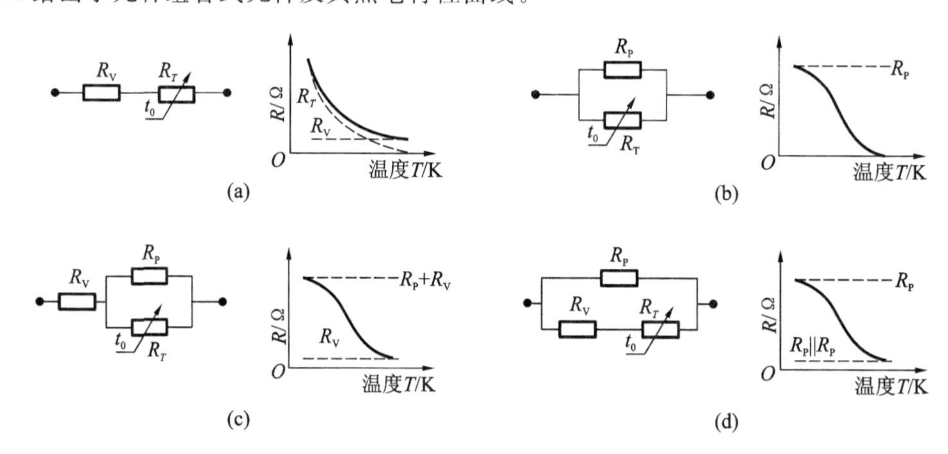

图 8-18 几种组合式元件及其热电特性曲线

热敏电阻测量电路有分压测量电路和电桥电路两种。

8.3.6 热敏电阻的应用

由于热敏电阻具有许多优点,因此热敏电阻式传感器的应用范围很广,可以在宇宙飞船、医学、工业及家用电器等领域用作测温、控温、温度补偿、测流速和流量、液面指示等。下面介绍一些主要的用途。

1. 温度测量

热敏电阻点温计的结构原理如图 8-19 所示。使用时，先将切换开关 S 旋到 1 处，接通校正电路，调节 R_6，使显示仪表的指针转自测量上限，用于消除由于电源 E 变化而产生的误差。当热敏电阻感温元件插入被测介质后，再将切换开关 S 旋到 2 处，接通测量电路，这时仪表显示的值即为被测介质的温度值。

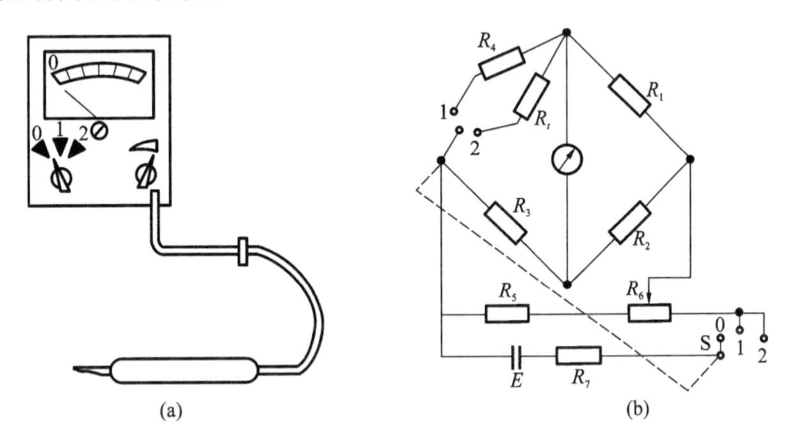

图 8-19　热敏电阻点温计的结构原理

2. 温度控制

图 8-20 所示的是一种简易的温度控制器，由 VR 设定动作温度。其工作原理如下：当要控制的温度比实际温度高时，VT_1 的 b、e 间电压大于导通电压，VT_1 导通，相继 VT_2 也导通，继电器吸合，电阻丝加热。当实际温度达到要求控制的温度时，由于 R_t（NTC 型）的阻值降低，故 VT_1 的 b、e 间电压过低（小于 0.6 V），VT_1 截止，相继 VT_2 也截止，继电器断开，电阻丝断电而停止加热。这样就达到了控制温度的目的。

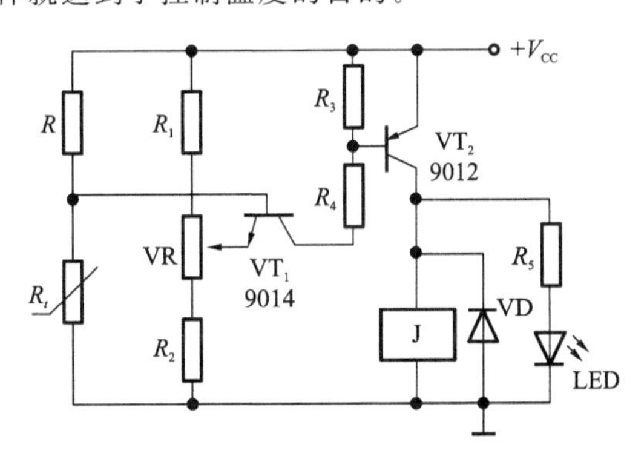

图 8-20　简易的温度控制器

3. 温度补偿

仪表中通常用的一些零件多数是用金属丝做成的，比如线圈、绕线电阻等。金属一般具有正的温度系数，采用负温度系数的热敏电阻进行补偿，可以抵消由于温度变化所产生的误差。实际应用中，通常为了避免补偿或欠补偿，将负温度系数的热敏电阻与锰铜丝并联后再与被补偿的元件串联，如图 8-21 所示。

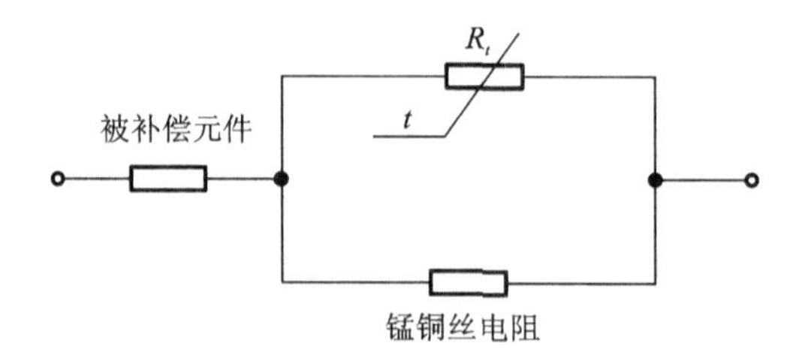

图 8-21　仪表中的电阻温度补偿电路

4. 测量流量

利用热敏电阻的热量消耗和介质流速的关系，可以测量流量、流速、风速等。图 8-22 所示的为热敏电阻式流量计。热敏电阻 R_{t1} 和 R_{t2} 分别置于管道中央不受介质流速影响的小室中。当介质处于静止状态时，电桥平衡，桥路输出为零；当介质流动时，将 R_{t1} 的热量带走，导致 R_{t1} 温度变化，桥路就有相应的输出量。介质从 R_{t1} 上带走的热量与介质的流量有关，所以可以利用 R_{t1} 测流量。

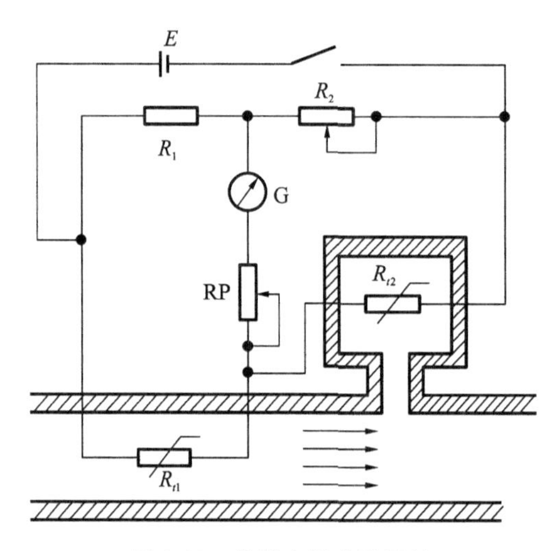

图 8-22　热敏电阻式流量计

采用半导体二极管制成的温度传感器有结构简单、价廉的优点，用它可制成半导体温度计，测温范围为 0～50 ℃。用三极管制成的温度传感器测量精度高，测温范围较宽，在 −50 ℃至 150 ℃之间，因而可用于工业、医疗等领域的测温仪器或系统，而且具有很好的长期稳定性。

8.4　集成温度传感器

在研究二极管温度特性的同时，人们发现三极管发射极的温度特性与二极管温度特性相似，但三极管比二极管有更好的线性和互换性。晶体管温度传感器在 20 世纪 70 年代就已实用化。集成温度传感器是 20 世纪 80 年代问世的半导体集成器件，它是把热敏晶体管和放大器、偏置电源及线性电路制作在同一芯片上，可以完成温度测量及模拟信号输出的专用 IC 器件。

集成温度传感器利用三极管 PN 结的电流、电压特性与温度的关系进行温度测量。由于 PN 结耐热性能的限制，其测量温度一般在 150 ℃以下。集成温度传感器具有体积小、反应快、线性性好、价格低的优点，目前在国内外都有普遍的应用。

集成温度传感器大致划分为模拟式、逻辑输出式和数字式三大类。其中模拟式又分为电压型（LM34 等）和电流型（AD590 等）两种。

思　考　题

1. 简述热电偶的工作原理。

2. 试用热电偶的基本原理证明热电偶的中间导体定律。

3. 简述热电偶冷端补偿的必要性。常用的冷端补偿有哪几种方法？

4. 简述热电偶冷端补偿导线的作用。

5. 热电阻温度计的测温原理是什么？

6. 什么是电阻温度计的三线制连接，有何优点？

7. 半导体热敏电阻按温度系数的分类有哪些？简述各类型的主要用途。

8. 在一测温系统中，用铂铑-铂热电偶测温，当冷端温度为 30 ℃时，在热端测得热电势为 6.63 mV，求被测对象的真实温度。

第 9 章　光电传感器

光电传感器将被测量的变化转换成光信号的变化，再利用光电元件转换成电信号。光电传感器是非接触测量传感器，其结构简单、形式多样、可靠性高、反应快，可测量的参数种类多。随着新光源、新光电元件的相继出现和成功应用，光电传感器在检测和控制领域得到了广泛应用。

9.1　光源

光源是光电传感器的必要组成部分，良好的光源是保障光电传感器性能的重要前提。

光电传感器一般由光源、光学通路和光电元件和测量电路四部分组成，如图 9-1 所示。根据被测量引起光变化的方式和途径的不同，可以分两种情形：一种是被测量 X_1 直接引起光源变化，改变了光量 Φ_1，从而实现对被测量的测量；另一种是被测量 X_2 对光通路产生作用，从而影响到达光电元件的光量 Φ_2，也可以实现对被测量的测量。测量电路主要是对光电元件输出的电信号进行放大或转换。

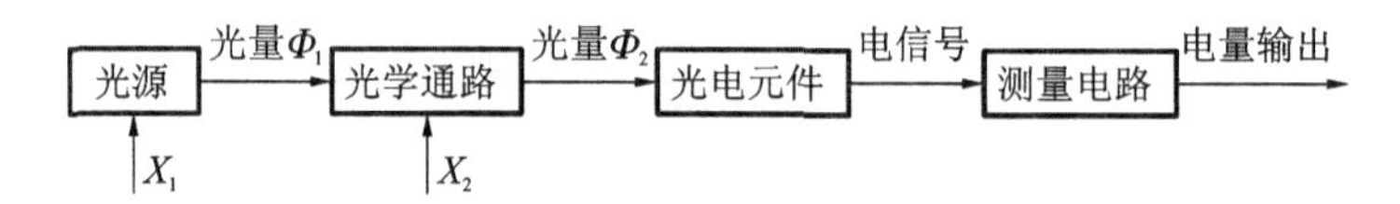

图 9-1　光电传感器的组成

光电元件作为转换元件，能把光信号（可见光、红外及紫外光辐射）转变成为电信号。可用于检测直接引起光量变化的非电量，如光照度、光强、热辐射、气体成分等；也可用来检测能间接转换为光量变化的其他非电量，如位移、速度、加速度、振幅、零件尺寸、表面粗糙度等。

9.1.1　光的产生

光是人们最熟悉的物质。从广义上说，光一般指光辐射，按波长可分为 X 射线、紫外线、可见光和红外光。从狭义上说，人们常说的光指的是可见光，其波长范围是 380～780 nm。

物体发光有两种基本形式：热辐射和发光辐射。热辐射也称温度辐射，众所周知，自然界中的任何物体，只要温度高于绝对零度，就会不断发射电磁辐射，称为热辐射。发光辐射则需要物体在特定环境下受外界激发以获得能量而产生辐射。激励可以使发光物质发光，外界所提供的激励有多种形式，常见的有电致发光、光致发光、化学发光和热发光等。

不同波长的光的频率各不相同，但都具有反射、折射、散射、衍射、干涉和吸收等性质。

光的波长与频率的关系由光速确定，真空中的光速 $c=2.99793\times10^8$ m/s，通常取 $c\approx3\times10^8$ m/s。

光的波长 λ 和频率 γ 的关系为

$$\lambda\gamma=3\times10^8\ \text{m/s} \tag{9-1}$$

式中：γ 的单位为 Hz；λ 的单位为 m。

9.1.2　光源

光源的种类非常多，分类方式各异。根据来源不同，光源可以分为自然光源和人造光源。在自然过程中产生的辐射源(包括太阳、星星、恒星等)为自然光源。人造光源是人为地将各种形式的能量转化为光辐射能的器件，可以弥补自然光源的不可控性，因此经常作为检测用光源。

1. 白炽灯

白炽灯中最常用的是钨丝灯。在电流作用下钨丝通电加热产生热辐射发光。白炽灯的辐射光谱是连续的，且产生的光谱线较丰富，包括可见光和红外光，使用时常加用滤色片来获得不同窄带频率的光，所以任何光敏元件都能和它配合接收到光信号。白炽灯规格众多，具有结构简单、造价低廉的特点，因此应用普遍。

2. 气体放电光源

气体放电光源是利用电流通过气体产生发光现象制成的灯，通过高压使气体电离放电产生很强的光辐射。气体放电光源不像钨丝灯那样通过加热灯丝而发光，因此被称为冷光源。

气体放电光源的光谱是线光谱或带状光谱，具体结构与气体的种类及放电条件有关。改变气体的成分、压力、阴极材料和放电电流大小，可得到主要在某一光谱范围的辐射。气体放电光源的光谱是不连续的，要持续向外辐射光，不仅要维持其温度，还有赖于气体的原子或分子的激发过程。

低压汞灯、氢灯、钠灯、镉灯、氦灯都是光谱仪器中常用的气体放电光源，统称为光谱灯，常用作单色光源，其消耗的能量仅为白炽灯的 1/3～1/2。

3. 发光二极管

发光二极管(LED，light emitting diode)是少数载流子在 PN 结区注入与复合而引起发光的半导体元件。与钨丝灯相比，发光二极管具有工作电压低、体积小、功率低、响应速度快、寿命长、便于与集成电路相匹配的优点，因此获得了广泛的应用。

在半导体 PN 结中，P 区的多数载流子空穴由于扩散而移动到 N 区，N 区的多数载流子电子则扩散 P 区，在 PN 结处形成势垒(内电场)，从而抑制了空穴和电子的继续扩散。当 PN 结上加有正向电压时，势垒(内电场)降低，电子由 N 区注入 P 区，空穴则由 P 区注入 N 区，称为少数载流子注入。注入 P 区里的电子和 P 区里的空穴复合，注入 N 区的空穴和 N 区的电子复合，并释放出一定的复合能量，这些能量以光子形式放出，因而有发光现象。

发光二极管通常采用砷化镓和磷化镓两种材料固溶体，写作 $\mathrm{GaAs}_{1-x}P_x$，x 代表磷化镓的比例，x 值决定了发光波长，使 λ 在 550 nm 至 900 nm 间变化。

1)伏安特性

发光二极管的伏安特性与普通二极管的相似。当正向电压大于开启电压时，电流急剧上升。不同材料 PN 结的禁带宽度不同，开启电压也不同。图 9-2 所示的为磷化镓砷发光二极管的伏安特性曲线，红色的约在 1.7 V 开启，绿色的约在 2.2 V 开启。

一般而言，发光二极管的反向击穿电压大于 5 V。

2)光谱特性

发光二极管的光谱特性如图 9-3 所示。因材质成分稍有差异，磷化镓砷的光谱特性曲线有两根，具有不同的峰值波长 λ，峰值波长决定了发光颜色。在光谱特性曲线上，峰值波长的两侧，可以找到两个恒等于峰值波长所对应的发光强度一半的点，此两点所对应的谱线宽度称为该发光二极管的带宽 $\Delta\lambda$，它决定光的色彩纯度。$\Delta\lambda$ 越小，光色越纯。

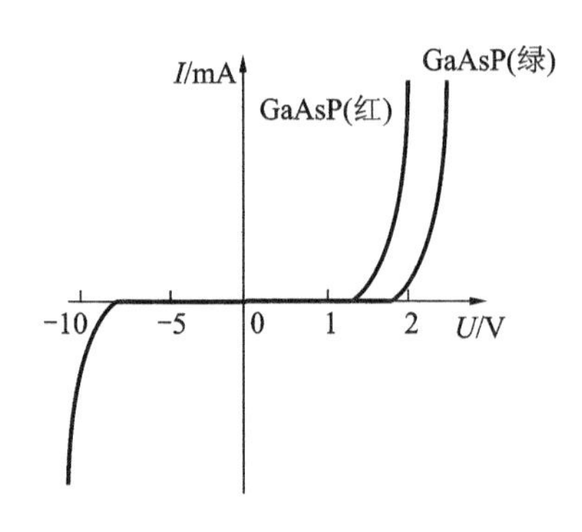

图 9-2　发光二极管的伏安特性

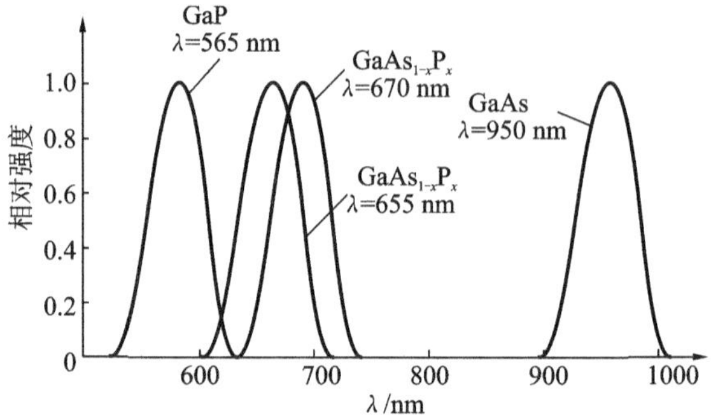

图 9-3　发光二极管的光谱特性

3）发光特性

发光二极管的发光强度随正向电流变化的变化规律曲线如图 9-4 所示，电流在几十毫安以内，发光强度基本与正向电流呈线性关系，但随着电流的进一步增大，发光二极管亮度逐渐饱和，甚至损坏器件。

发光强度还受环境温度影响。当环境温度较高时，因为发光二极管具有一定的正向电阻，产生一定的热损耗，所以发光强度不再继续随着电流成比例增加，会出现热饱和现象。

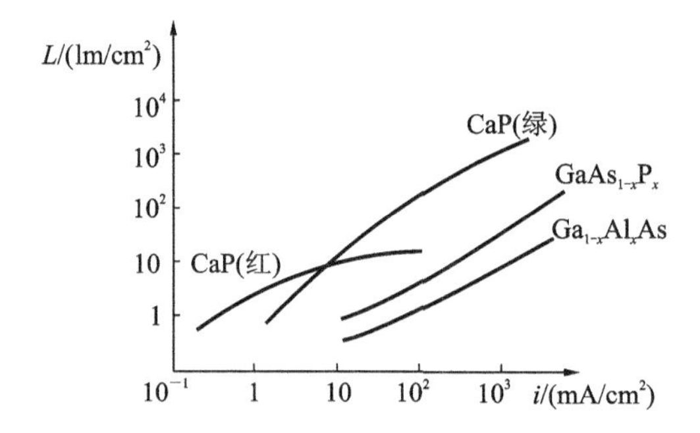

图 9-4　发光二极管发光强度随正向电流变化的曲线

4. 激光器

激光器是 20 世纪 60 年代出现的一种新型的发光器件，与普通光源有显著区别，具有高方向性、单色性好和高亮度三个重要特点。激光波长从 0.24 μm 到远红外整个光频波段范围。

激光器种类繁多，按工作物质分为以下几类：

1）固体激光器

固体激光器所使用的工作物质是具有特殊能力的高质量的光学玻璃或光学晶体，里面掺入具有发射激光能力的金属离子。最典型的应用是红宝石激光器，它是 1960 年人类发明的第一台激光器。同种晶体因掺杂不同而能构成具有不同特征的激光器材料，除了红宝石激光器外，常见的固体激光器还有掺钕的钇铝榴石激光器（简称 YAG 激光器）和钕玻璃激光器等。

固体激光器的特点是小而坚固、功率高。钕玻璃激光器是目前脉冲输出功率最高的器件，其输出功率已达到几十太瓦。

2)气体激光器

气体激光器的工作物质是气体。与其他激光器相比，气体激光器是目前可采用的工作物质最多的，包括各种原子、离子、金属蒸气、气体分子，其激励方式最多样，可发射的波长也最多。

常用的气体激光器有氦氖激光器、氩离子激光器、氪离子激光器，以及二氧化碳激光器、准分子激光器等，其形状像普通放电管的一样，能连续工作，单色性好。

3)半导体激光器

半导体激光器的工作物质是半导体材料，如砷化镓 GaAs、硫化镉 CdS 等。半导体激光器的优点是体积小、重量轻、寿命长、结构简单；其缺点是输出功率较小。半导体激光器可应用在飞机、军舰、坦克上，也可由步兵随身携带，如在飞机上作测距仪来瞄准敌机。

4)液体激光器

液体激光器的工作物质是液体，按工作物质可分为两类：有机染料激光器和无机化合物液体激光器。液体激光器的最大特点是发出的激光波长可在一段范围内连续调节，而且不会降低效率，因此能起到其他激光器不能起的作用。

9.2　光电效应

光的粒子学说认为光是由具有一定能量的粒子组成的，每个光子的能量与其频率大小成正比，故光的频率越高(即波长越短)，光子的能量越大。光照射在物体上会产生一系列的物理或化学效应，比如光电效应、光热效应、光合效应等。光电传感器的理论基础就是光电效应，即光照射在物体上可以看成是一连串具有能量的粒子轰击在物体上，物体由于吸收能量而产生电效应的物理现象。

根据产生电效应的物理现象不同，光电效应大致可以分为两类：外光电效应和内光电效应。

9.2.1　外光电效应

在光线的作用下，物体内的电子逸出物体表面向外发射的现象称为外光电效应，向外发射的电子称为光电子，故又称外光电效应为光电子发射效应。基于外光电效应制成的光电元件有很多，主要有光电管、光电倍增管、光电摄像管等。

光子是具有能量的粒子，每个光子的能量

$$E=h\gamma \tag{9-2}$$

式中：h 为普朗克常数，$h=6.626\times10^{-34}$ J·s；γ 为光的频率。

根据爱因斯坦假设，一个电子只能接受一个光子的能量。当金属中电子吸收的入射光子的能量足以克服金属表面束缚，即大于金属表面逸出功 A 时，电子就会逸出金属表面，产生光电子发射。根据能量守恒定律可知

$$\frac{1}{2}mv^2 = h\gamma - A \tag{9-3}$$

式中：m 为电子质量；v 为电子逸出初速度。该式称为爱因斯坦光电效应方程。

由式(9-3)可知：

(1)光电子能否产生取决于光电子的能量是否大于该物体的表面电子逸出功 A。不同的物质具有不同的逸出功，这意味着每一个物体都有一个对应的光频阈值，称为红限频率。当光线频率低于红限频率时，光子能量不足以使物体内的电子逸出，因而小于红限频率的入射光，即使其光强再大，也不会产生光电子发射；反之，当入射光频率高于红限频率时，即使光线微弱，也会有光电子射出。

(2)当入射光的频谱成分不变时，产生的光电流与光强成正比，即光强越大，入射光子的数目越多，逸出的电子数也越多。

(3)光电子逸出物体表面具有初始动能，因此外光电效应器件(如光电管)即使没有加阳极电压，也会有光电流产生。为了使光电流为零，必须加负的截止电压，而且截止电压与入射光的频率成正比。

外光电效应多发生于金属和金属氧化物，因为一个光子的能量只能传给一个电子，所以电子吸收能量不需要积累能量的时间，从光开始照射至金属释放电子所需时间不超过 10^{-9} s。

9.2.2 内光电效应

内光电效应是当光照射在半导体物体上，使物体的电阻率发生变化，或产生光生电动势的现象。根据工作原理的不同，内光电效应分为光电导效应和光生伏特效应两类。

1. 光电导效应

在光线作用下，半导体材料价带中的电子吸收光子能量。当光子能量大于或等于半导体材料的禁带宽度时，自由电子会通过禁带跃入导带，使导带内电子浓度和价带内空穴增多，增加了载流子的浓度，从而引起材料电导率变化，这种现象称为光电导效应。基于光电导效应制成的光电元件有光敏电阻、光敏二极管、光敏晶体管和光敏晶闸管等。

由此可知，材料的光导性能取决于禁带宽度。为了实现能级的跃迁，入射光的能量必须大于光电导材料的禁带宽度 E_g，即

$$h\gamma = h\frac{c}{\lambda} > E_g \tag{9-4}$$

半导体锗的 $E_g = 0.7$ eV。

2. 光生伏特效应

光生伏特效应利用光势垒效应，是指在光照作用下，物体两端产生一定方向的电动势的现象。基于光生伏特效应制成的光电元件主要是光电池。

图 9-5(a)所示的为 PN 结处于热平衡状态的势垒，当光线照射在 PN 结时，若光子能量大于其禁带宽度，则价带中的电子跃入导带，产生电子-空穴对，被光激发的电子在 PN 结阻挡层内电场的作用下移向 N 区外侧，被光激发的空穴移向 P 区外侧，从而使 P 区带正电、N 区带负电，形成光电动势 U，如图 9-5(b)所示。这种现象就是 PN 结的势垒效应。

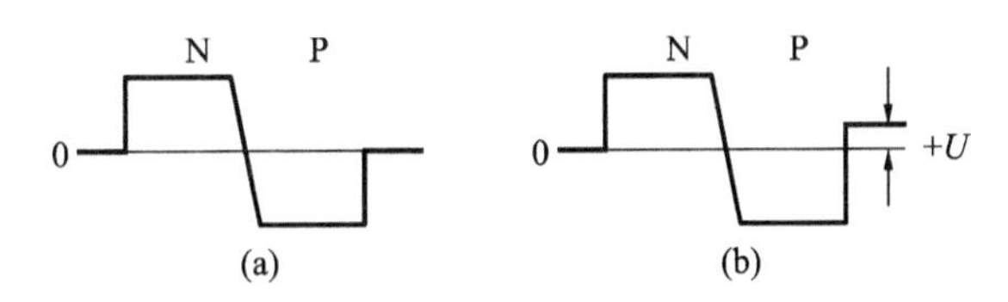

图 9-5　PN 结的势垒效应

9.3　光敏电阻

9.3.1　光敏电阻的结构和工作原理

光敏电阻用具有内光电效应的半导体材料制成，为纯电阻元件，使用时既可以加直流电压，也可以加交流电压。常用的半导体除用硅、锗外，还可以用硫化镉、硫化铅、硒化镉、硒化铟等材料。

无光照时，光敏电阻（暗电阻）很大，电路中电流（暗电流）很小。在光敏电阻两端的金属电极间加上电压，就有电流通过，光敏电阻受到一定波长范围的光照时，其阻值随光照强度增加而减小，从而实现光电转换。光敏电阻的原理结构图如图 9-6 所示。

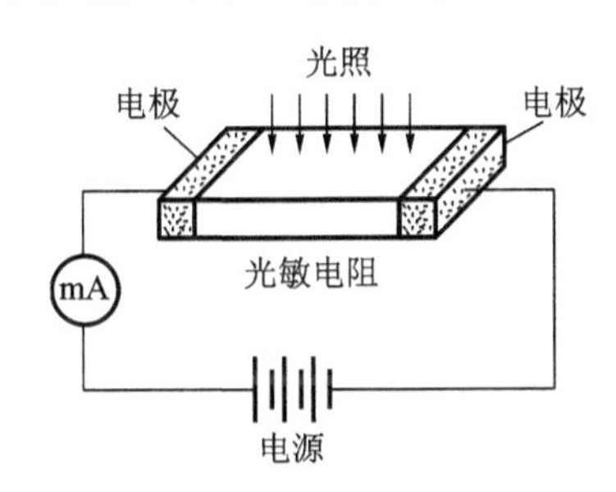

图 9-6　光敏电阻的原理结构图

光敏电阻的结构及符号如图 9-7 所示。光敏电阻是薄膜元件，通过涂敷、喷涂、烧结等方法覆在陶瓷衬底上，然后在材料两端接出引线，封装在具有透光镜的密封壳体内，以免受潮影响其灵敏度。为了获得高的灵敏度，光敏电阻的电极一般采用梳状图案。

光敏电阻具有很多优点：灵敏度高、体积小、重量轻，光谱特性好，光谱响应可从紫外区到红外区范围内，而且性能稳定、价格便宜，因此应用比较广泛。

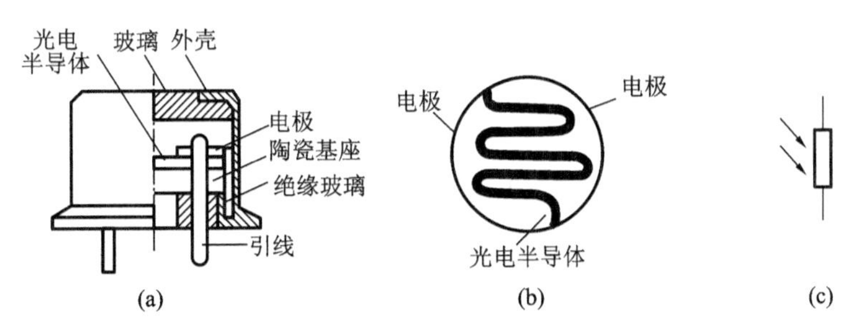

图 9-7　光敏电阻的结构及符号

9.3.2 光敏电阻的主要参数和基本特性

光敏电阻的主要参数和基本特性如下。

1. 光电流

光敏电阻在室温且不受光线照射的情况下，经过一定稳定时间之后，所测得的电阻值称为暗电阻，此时流过光敏电阻的电流称为暗电流。例如，MG41-21 型光敏电阻的暗电阻大于或等于 0.1 MΩ。

光敏电阻在室温且受到光线照射的情况下，所测得的电阻值称为亮电阻，此时流过光敏电阻的电流称为亮电流。MG41-21 型光敏电阻的暗电阻小于或等于 1 kΩ。

亮电流与暗电流之差称为光电流。

光敏电阻的亮电阻越小越好，暗电阻越大越好，即亮电流要大，暗电流要小，这样光电流才可能大，光敏电阻的灵敏度才会高。为了提高光敏电阻的灵敏度，应尽量减小电极间的距离。

2. 伏安特性

在一定照度下，光敏电阻两端所加的电压与电流之间的关系称为伏安特性。

如图 9-8 所示，光敏电阻伏安特性近似直线，光照强度较大，光电流也越大。在一定的光照度下，所加的电压越大，光电流越大，而且无饱和现象。但是在使用的时候，电压不能无限地增大，因为任何光敏电阻都受额定功率、最高工作电压和额定电流的限制，超过限制可能导致光敏电阻永久性损坏。图 9-8 中虚线为允许功耗曲线，由此可确定光敏电阻的正常工作电压。

3. 光照特性

光敏电阻的光电流和光照度之间的关系称为光照特性。不同类型光敏电阻的光照特性是不同的，但光照特性曲线均呈非线性性，如图 9-9 所示。因此光敏电阻不宜作定量检测元件，这是光敏电阻的一个缺点，一般在自动控制系统中用作光电开关。

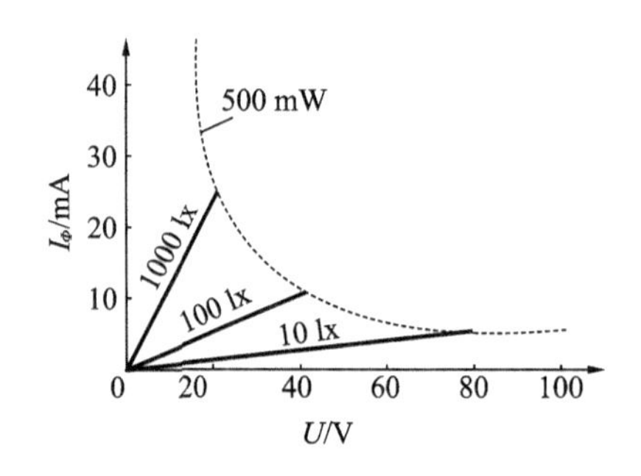

图 9-8　光敏电阻伏安特性

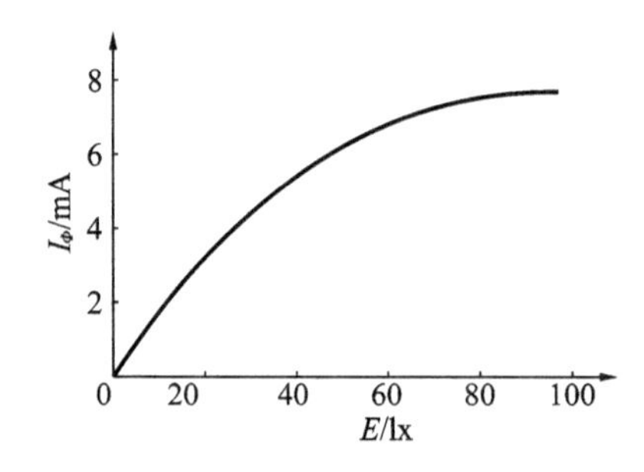

图 9-9　光敏电阻光照特性

4. 光谱特性

光敏电阻对于不同波长的入射光，其相对灵敏度是不同的。光敏电阻的相对灵敏度 K_r 与入射光波长 λ 之间的关系，称为光谱响应特性。

图 9-10 表示几种不同材料制成的光敏电阻的相对光谱特性。其中只有硫化镉的光谱响应峰值处于可见光区，而硫化铅的峰值在红外区域，因此为了提高光电传感器的灵敏度，对包含光源与光电元件的传感器，应根据光电元件的光谱特性选择匹配的光源和光电元件。对于

被测物体同时作为光源的传感器，则应按被测物体辐射的光波波长选择光电元件。

5. 频率特性

光敏电阻的频率特性是指输出电信号与调制光频率变化的关系。

当光敏电阻受到脉冲光照射时，光电流要经过一段时间才能达到稳定值，而在停止光照后，光电流也不立刻为零，这就是光敏电阻的时延特性。由于不同材料的光敏电阻时延特性不同，因此它们的频率特性也不同。如图9-11所示，硫化铅的使用频率比硫化铊高得多，但多数光敏电阻的时延都比较大，所以，它不能用在要求快速响应的场合。光敏电阻的响应时间一般为 10^{-3}～10^{-1} s。

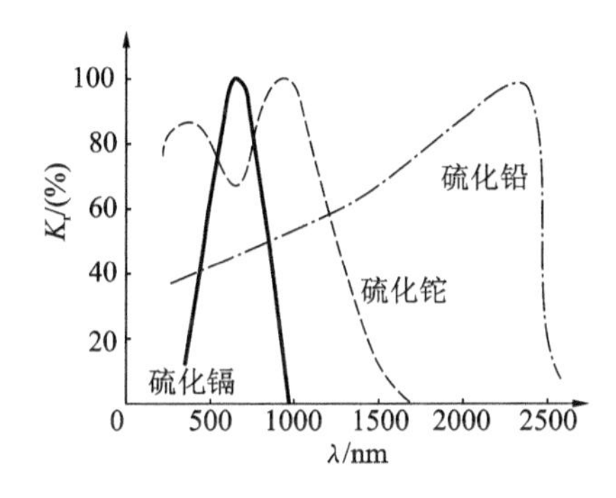

图9-10　光敏电阻光谱特性

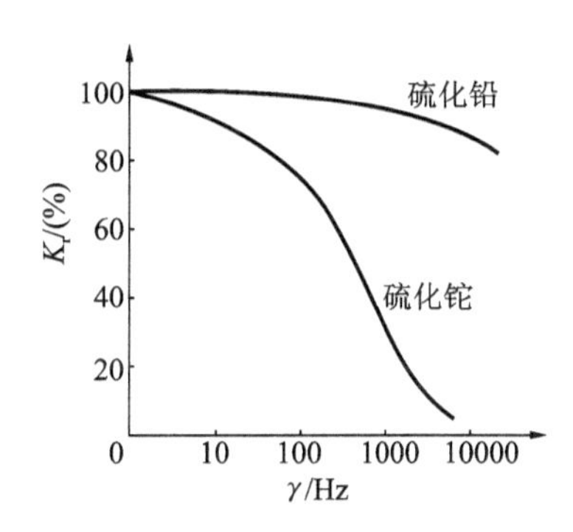

图9-11　光敏电阻频率特性

6. 温度特性

光敏电阻容易受温度的影响。随着温度的升高，其暗电阻和灵敏度下降，光谱特性曲线的峰值向波长短的方向移动。硫化镉光敏电阻的温度特性曲线如图9-12所示。有时为了提高灵敏度，或为了能够接收较长波段的辐射而采取降温措施。例如，可利用制冷器使光敏电阻的温度降低。

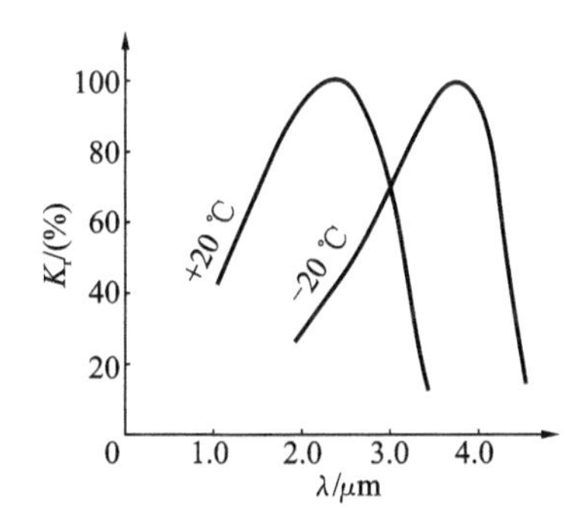

图9-12　硫化镉光敏电阻的温度特性

9.3.3　光敏电阻的测量电路与应用

1. 光敏电阻的测量电路

图9-13所示的为光敏电阻开关电路，三极管 VT_1、VT_2 构成施密特触发电路。当减少入射光到光敏电阻上的光通量时，VT_1 的基极电压上升，直到管子导电为止，然后 VT_2 由于反馈

而变为截止状态，因此其集电极电压上升，直至达到 12.7 V 左右为止。在 12 V 时，稳压二极管 DZ_1 便导电，通过 DZ_1 的电流使得 VT_3 导通，于是继电器被接通。稳压二极管 DZ_2 阻尼继电器线圈振荡，对 VT_3 起保护作用。50 kΩ 的电位器可以对灵敏度进行调整。

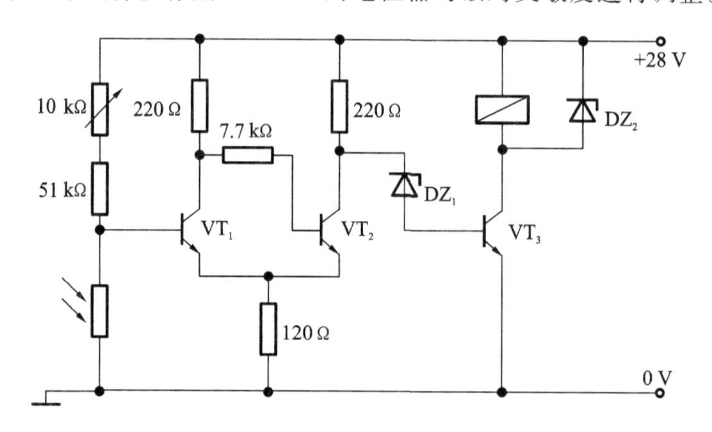

图 9-13　光敏电阻开关电路

2. 光敏电阻的应用

光敏电阻常用于各种光控电路，如对灯光的控制和调节、光控开关等。

1）光敏电阻调光电路

图 9-14 所示的是一种典型的光控调光电路，实现检测环境光照并自动调节灯光的照度。其工作原理是：当环境光照变弱时，光敏电阻 R_G 的阻值增加，使加在电容 C 上的分压上升，进而使晶闸管的导通角增大，达到增大照明灯两端电压的目的。反之，若周围的光线变强，则 R_G 的阻值下降，导致晶闸管的导通角变小，照明灯两端电压也同时下降，使灯光变暗，从而实现对灯光照度的控制。

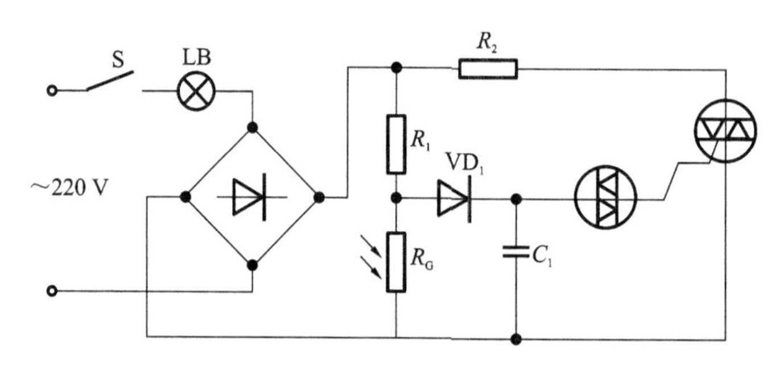

图 9-14　光控调光电路

2）光敏电阻式光控开关

以光敏电阻为核心元件的带继电器控制输出的光控开关电路有许多形式。图 9-15 所示的是一种简单的暗激发继电器开关电路。其工作原理是：当照度下降到设置值时，光敏电阻阻值上升会激发 VT_1 导通，VT_2 的激励电流使继电器工作，常开触点闭合，常闭触点断开，实现对外电路的控制。

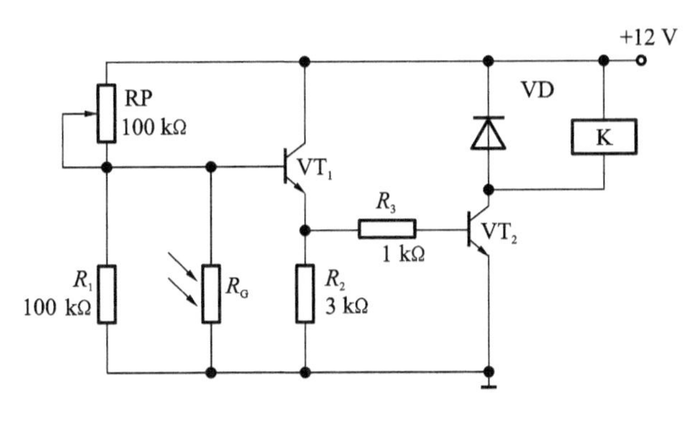

图 9-15　暗激发继电器开关电路

9.4　光敏晶体管

光敏晶体管通常指光敏二极管和光敏三极管，它们的工作原理也是基于内光电效应，和光敏电阻的区别在于光线照射在半导体 PN 结上，PN 结参与了光电转换过程。

9.4.1　光敏晶体管的结构和工作原理

1. 光敏二极管

光敏二极管的基本结构与一般二极管的相似，它装在透明玻璃外壳中，其 PN 结装在管顶，可直接受到光照射。光敏二极管的结构及符号如图 9-16(a)所示。光敏二极管在电路中一般处于反向偏置状态，如图 9-16(b)所示。

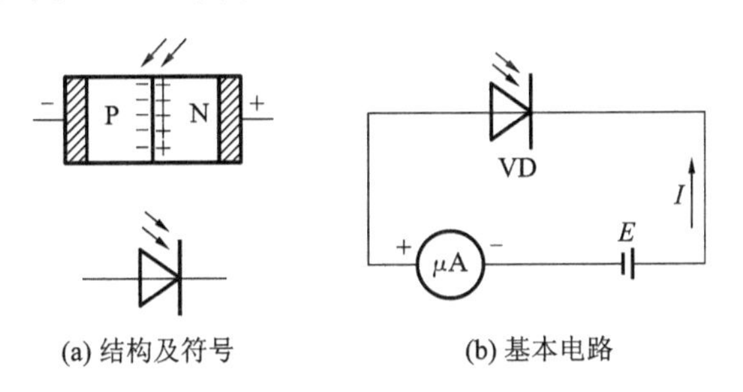

图 9-16　光敏二极管

在没有光照时，光敏二极管的反向电阻很大，处于截止状态，反向电流很小，这个电流称为暗电流。

当受光照射时，PN 结附近受光子轰击，吸收其能量而产生电子-空穴对，从而使 P 区和 N 区的少数载流子浓度大大增加，因此在外加反向偏压和内电场的作用下，分别在两个方向上渡越 PN 结，从而使通过 PN 结的反向电流大为增加，形成光电流。

光的照度越大，产生电子-空穴对的浓度越大，光电流越大。光敏二极管能把光信号转换成电信号。

2. 光敏三极管

光敏三极管的符号如图 9-17 所示。光敏三极管内部有两个 PN 结，与普通三极管类似，也分为有 PNP 型和 NPN 型。和普通三极管不同的是，它的发射极一边尺寸很小，以扩大光照面积，且其基极无引出线。其结构及符号如图 9-17(a)所示。

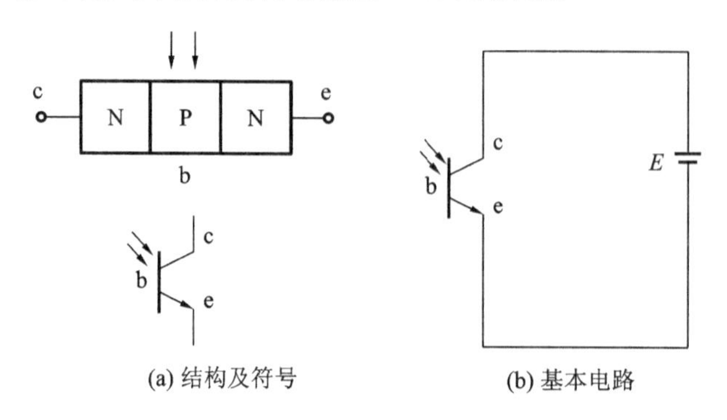

图 9-17　光敏三极管

当光敏三极管按图 9-17(b)所示的电路连接时，集电极反向偏置，发射结正向偏置。无光照时仅有很小的穿透电流流过。当光线通过透明窗口落在集电极上时，集电极反偏，发射极正偏。与光敏二极管相似，入射光在集电极附近产生电子-空穴对，电子受集电极电场的吸引流向集电区，基区中留下的空穴会使其电位升高，致使电子从发射区流向基区。由于基区很薄，故只有一小部分从发射区注入的电子与基区的空穴复合，而大部分的电子穿越基区流向集电极。这一段过程与普通三极管放大过程相似。

光敏三极管有放大作用，集电极电流 I_c 是原始光电流的 β 倍，因此光敏三极管比光敏二极管灵敏度高许多倍。

9.4.2　光敏晶体管的主要参数和基本特性

光敏晶体管的主要参数和基本特性如下。

1. 伏安特性

光敏三极管的伏安特性如图 9-18 所示。光敏三极管在不同照度下的伏安特性与普通三极管在不同基极电流下的输出特性类似，只要将入射光在基极与发射极之间的 PN 结附近产生的光电流看成基极电流，就可以把光敏三极管当作普通三极管来看待。

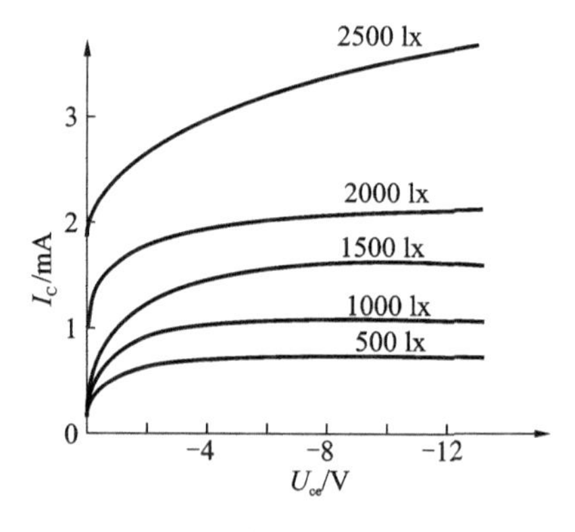

图 9-18　光敏三极管的伏安特性

2. 光谱特性

光敏晶体管的光谱特性曲线如图 9-19 所示。从曲线可以看出，不同材料制成的光敏晶体管的光谱峰值波长不同，硅管的峰值波长约为 0.9 μm，锗管的峰值波长约为 1.5 μm，此时灵敏度最大。当入射光的波长增加或缩短时，相对灵敏度下降。一般来说，锗管的暗电流较大，性能较差，故在可见光或探测炽热状态物体时，一般都用硅管。但对红外光进行探测时，锗管较为适宜。

3. 光照特性

光敏晶体管的光照特性曲线如图 9-20 所示。光敏晶体管的输出电流和照度之间近似呈线性关系，它的灵敏度和线性度均好，因此在军事、工业自动控制和民用电器中应用极广，既可作线性转换元件，也可作开关元件。

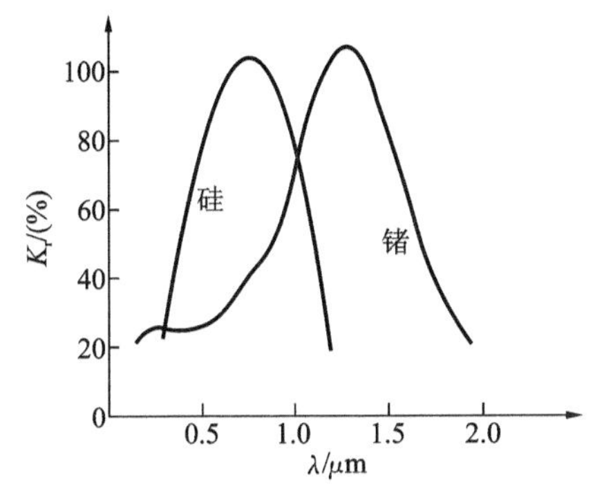

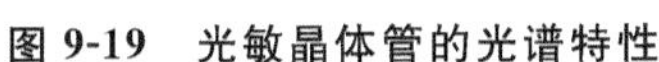
图 9-19　光敏晶体管的光谱特性

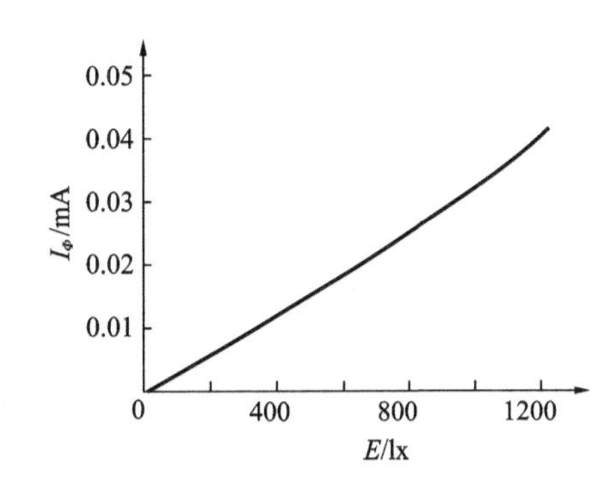

图 9-20　光敏晶体管的光照特性

4. 温度特性

光敏晶体管的温度特性曲线如图 9-21 所示。温度变化对光敏晶体管的亮电流影响较小，但是对暗电流的影响却十分显著。因此，光敏晶体管在高照度下工作时，由于亮电流比暗电流大得多，温度对暗电流的影响相对较小。但是在低照度下工作时，因为亮电流较小，暗电流随温度变化会对输出信号的温度稳定性有严重影响。硅管的暗电流比锗管的小几个数量级，故在这种情况下，应选用硅管，同时还可以在电路中采取适当的温度补偿措施，或者对光信号进行调制，对输出的电信号采用交流放大，利用电路中隔直电容的作用，就可以隔断暗电流，消除温度的影响。

5. 频率特性

光敏晶体管的频率特性如图 9-22 所示。光敏三极管的频率特性受负载电阻的影响，减小负载电阻可以提高频率响应，但输出降低。一般来说，光敏三极管的频率响应比光敏二极管的差得多，锗光敏三极管的响应频率比硅光敏三极管的小一个数量级。

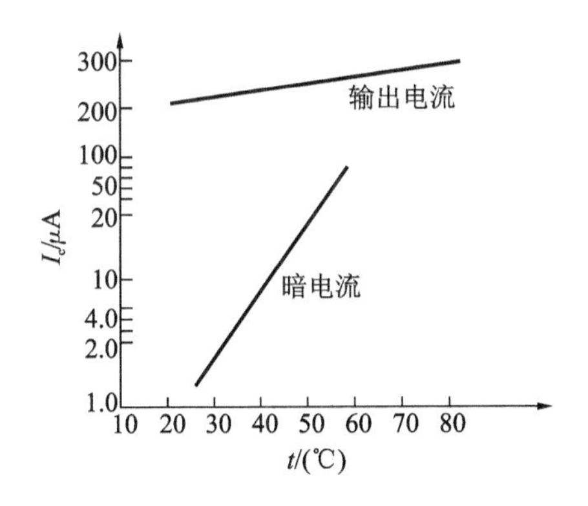

图 9-21　光敏晶体管的温度特性

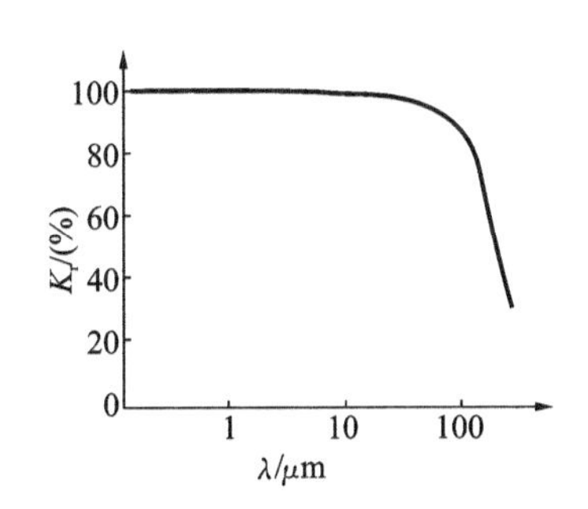

图 9-22　光敏晶体管的频率特性

9.4.3　光敏晶体管的测量电路

光敏三极管的开关电路如图 9-23 所示。VT_1 为光敏三极管，当有光照时，光电流增加，

VT_2导通，作用到VT_3和VT_4组成的射极耦合放大器，使输出电压U_{sc}为高电平，反之输出电压U_{sc}为低电平，这样输出脉冲可送至计数器，以便进行一些开关量如转速、时间间隔等量的测量。

光敏二极管进行温度补偿时的桥式电路如图 9-24 所示。当光电信号为缓变信号时，它产生的电信号也是缓变的，这时极间直接耦合。如温度变化等将产生零漂，必须进行补偿。图 9-24 中，一个光敏二极管为检测元件，另一个装在相邻桥臂的暗盒中。当温度变化时，两个光敏二极管同时受相同温度影响，对桥路输出的影响可相互抵消。

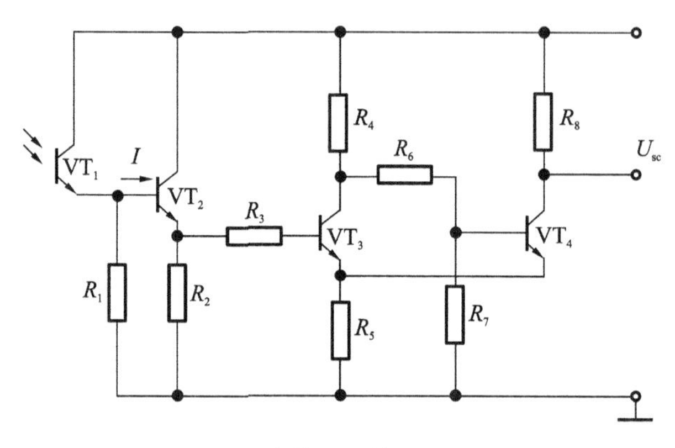

图 9-23　光敏三极管的开关电路

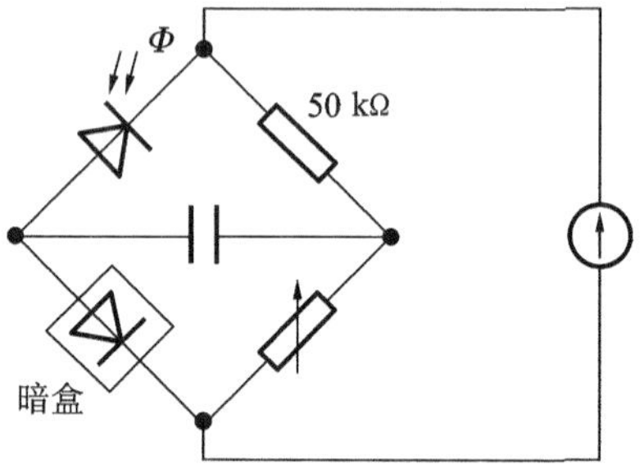

图 9-24　具有温度补偿的光敏二极管桥式电路

9.5　光电池

9.5.1　光电池的结构和工作原理

光电池是一种自发电式的光电元件，是不需要加偏压，利用光生伏特效应就能把光能直接转换成电动势的 PN 结器件。光电池的结构及符号如图 9-25 所示。当光照射在 PN 结的一面，例如 P 型面时，若光子能量大于半导体材料的禁带宽度，P 型区每吸收一个光子就产生一对自由电子和空穴，电子、空穴从表面向内迅速扩散，在结电场的作用下，最后建立一个与光照强度有关的电动势。若用导线连接 P 区与 N 区，电路中就有光电流流过，工作原理如图 9-26 所示。

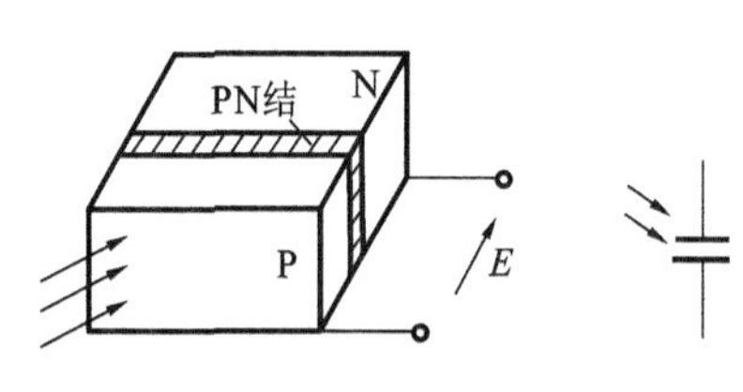

图 9-25　光电池的结构及符号

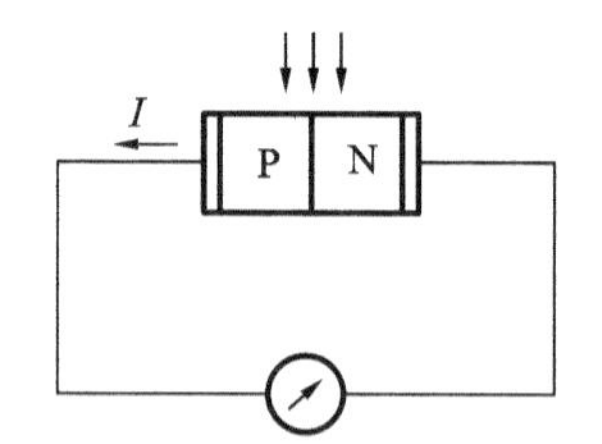

图 9-26　光电池的工作原理图

光电池的种类很多，有锗、硅、硒、砷化镓光电池等，其中应用最广泛的是硅光电池，它具有性能稳定、光谱范围宽、频率特性好、耐高温辐射等优点。

一般硅光电池受光面上的输出电极多做成梳齿状，有时也做成Π型，目的是便于透光和减小串联电阻。在光敏面上涂一层二氧化硅作保护膜，一方面起防潮保护作用，另一方面对入射光起抗反射作用，以增加对光的吸收。

9.5.2 光电池的主要参数和基本特性

光电池的主要参数和基本特性如下。

1. 伏安特性

光电池的伏安特性如图9-27所示。由伏安特性曲线可以作出光电元件的负载线，并可确定最大功率时的负载。

2. 光谱特性

光电池对不同波长的光，灵敏度是不同的。图9-28所示的是硅光电池和硒光电池的光谱特性曲线。从图中可知，不同材料的光电池适用的入射光波长范围也不相同。硅光电池的适用范围宽，对应的入射光波长可在0.45～1.1 μm，而硒光电池的对应入射光波长只能在0.34～0.57 μm范围，它适用于可见光检测。

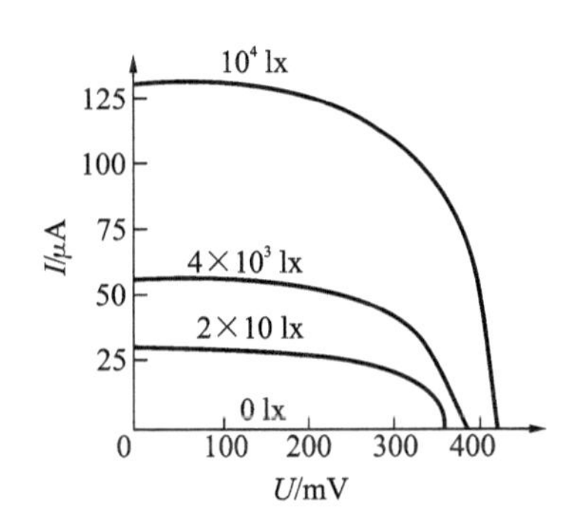

图9-27 光电池的伏安特性

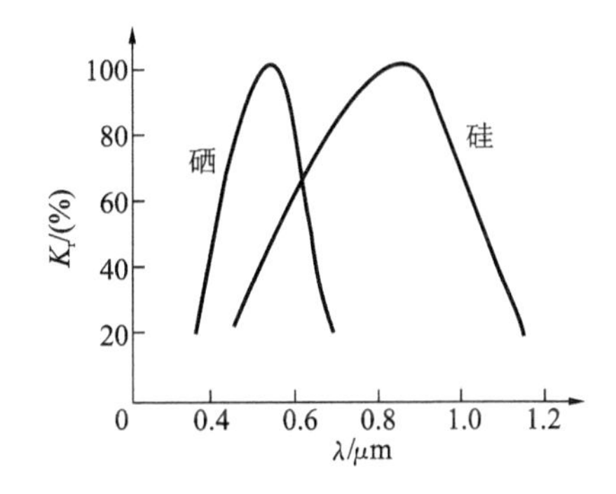

图9-28 光电池的光谱特性

在实际使用中应根据光源的性质来选择光电池，当然也可根据现有的光电池来选择光源，但是要注意光电池的光谱峰值位置不仅和制造光电池的材料有关，同时，也和制造工艺有关，而且随着使用温度的不同会有所移动。

3. 光照特性

光电池在不同的光照下，光生电动势和光电流是不相同的。硅光电池的光照特性如图9-29所示。开路电压与光照度的关系呈非线性关系，在照度2000 lx以上即趋于饱和，但其灵敏度高，宜用作开关元件。短路电流在很大范围内与光照度呈线性关系，负载电阻越小，光电流与光照度之间的线性性越好，线性范围越宽。因此，光电池作为线性检测元件使用时，应工作在短路电流输出状态，也就是把光电池作为电流源来使用。

4. 温度特性

光电池的温度特性主要指光照射光电池时，开路电压、短路电流随温度变化的情况，由于它影响光电池仪器的温度漂移、测量精度等重要指标，因此显得尤其重要。硅光电池的温度特性如图9-30所示，开路电压具有负温度系数，短路电流具有正温度系数。

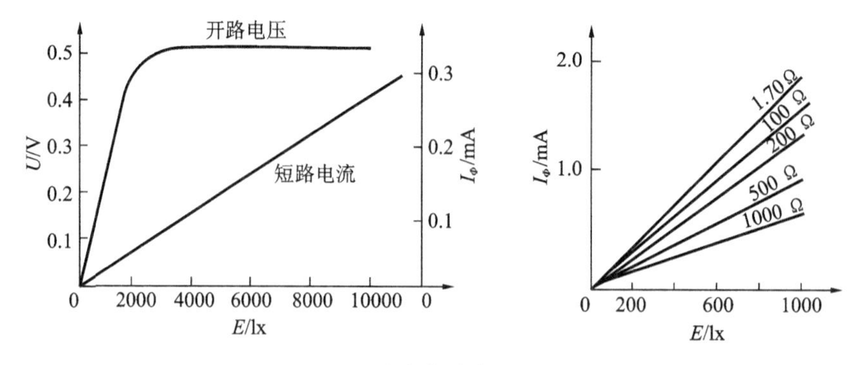

图 9-29　硅光电池的光照特性

5. 频率特性

光电池的频率特性是指输出光电流与入射光调制频率的关系。当入射光照度变化时，由于光生电子-空穴对的产生和复合都需要一定的时间，因此入射光调制频率太高时，光电池输出电流的变化幅度将下降。

图 9-31 给出了硅光电池和硒光电池的频率特性，横坐标表示光的调制频率。硅光电池有较好的频率响应，工作频率上限约为几万赫兹，而硒光电池的频率特性较差。在调制频率较高的场合，应采用硅光电池，并选择面积较小的硅光电池和较小的负载电阻进一步减小响应时间，改善频率特性。

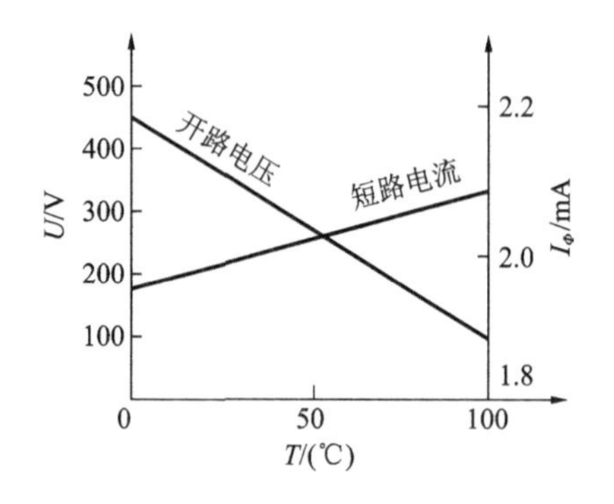

图 9-30　硅光电池的温度特性

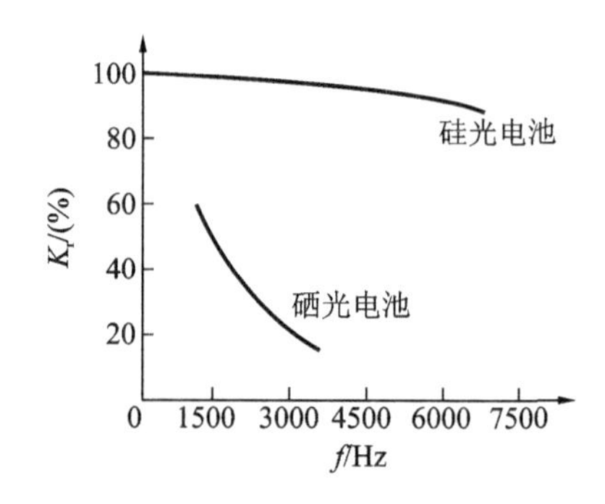

图 9-31　硅光电池的频率特性

9.5.3　光电池的测量电路

光电池的开关电路如图 9-32 所示，由光电池控制施密特电路。该电路在输入信号变化十分缓慢的时候，也能确保迅速转换。由于光电池即使在强光照射下最大输出电压也仅为 0.6 V，不足以使 VT_1 管有较大的电流输出，故将硅光电池接在 VT_1 管基极上，用二极管 2AP 产生正向压降 0.3 V。这样当光电池受到光照时所产生的电压与 2AP 正向压降叠加，便使 VT_1 管的 e、b 极间的电压大于 0.7 V，从而使 VT_2 管导通，继电器动作。为了减小三极管基极电路的阻抗变化，同时为了尽量降低光电池在未受光照时所承受的反压，需在电路中给光电池并联一个电阻。

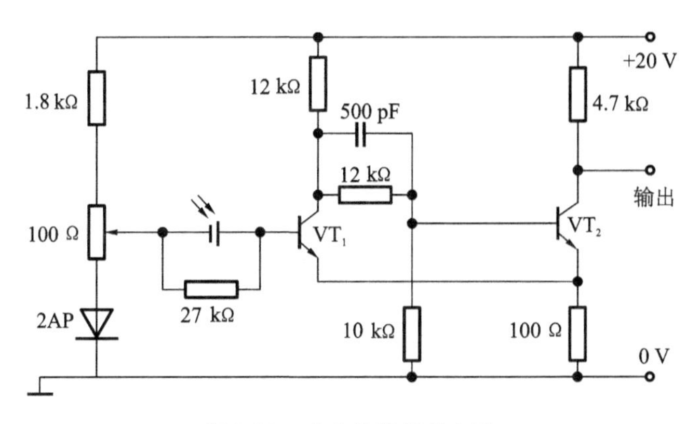

图 9-32　光电池的开关电路

9.6　光电发射器件

9.6.1　光电管与光电倍增管的工作原理

光电管和光电倍增管同属于根据外光电效应制成的光电转换器件。

1. 光电管

光电管有很多类型，最典型的是真空光电管。它是在真空玻璃管内装入光阴极和光阳极，管内抽成真空，残余气体压力为 10^{-8}～10^{-4} Pa，其结构和测量电路如图 9-33 所示。

光电阴极可以做成多种形式，最简单的是在玻璃管内壁涂上阴极涂料构成，受光照时，可向外发射光电子。阳极是金属环或金属网，置于光电阴极的对面，加正的高电压，用来收集从阴极发射出来的电子。

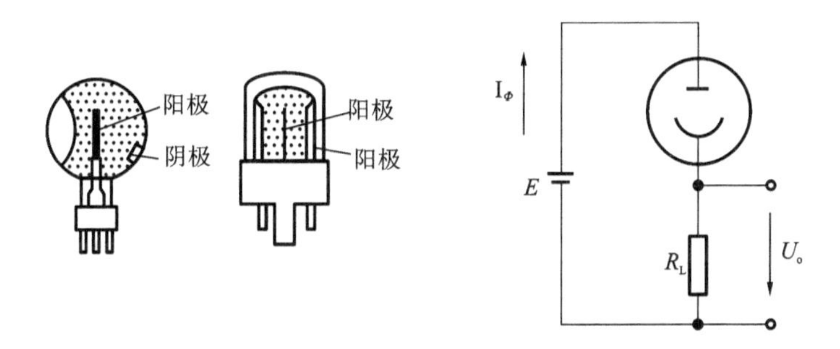

图 9-33　光电管的结构和测量电路

真空光电管的工作原理如图 9-34 所示。当入射光线穿过光窗照到阴极上时，由于外光电效应，光电子就从极层内发射至真空。在电场的作用下，光电子在极间作加速运动，最后被高电位的阳极接收在阳极电路内就可测出光电流，其大小取决于光照强度和阴极的灵敏度等因素。

除了真空光电管外，还有充气光电管，二者结构相同，前者玻璃管内为真空，后者玻璃管内充入惰性气体，如氩、氖等。电子在被吸收向阳极的过程中，运动着的电子对惰性气体进行轰击，并使其产生电离，于是会有更多的自由电子产生，从而提高了光电转换灵敏度。可见充气光电管比真空光电管的灵敏度要高。

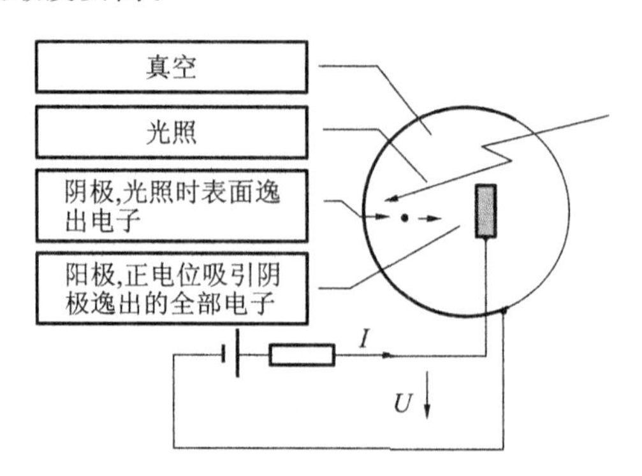

图 9-34 真空光电管的工作原理示意图

2. 光电倍增管

真空光电管的灵敏度低,当入射光很微弱时,普通光电管产生的光电流很小,很不容易探测,这时常用光电倍增管对电流进行放大。

光电倍增管结构如图 9-35 所示,由阴极 K、倍增电极(D_1、D_2、D_3……)及阳极 A 三部分组成。阴极由半导体光电材料锑铯做成;倍增电极是在镍或铜-铍衬底上涂上锑铯材料而形成的,倍增电极数可在 4 至 14 之间;阳极是最后用来收集电子的,收集到的电子数是阴极发射电子数的 $10^5 \sim 10^7$ 倍。光电倍增管的灵敏度比普通光电管的高几万倍到几百万倍,因此在很微弱的光照下,它就能产生很大的光电流。

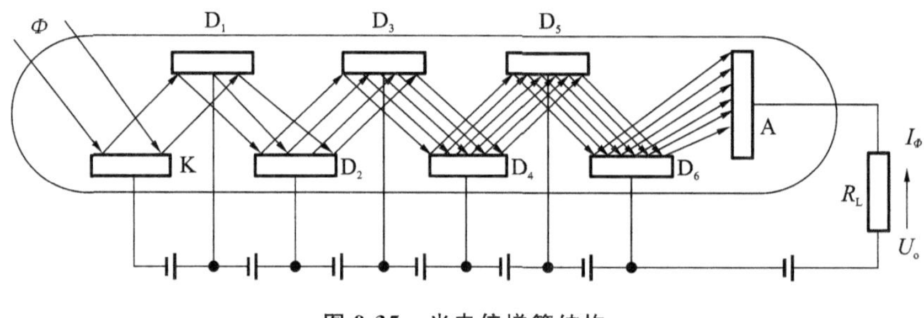

图 9-35 光电倍增管结构

光电倍增管工作时,各倍增电极(D_1、D_2、D_3……)和阳极均加上电压,并依次升高,阴极 K 电位最低,阳极 A 电位最高。入射光照射在阴极上,打出光电子,经倍增极加速后,在各倍增极上打出更多的二次电子。若倍增电极有 n 极,各极的倍增率为 σ,则光电倍增管的倍增率可以认为是 σ^n。

光电倍增管在输出电流小于 1 mA 的情况下,其光电特性在很宽的范围内具有良好的线性关系,多用于微光测量。若将灵敏检流计串接在阳极回路中,则可直接测量阳极输出电流。若在阳极串接电阻 R_L 作为负载,则可测量 R_L 两端的电压,此电压正比于阳极电流。

9.6.2 光电管的主要参数和基本特性

光电管的主要参数和基本特性如下。

1. 伏安特性

当入射光的频谱及光通量一定时，阳极与阴极之间的电压与光电流的关系为真空光电管的伏安特性，如图 9-36 所示。当阳极电压比较低时，阴极所发射的电子只有一部分到达阳极，其余部分受光电子在真空中运动时所形成的负电场作用，回到阴极。随着阳极电压的增高，光电流随之增大。当阴极发射的电子全部达到阳极时，阳极电流达到稳定，称为饱和状态。

2. 光电特性

光电特性表示当光电管的阳极电压一定时，阳极电流 I 与入射在阴极上的光通量 Φ 之间的关系。真空光电管的光电特性如图 9-37 所示，可见在电压一定时，光通量与光电流之间为线性关系，转换灵敏度为常量。转换灵敏度随极间电压的提高而增大。

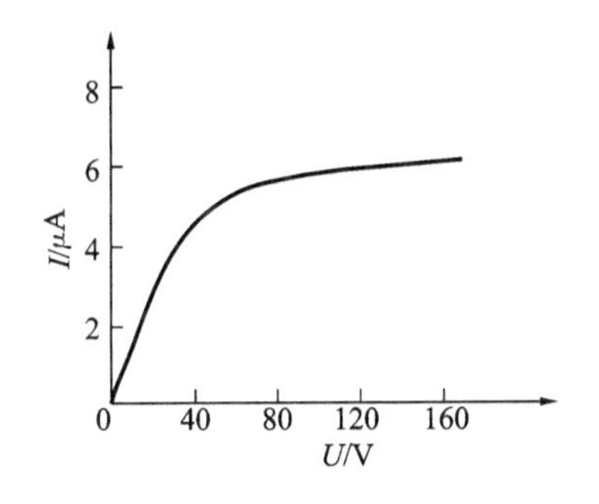

图 9-36　真空光电管的伏安特性

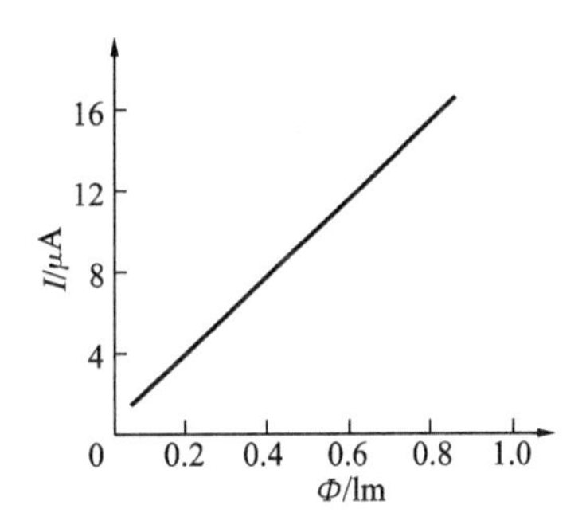

图 9-37　真空光电管的光电特性

3. 光谱特性

由于光电阴极材料不同的光电管有不同的红限 γ_0，因此光电管对光谱也有选择性，如图 9-38 所示，保持光通量和阳极电压不变，阳极电流与光波长之间的关系称为光电管的光谱特性。可见，对各种不同波长区域的光，应选用不同材料的光电阴极。例如：国产 GD-4 型光电管，阴极是用锑铯材料制成的。其红限 $\gamma_0=0.7\ \mu m$，它对可见光范围的入射灵敏度比较高，转换效率可达 25%～30%。这种管子适用于白光光源，因而被广泛地应用于各种光电式自动检测仪表中。

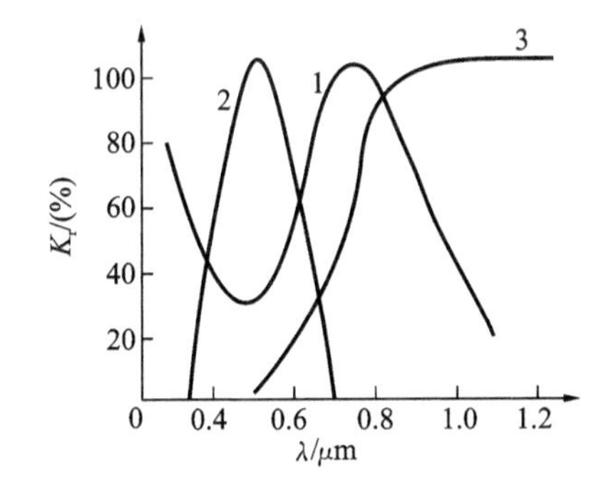

图 9-38　氧铯光电管的光谱特性

1—氧铯光电管；2—人类正常视觉；3—红色滤光镜

9.7 光电传感器的应用

光电传感器按其输出量可分为模拟式和脉冲式光电传感器两大类型。

模拟式光电传感器的作用原理是基于光电元件的光电流随光通量变化而发生变化，而光通量又随被测非电量的变化而变化，光电流就成为被测量的函数。

脉冲式光电传感器的作用方式是光电元件的输出仅有两种稳定状态，即“通”与“断”的开关状态，所以也称光电元件的开关运用状态。

光电传感器的应用通常有如图 9-39 所示的几种情况。

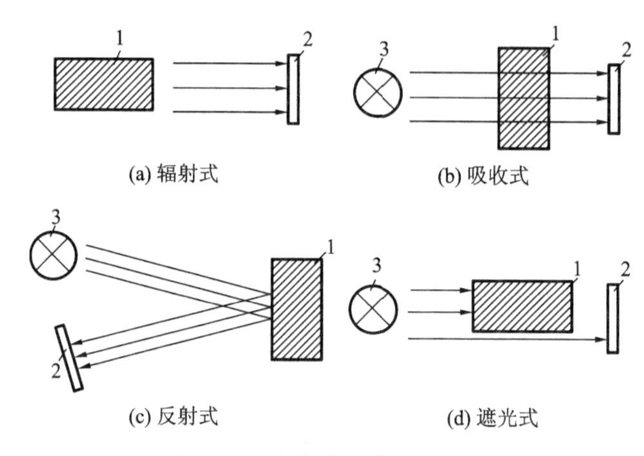

图 9-39 光电式传感器的应用

1—被测物；2—光电元件；3—光源

1. 辐射式

被测物是光源，它可以直接照射在光电元件上，也可以经过一定的光路后作用到光电元件上，光电元件的输出反映了光源本身的某些物理参数。

2. 吸收式

被测物放在光学通路中，光源的部分光通量由被测物吸收，剩余的投射到光电元件上，被吸收的光通量与被测物的透明度有关。

3. 反射式

光源发出的光投射到被测物上，再从被测物体反射到光电元件上。反射光通量取决于反射表面的性质、状态和与光源之间的距离。

4. 遮光式

光源发出的光通量经被测物遮去了一部分，使作用到光电元件上的光通量减弱，减弱的程度与被测物在光学通路中的位置有关。

9.7.1 模拟式光电传感器

1. 光电式浊度计

光电式浊度计通常采用透射式测量方式，工作原理如图 9-40 所示。光源发出的光经过半反半透镜 3 分成两束强度相等的光线。一路光线穿过标准水样 8 达到光敏三极管 7 上，产生作为标准水样的电信号 U_{o2}，另一路光线穿过被测水样 5 到达光敏三极管 6 上，其中一部分光线被被测水样介质吸收。水样越浑浊，到达光敏三极管的光通量就越小。这一部分光通量转换成与浊度成正比的电信号 U_{o1}，再经运算器计算出 U_{o1}、U_{o2} 的比值，并进一步算出被测水样的浊度。

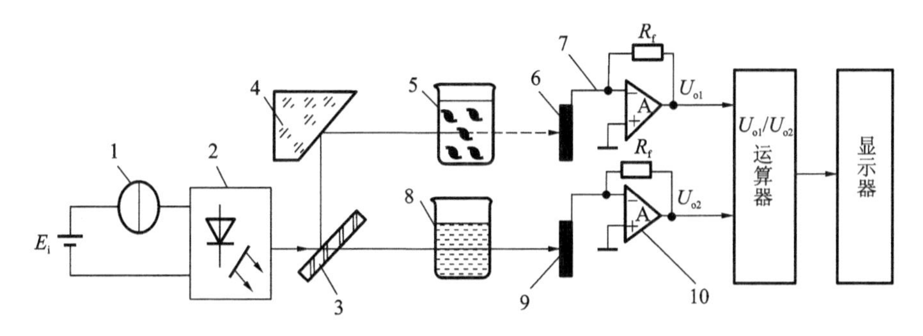

图 9-40　光电式浊度计工作原理图

1—恒流源；2—半导体激光器；3—半反半透镜；4—反射镜；5—被测水样；6，7—光敏三极管；8—标准水样；9—运算器；10—显示器

2. 光电式带材跑偏检测器

光电式带材跑偏检测器主要用于检测带材加工过程中偏离正确位置的情况。当带材走偏时，边缘经常与传送机械发生碰撞，易出现卷边和断带，造成废品，所以在自动生产过程中必须自动检测带材的跑偏量并随时给予纠偏。光电式带材跑偏检测器的工作原理如图 9-41 所示。

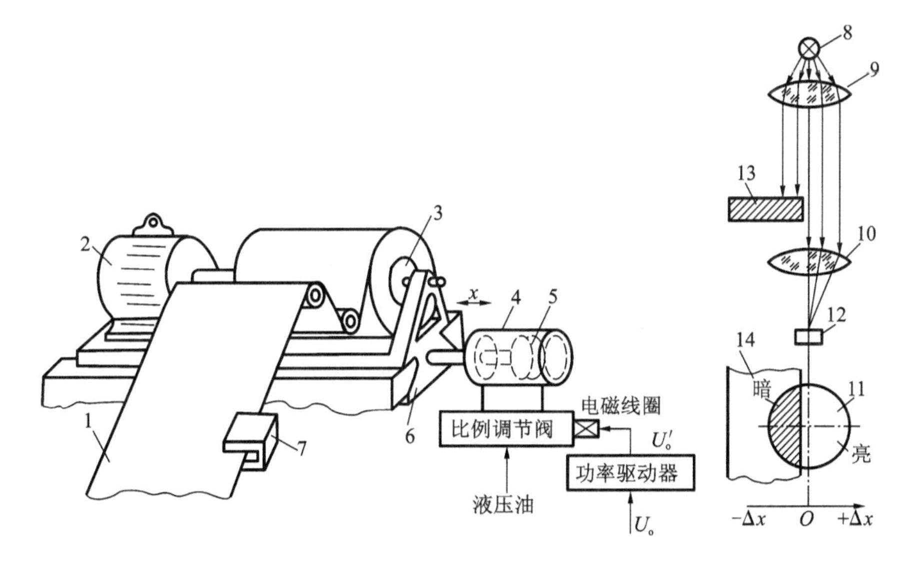

图 9-41　光电式带材跑偏检测器工作原理图

1，13，14—被测带材；2—卷曲电动机；3—卷曲辊；4—液压缸；5—活塞；6—滑台；7—光电检测装置；8—光源；9—透镜 1；10—透镜 2；11—遮光罩；12—光敏电阻

光源发出的光线经过透镜 9 变为平行光束，由于部分光线受到被测带材的遮挡，光通量减少，经过透镜 10 再聚到光敏电阻 12 上。当带材处于正确位置（中间位置）时，测量电路中的电

桥处于平衡状态,放大器输出电压为零。当带材偏离正确位置时,遮光面积发生改变,光敏电阻的阻值随之发生变化,电桥失去平衡,输出电压可以反映带材跑偏的方向及大小。传感器的输出信号可以由显示器显示,还可以被送到执行机构,为纠偏控制系统提供纠偏信号。

9.7.2 脉冲式光电传感器

1. 光电式数字转速表

光电式数字转速表的工作如图 9-42 所示。图 9-42(a)所示的是在待测转速轴上固定一带孔的转速调置盘,调置盘一侧由白炽灯产生恒定光,光透过盘上小孔到达光敏二极管组成的光电转换器上,转换成相应的电脉冲信号,经过放大整形电路输出整齐的脉冲信号,转速由该脉冲频率决定。

图 9-42(b)所示的是在待测转速的轴上固定一个涂上黑白相间条纹的圆盘,它们具有不同的反射率。当转轴转动时,反光与不反光交替出现,光电敏感器件间断地接收光的反射信号,并将其转换为电脉冲信号。

每分钟转速 n 与输出的方波脉冲频率 f 以及孔数或黑白条纹 N 的关系如下。

$$n=\frac{60f}{N} \tag{9-5}$$

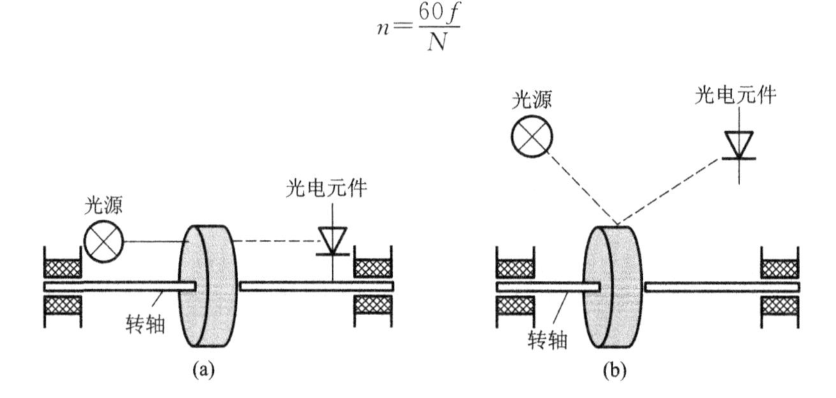

图 9-42 光电式数字转速表工作原理图

2. 包装填充物高度检测

图 9-43 所示的为利用光电检测技术控制填充物高度的原理,当填充高度 h 偏差太大时,光电开关接收不到电信号,即由执行机构将包装物品推出进行下一步处理。利用光电开关还可以进行生产线上的数量统计、装配件是否安装到位、商标是否贴漏等检测。

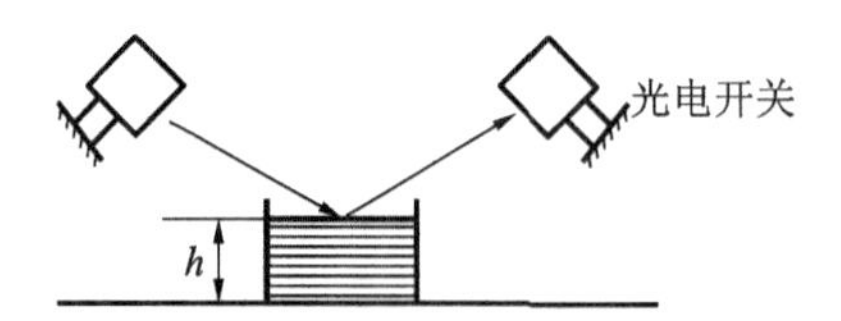

图 9-43 利用光电检测技术控制填充物高度原理图

3. 条形码扫描笔

扫描笔的前方为光电读入头,如图 9-44 所示,由发光二极管和光敏三极管构成。当扫描笔头在条形码上移动时,黑色条形码吸收光线,白色间隔反射光线。光敏三极管将黑色条形码和白色间隔变成一个个电脉冲信号，如图 9-45 所示，形成的脉冲序列经计算机处理后，就能完成对条形码信息的识别。

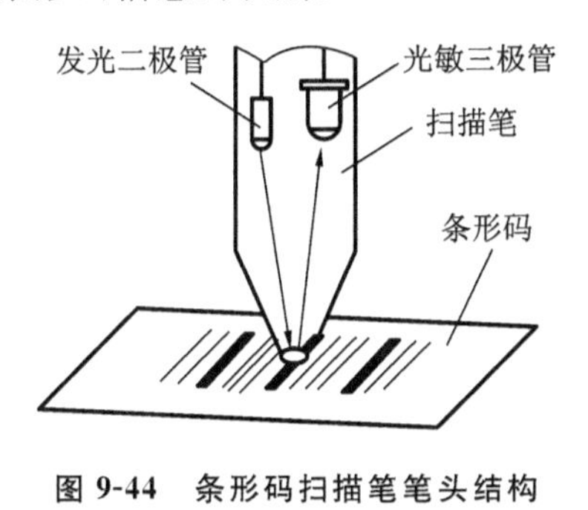

图 9-44　条形码扫描笔笔头结构

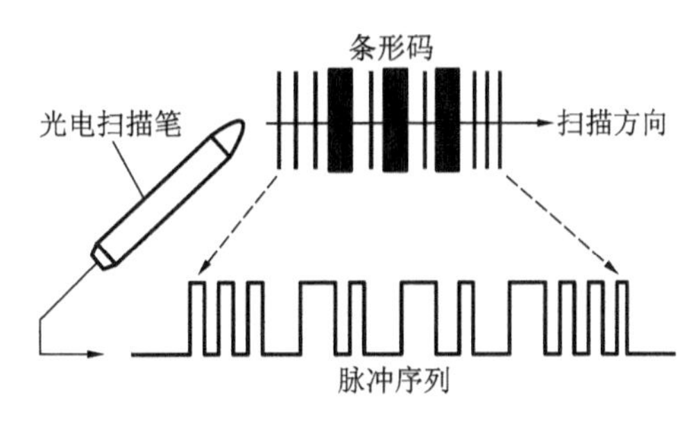

图 9-45　扫描笔输出的脉冲序列

思　考　题

1. 光源有哪些，分别有什么特性？

2. 什么是光电效应？光电效应可分为哪几种？试论述每种光电效应的含义，并各举一例说明。

3. 光敏电阻结构一般是怎样的，其工作原理是什么？有哪些应用？

4. 光敏二极管有哪些类型？分别有哪些特性？

5. 光敏三极管的工作原理是怎样的？与普通三极管有什么区别？

6. 简述光电倍增管的工作原理。

第 10 章　霍尔传感器

霍尔传感器是一种基于霍尔效应的传感器。1879 年，美国物理学家霍尔（E. H. Hall）经过大量实验发现：让一恒定的电流通过置于磁场中金属薄片，在金属薄片的另外两侧将产生与磁场强度成正比的电动势，这个现象后来被称为霍尔效应。但这种效应在金属中表现得非常微弱，当时并没有引起人们的重视。随着 1948 年以后半导体技术的发展，由半导体薄片替代金属薄片产生了明显的霍尔效应，霍尔传感器才得到应用和发展。由于霍尔传感器具有结构简单、体积小、使用寿命长、可靠性高等优点，放在测量和自动化等方面得到广泛应用。

10.1　霍尔效应与霍尔元件

10.1.1　霍尔效应

金属或半导体薄片置于磁感应强度为 B 的磁场中，磁场方向垂直于薄片，当有电流流过薄片时在垂直于电流和磁场的方向上将产生电动势 E_H，这种现象称为霍尔效应。

如图 10-1 所示，以 N 型半导体薄片为例，将半导体薄片置于磁感应强度为 B 的磁场中，磁场方向垂直于薄片。当有电流 I 从 ab 方向通过该薄片时，薄片上的电子将受到洛伦兹力 F_B 的作用，电子向 d 侧堆积，而在相对的另一侧面 c 上因缺少电子而出现等量的正电荷，从而在 cd 方向上产生电场，相应的电动势为 E_H。使电子受到与洛伦兹力方向相反的电场力 F_E 的作用。

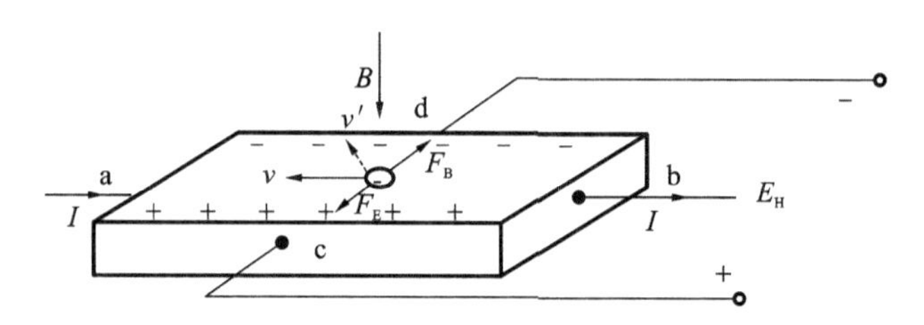

图 10-1　霍尔效应原理图

半导体中电子受到的洛伦兹力 F_B 为

$$F_B = evB \tag{10-1}$$

半导体中电子受到的电场力 F_E 为

$$F_E = eE_H \tag{10-2}$$

半导体中电子积累越多，受到的电场力 F_E 越大，而洛伦兹力不变，最后当 $|F_E| = |F_B|$ 时，电子积累达到动态平衡，此时 cd 两侧建立的电动势 E_H 即为霍尔电动势。经过计算，霍尔电动势可用下列式子表示：

$$E_H = K_H IB \tag{10-3}$$

式中：K_H 为霍尔元件的灵敏度，它表示霍尔元件在单位磁感应强度和单位激励电流作用下霍尔电动势的大小，与霍尔薄片材料和尺寸有关。

若磁感应强度 B 不垂直于半导体薄片，而是与薄片法线成某一角度 θ，则此时霍尔电动势表示为

$$E_H = K_H IB\cos\theta \tag{10-4}$$

由式(10-4)可以看出，当磁场与霍尔元件垂直，霍尔元件灵敏度 K_H 不变，通过霍尔元件的电流 I 保持不变时，霍尔电动势 E_H 只与磁感应强度 B 有关，则通过测量 E_H 的值，便可以测得 B 的值。由此可以制作成测量与磁感应强度相关的传感器。

同理，当磁感应强度 B 不变，霍尔元件灵敏度 K_H 不变，通过霍尔元件的电流 I 保持不变时，霍尔电动势 E_H 只与磁感应强度 B 与霍尔元件的法线方向的夹角 θ 有关，则通过测量 E_H 的值，便可以测得 θ 值。由此可以制作成测量角度相关的传感器。

10.1.2　霍尔元件

霍尔元件的外形如图10-2(a)所示，由霍尔片、4根引线和封装外壳组成。霍尔片是一块矩形半导体单晶薄片，尺寸一般为4 mm×2 mm×0.1 mm，在长度方向上焊有两根引线，为控制电流端引线，通常用红色导线。在霍尔片的另两侧为霍尔电动势输出导线，通常用绿色导线。霍尔元件壳体的封装一般用非导磁金属、陶瓷或者环氧树脂等材料。霍尔元件的符号如图10-2(b)所示。

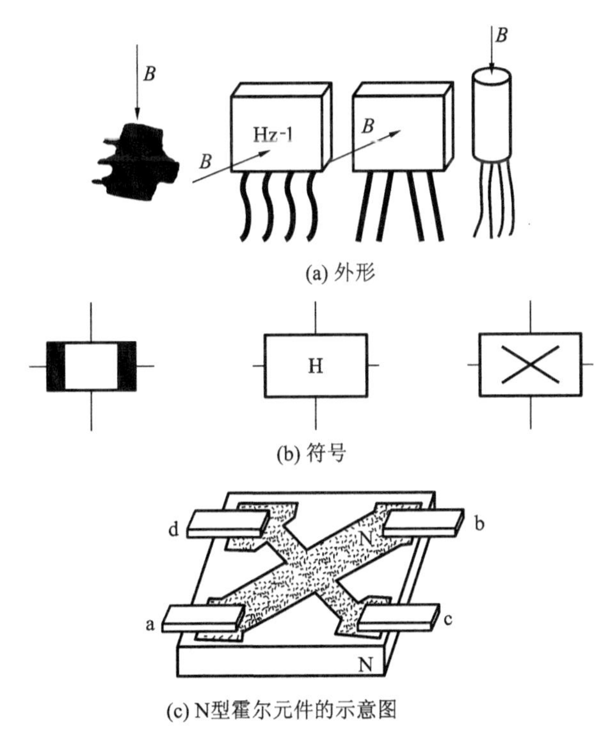

图10-2　霍尔元件的外形、结构、符号

随着半导体技术的发展，制成了硅、锗、锑化铟、砷化铟、砷化镓等材料的霍尔元件。目前

常用的霍尔元件材料是N型硅。N型霍尔元件是在掺杂浓度很低、电阻率很大的N型衬底上用杂质扩散法制作而成的。它非常薄,电阻值约几百欧姆,如图所示10-2(c),其中,a、b端为外加电流源端子,c、d端为霍尔电动势的输出端。它的霍尔灵敏度、温度特性、线性度均较好。

10.2 集成霍尔传感器

由霍尔元件和相关的电子电路制成的传感器称为霍尔传感器。随着集成技术的发展,现已把霍尔元件和相关的电路集成在同一块半导体芯片上,集成三端霍尔传感器。霍尔传感器可以做得很小,仅为几个平方毫米,可制成高斯计用于测量磁场,制成霍尔电流传感器用于测量大电流,还可用于无刷电机、转速和角位移测量以及霍尔接近开关等。

霍尔集成电路可分为线性型和开关型两大类:

线性型霍尔集成电路将霍尔元件、恒流源及差动放大器等集成到一个芯片上,输出伏级电压。由于在一定范围内输出的电压与磁感应强度 B 呈线性关系,故常用来测量磁场。如图10-3所示,典型的霍尔元件有UNG3501、UNG3503。其输出特性如图10-4所示。

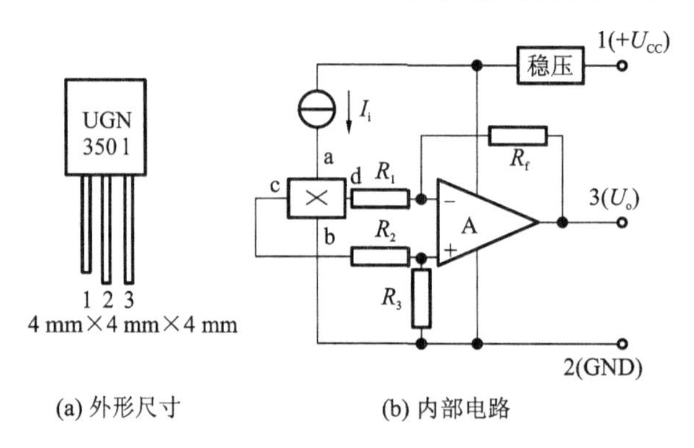

图 10-3 线性型霍尔集成电路外形尺寸和内部电路

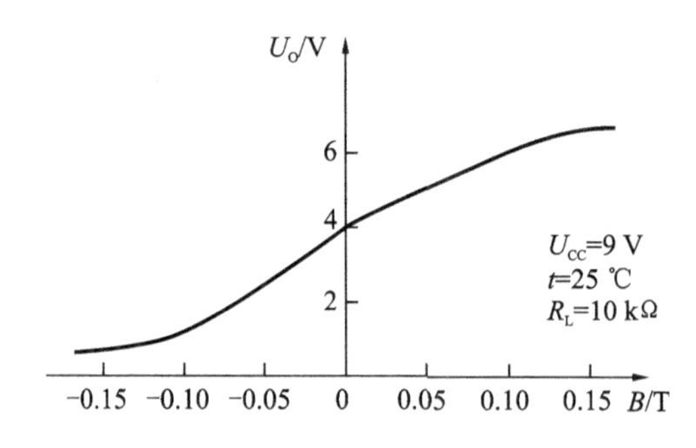

图 10-4 线性型霍尔集成电路输出特性

开关型霍尔集成电路将霍尔元件、稳压电路、运算放大器、施密特触发器、OC门(集电极开路输出门)等做到一个芯片上。当外加磁场强度超过设定上门限值时,OC门导通,输出变为低电平;当外加磁场低于设定下门限值时,OC门截止,输出高电平。由于输出为高低电平,故常用其来测转速和霍尔接近开关。如图10-5所示,典型的霍尔器件有UNG3140、UNG3119。其输出特性如图10-6所示。

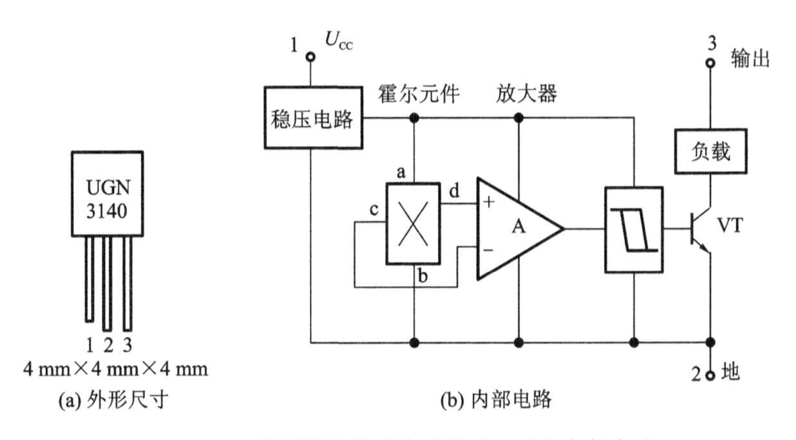

图 10-5　开关型霍尔集成电路外形尺寸和内部电路

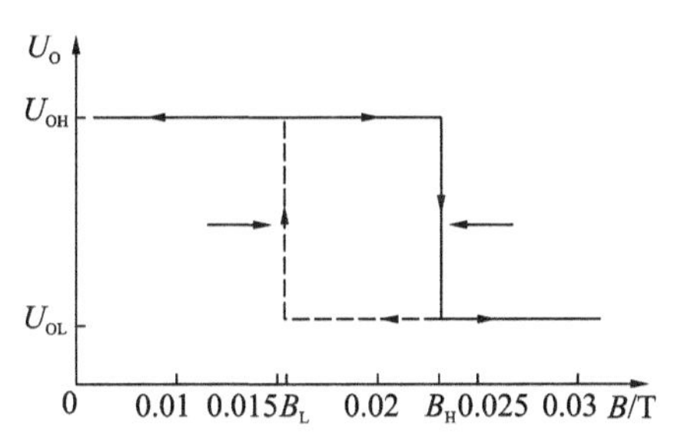

图 10-6　开关型霍尔集成电路输出特性

10.3　霍尔传感器的应用

10.3.1　角位移的测量

如图 10-7 所示，给励磁绕组通电，使其产生一个恒定的磁场，穿过霍尔元件，霍尔元件与被测物体联动。由式(10-4)可知，当霍尔元件灵敏度 K_H 不变，磁感应强度 B 保持不变，通过霍尔元件的电流 I 保持不变时，霍尔电动势 E_H 只与夹角 θ 有关，与 $\cos\theta$ 成正比。

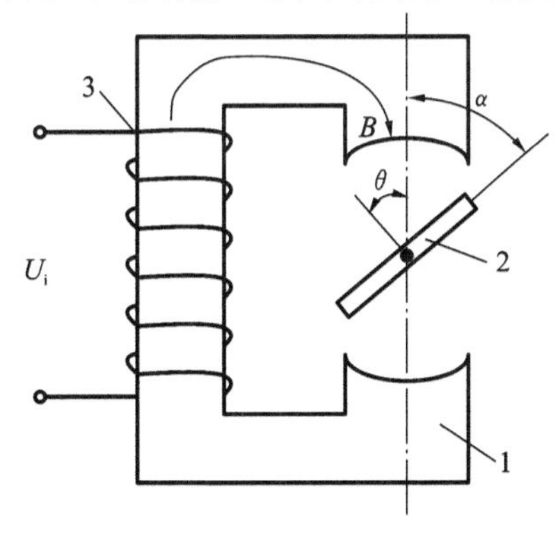

图 10-7　角位移测量

1—极靴；2—霍尔元件；3—励磁绕组

10.3.2 霍尔转速测量

图 10-8 中，在控制电流 I 不变、霍尔灵敏度不变的前提下，当霍尔元件所处的磁场的磁场强度大小发生突变时，输出电压也会产生突变，相当于产生脉冲信号，而计数单位时间内输出电压的脉冲数与转速对应，这样即构成数字式的霍尔测速传感器。如图 10-8(a)所示，将永磁体固定在旋转体上，可以固定在旋转体上部或者边缘，霍尔元件固定在永磁体路径附近。每个永磁体都形成一个小磁场，当旋转体转动时，霍尔电动势发生突变，输出脉冲信号波形。旋转体上的永磁体越多，分辨率越高，但最小脉冲周期不能小于计数周期。输出波形如图 10-8(b)所示。

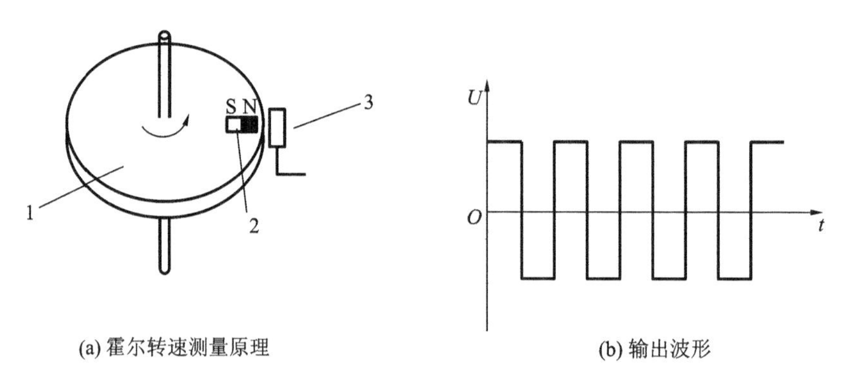

图 10-8　霍尔转速测量-1

1—旋转体；2—永磁体；3—霍尔器件

图 10-9 所示的是在被测转速的转轴上安装一个齿盘，也可以选择机械系统里的一个齿轮，将线性型霍尔元件和磁路系统靠近齿盘，齿轮的转动使磁路的磁阻随气隙的改变而周期性地变化，由霍尔元件输出的微小脉冲信号经隔直、放大、整形后就可以确定被测物的转速。

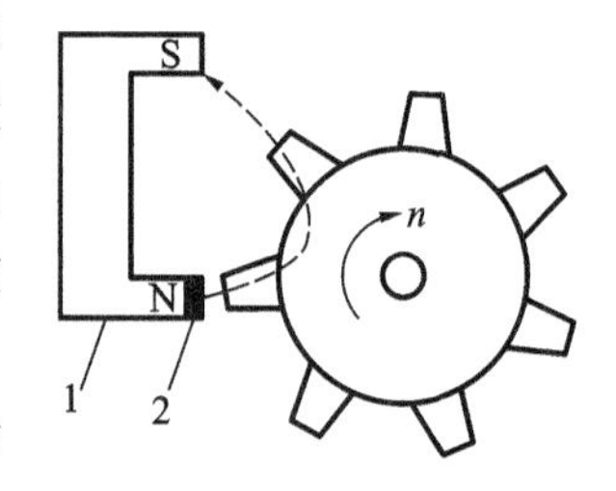

图 10-9　霍尔转速测量-2

1—磁铁；2—霍尔元件

例如，转轴上有 z 个齿，测得输出脉冲频率为 f(Hz)，则齿轮的转速 n(r/min)为

$$n=60\frac{f}{z} \tag{10-5}$$

10.3.3 霍尔无刷直流电动机

传统的直流电动机使用电刷和换向器来改变转子(或定子)的电枢电流的方向以维持电动机的持续运转，有刷电动机会造成电刷磨损和电动机噪声。霍尔无刷直流电动机(见图 10-10(a))去掉了换向器和电刷，采用霍尔元件来检测转子和定子之间的相对位置，其输出信号经过放大等处理后触发电子线路，从而控制电枢电流的换向，维持电动机的正常运转。霍尔无刷电动机具有无接触磨损、不产生火花、噪音小、功率大、寿命长等特点，广泛用于各种精密低噪的电子设备以及家用电器等领域，如光驱、汽车车窗等。

图 10-10 所示的电动机为定子三相六极，绕组星形连接如图 10-10(b)所示，每步三个绕组

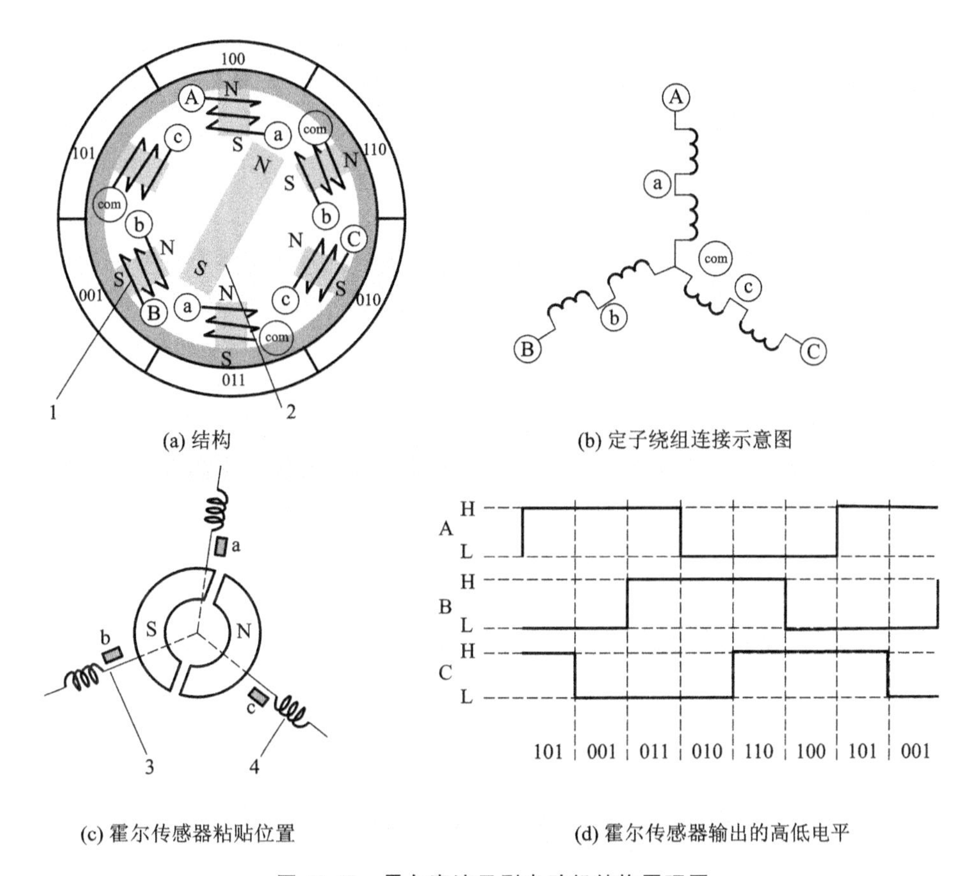

(a) 结构

(b) 定子绕组连接示意图

(c) 霍尔传感器粘贴位置

(d) 霍尔传感器输出的高低电平

图 10-10　霍尔直流无刷电动机结构原理图

1—定子；2—转子；3—霍尔传感器；4—绕组

中一个绕组流入电流，一个绕组流出电流，一个绕组不导通，每步磁场旋转 60°，6 步旋转一周，转子为一对极，将开关型霍尔传感器安装在靠近转子的位置，如图 10-10(c)所示。

当定子 N 极逐渐靠近霍尔传感器，即磁感应强度达到一定值时，其输出是导通状态；当 N 极逐渐离开霍尔传感器，磁感应强度逐渐减小时，其输出仍然保持导通状态；只有磁场转变为 S 极并达到一定值时，其输出才翻转为截止状态。在 S、N 交替变化磁场下，传感器输出波形高、低电平各占 50%。如果转子是一对极，则电动机旋转一周，霍尔传感器输出一个周期的电压波形；如果转子是两对极，则输出两个周期的电压波形。直流无刷电动机中一般安装 3 个霍尔传感器，间隔 120°或 60°按圆周分布。图 10-10(c)所示的为间隔 120°，则 3 个霍尔传感器的输出波形相差 120°电角度，输出信号中高、低电平各占 180°电角度。如果规定输出信号高电平为“1”，低电平为“0”，则输出的三个信号可用如图 10-10(d)所示的 3 位二进制编码表示。输出的 3 位二进制编码用于控制逆变器中 6 个功率管的导通，实现换相，即可控制电动机的转动。

10.3.4　霍尔电流传感器

霍尔电流传感器是近 10 年来发展起来的新一代电力传感器，能够测量任意波形电流，如直流波形、交流波形、脉冲电流量波形等任意复杂的波形，输出电流与被测电流之间完全电气隔离且能输出与电流波形相同的电压，容易与计算机以及二次仪表接口，准确度高、线性度好，响应时间短，测量频带宽，不会产生过压过流，并且功耗低、尺寸小、重量轻，相对来说，价格较低，抗干扰能力强，很适合用于一般工业用的智能仪表，且广泛用于电力逆变、传动、电流检测、高压隔离等场合。霍尔电流传感器有两种测量电流的方式，一种是开环式，一种是闭环式。

1. 开环式霍尔电流传感器

流过被测导线的电流称为原边电流，用 I_P 表示。当 I_P 流过一根长导线时，在导线周围将产生一磁场。这一磁场的大小与流过导线的电流成正比。用环形或方形的导磁材料制作铁芯，套在被测电流流过的导线上，产生的磁场聚集在磁环内，再在铁芯上切割出一个和霍尔元件厚度相同的气隙，如图 10-11(a)所示。通过磁环气隙中霍尔元件进行测量并将霍尔电动势放大输出，其输出电压 U_S 能精确反映原边电流 I_P。也可以直接将集成霍尔传感器放入铁芯气隙，测量其输出的电压值。但随被测电流增大，磁芯有可能出现磁饱和以及高频率，磁芯中的涡流损耗、磁滞损耗等也会随之升高，从而使其精度、线性度变差，响应时间较慢，温度漂移较大，同时它的测量范围、带宽等也会受到一定限制。开环式霍尔电流传感器外形如图 10-11(b)所示。

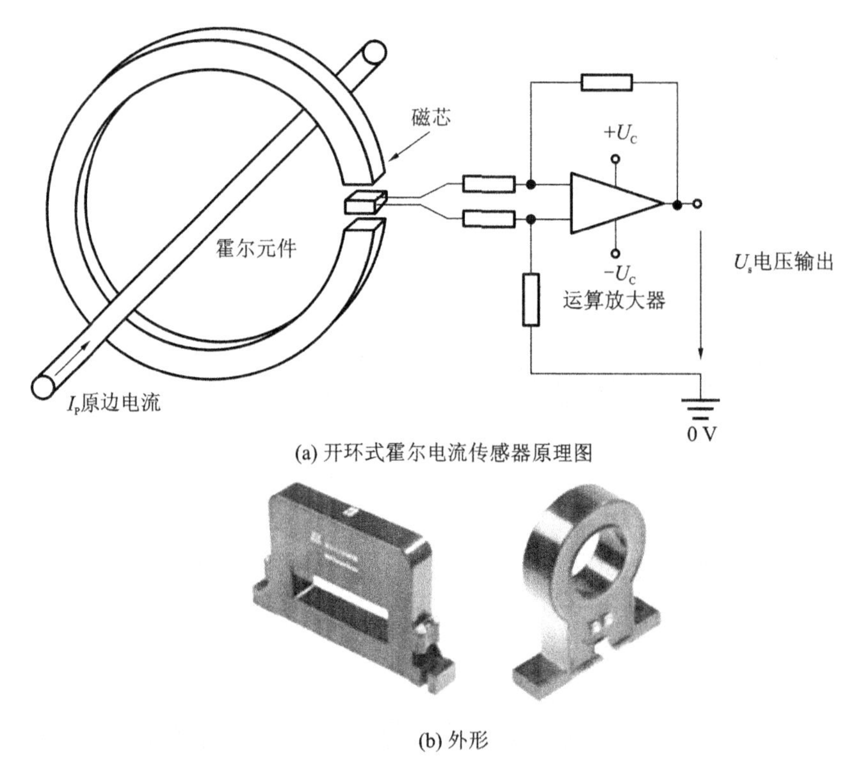

(a) 开环式霍尔电流传感器原理图

(b) 外形

图 10-11　开环式霍尔电流传感器原理及外形图

2. 闭环式霍尔电流传感器

闭环式霍尔电流传感器是在开环的原理基础上，又加入了磁平衡原理。磁平衡时，磁芯中的磁感应强度极低，理想状态应为 0，故不会使磁芯饱和，也不会产生大的磁滞损耗和涡流损耗。因此，与开环式霍尔电流传感器相比，闭环式霍尔电流传感器的频带更宽，测试精度更高，响应时间更短。

如图 10-12 所示，它由主电流、聚磁环、霍尔传感器、次级线圈、放大电路等部分组成。其工作原理为：当主回路有一大电流 I_P 流过时，在导线周围产生强磁场，这一磁场被聚磁环聚集，并感应霍尔元件，使它有一个信号输出。这一信号经运算放大器放大，输至功率放大器，这时相应功率管导通，从电源获得一个补偿电流 I_S。由于这一电流 I_S 要通过许多匝导线，多匝导线所产生的磁场与主电流 I_P 产生的磁场相反，因而补偿了原来的磁场，使霍尔元件的输出逐渐减小。最后当 I_S 与匝数相乘所产生的磁场与 I_P 产生的磁场相等时，I_S 不再增加，霍尔元件就达到了磁平衡。

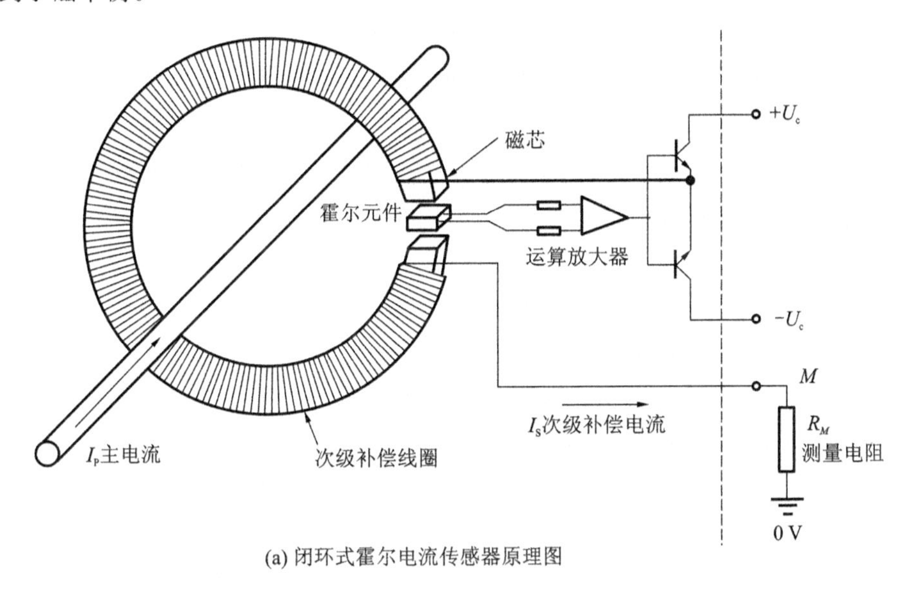

(a) 闭环式霍尔电流传感器原理图

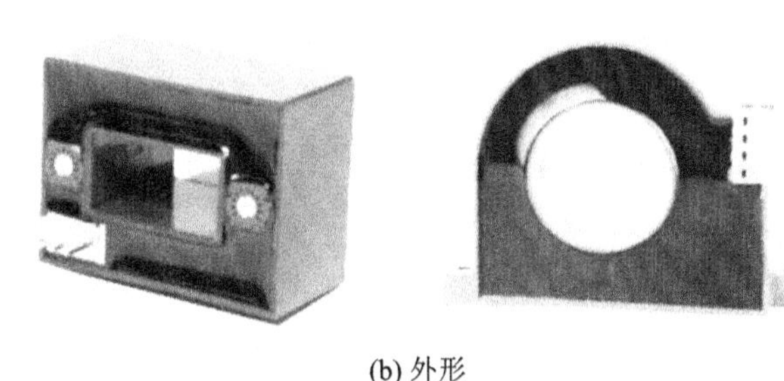

(b) 外形

图 10-12　闭环式霍尔电流传感器原理图及外形

上述过程在极短时间内完成，平衡所建立时间小于 1 μs，并且这是一个动态平衡过程。一旦主电流 I_P 有任何变化，就会破坏这一平衡的磁场。磁场一旦失去平衡，霍尔元件便会有信号输出，经放大器放大后，立即有相应的电流流过线圈，进行补偿。因此从客观上看，次级补偿电流的安匝数在任何时刻皆与主电流的安匝数一模一样，但是由于匝数不一样，只要测得补偿线圈的小电流 I_S，就知道主电流大小 I_P，即

$$N_P \cdot I_P = N_S \cdot I_S \tag{10-6}$$

式中：N_P 为主电流匝数；I_P 为主电流；N_S 为次级线圈匝数；I_S 为次级电流。

【例 1】 测量一直流电流，N_P 为 1 匝，补偿绕组 N_S 为 1000 匝，测得补偿电流 I_S 为 0.1

A,求被测的直流电流的大小。

解　由计算公式 $N_P \cdot I_P = N_S \cdot I_S$ 得

$$I_P = \frac{N_S \cdot I_S}{N_P} = \frac{1000 \times 0.1\ \text{A}}{1} = 100\ \text{A}$$

闭环式霍尔电流传感器能同时测量直流、交流和脉冲等复杂波形电流,其次级线圈测量电流与初级线圈被测电流之间完全电气隔离。它可对 1 mA～50 kA 的电流进行测量,且动态响应特性很好,绝缘电压一般为 2～12 kV,具有与被测回路绝缘的特点,有很高的测量精度与很好的线性度,响应快,非常适合用于高精度智能仪表。闭环式霍尔电流传感器应用范围很广,目前已成功应用于各种电源、逆变焊机、发电、电气传动、军用装备等工业及军用领域。

思　考　题

1. 为什么导体材料和绝缘体材料均不宜做成霍尔元件?
2. 为什么霍尔元件一般采用 N 型半导体材料?
3. 霍尔灵敏度与霍尔元件厚度之间有什么关系?
4. 集成霍尔传感器有什么特点?
5. 写出你认为可以用霍尔传感器来检测的物理量。
6. 设计一个采用霍尔传感器的液位控制系统。
7. 某霍尔电流变送器的额定匝数比为 1/1000,额定电流值为 100 A,被测电流母线直接穿过铁芯,测得次级电流为 0.05 A,则被测电流为多少?

第 11 章 其他传感器原理与应用

11.1 超声波传感器

超声波传感器是利用超声波特性研制的传感器，超声波技术是通过超声波产生、传输及接收的物理过程实现的。超声波技术是一门以物理、电子、机械及材料学为基础的通用技术，超声波技术在国民经济中对提高产品质量、保障生产和设备安全运作、降低生产成本、提高生产效率具有潜在能力。因此我国对超声波技术和超声波传感器的研究十分活跃，超声波传感器也广泛地应用在物位检测、厚度检测和金属探伤等方面。

11.1.1 超声波传感器的工作原理

频率在 16 Hz～20 kHz，人耳能听见的机械波称为声波；低于 16 Hz 的机械波称为次声波；高于 20 kHz 的机械波，称为超声波。超声波是人耳无法听到的声波，声波频率界限如图 11-1 所示。

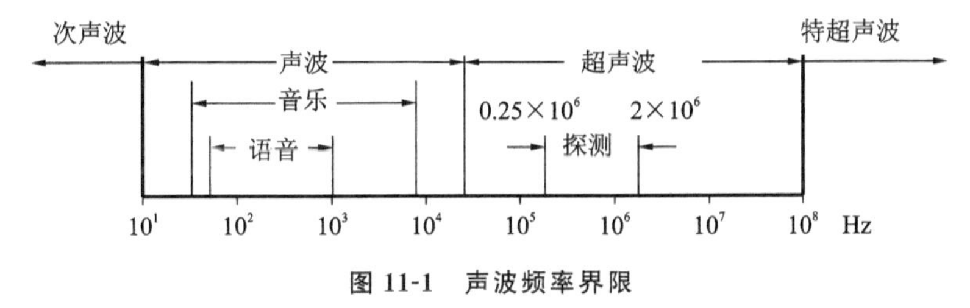

图 11-1 声波频率界限

由于声源在介质中施力方向与波在介质中传播方向不同，声波的波形也不同，一般有以下三种。

1. 纵波

质点振动方向与传播方向一致的波，称为纵波。它能在固体、液体和气体中传播。

2. 横波

质点振动方向与传播方向垂直的波，称为横波。它只能在固体中传播。

3. 表面波

质点的振动介于纵波和横波之间，沿着表面传播，振幅随着深度的增加而迅速衰减，称为表面波。表面波只在固体的表面传播。

声波的速度越高，越与光学的某些特性如反射定律、折射定律相匹配。当声波以某一角度入射到第二介质（固体）界面上时，除了有纵波的反射、折射以外，还会发生横波的反射与折射，在一定条件下还能产生表面波。各种波形均符合几何光学中的折射定律和反射定律，如图 11-2 所示。

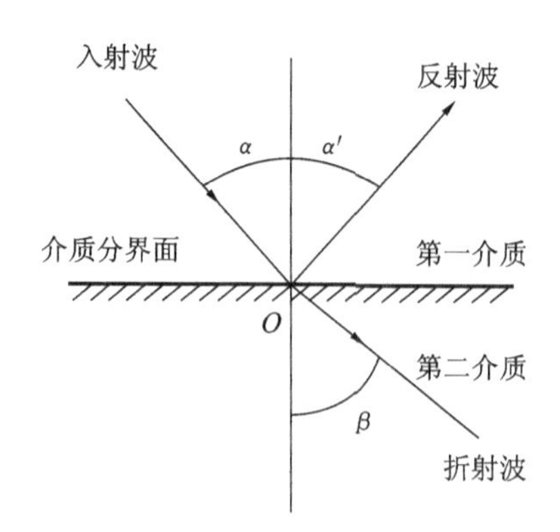

图 11-2　波的反射与折射

超声波可以在气体、液体及固体中传播，并有各自的传播速度，纵波、横波及表面波的传播速度取决于介质的弹性常数及介质的密度。超声波具有与称为电波和光波的电磁波相似的一面，同时又有很大的不同。利用超声波的敏感技术有以下特点：

(1)能以各式各样的传播模式(纵波、横波、表面波)在气体、液体、固体或它们的混合物等各种介质中传播，也可以在光不能通过的金属、生物体中传播，是探测物质内部的有效手段。

(2)由于超声波与电磁波相比速度较慢，对于相同的频率波长短，容易提高测量的分辨率。

(3)由于传播时受介质音响特性的影响大，因此，反过来可以由超声波传播的情况测量物质的状态。

超声检测技术的基本原理是利用某种待测的非声量(如密度、浓度、强度、温度、流量)与某些描述媒质声学特性的超声量之间存在的直接或间接关系，来测定那些待测的非声量。在超声波检查中，非声量的检测主要是通过对声速、声衰减和声阻抗等的测量来进行的。

不管哪一种超声波仪器，都必须把超声波发射出去，然后再把超声波接收回来，变换成电信号，完成这一部分工作的装置就是超声波传感器。超声波传感器形式较多，主要由压电晶片、吸收块(阻尼块)、保护膜、引线、金属外壳组成，如图 11-3 所示。压电晶片两面镀银，为圆形薄片，超声波频率与圆片厚度成反比。阻尼块吸收声能降低机械品质，避免无阻尼时电脉冲停止后晶片继续振荡，结果导致脉冲宽度加长，使分辨力变差。

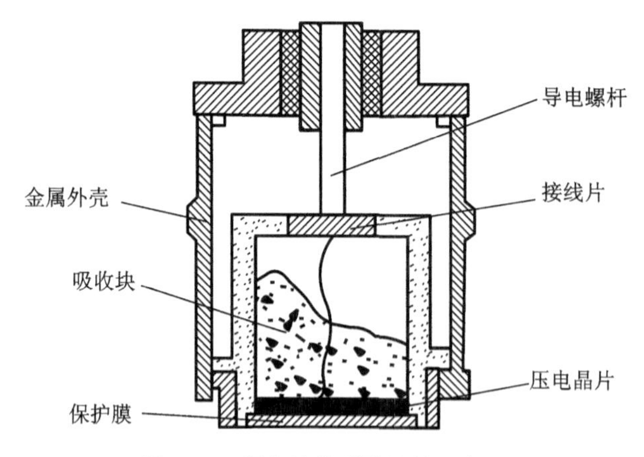

图 11-3　超声波传感器结构示意图

超声波传感器根据其工作原理，有压电式、磁致伸缩式、电磁式等，在检测技术中主要采用压电式。压电式超声波传感器主要利用压电材料的压电效应，其中：超声波发射器利用逆压电效应，制成发射元件，将高频电振动转换为机械振动，从而产生超声波；超声波接收器利用正压电效应制成接收元件，将超声波机械振动转化为电信号，再传送到后面的放大器。因此，压电式超声传感器实际上是一种压电式传感器。

11.1.2　超声波传感器的应用

超声波传感器又称声换能器或超声探头，主要功能是产生超声波信号和接收超声波信号。目前市场上销售的简单超声波传感器有专用型和兼用型两种形式，如图 11-4 所示。兼用型传感器是将发射(TX)和接收(RX)元件制作在一起，如图 11-4(a)所示，器件可以同时完成超声波的发射与接收；专用型传感器的发射(TX)和接收(RX)元件各自独立，如图 11-4(b)和(c)所示。超声波传感器上一般标有中心频率(40 kHz、75 kHz)，表示传感器的工作频率。利用超声波传感器，检测时也有两种方式，即反射式和直射式。反射式是将发射的超声波通过被测物体反射后同探头接收，这种方式下，发射元件和接收元件放置在被测物体的同一侧，如图 11-4(a)和(b)所示。直射式工作方式下，发射元件与接收元件分别置于被测物体两侧，如图 11-4(c)所示。

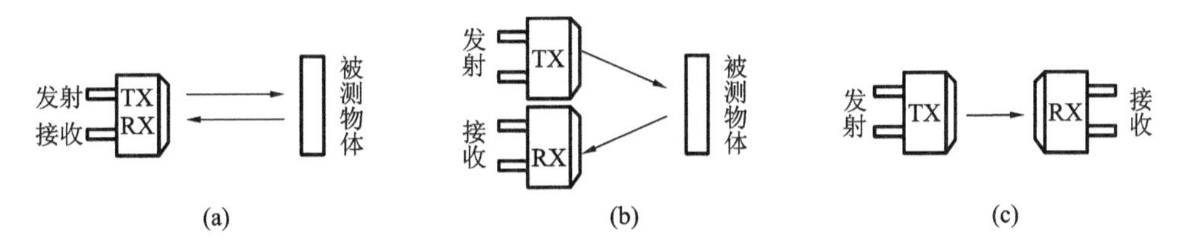

图 11-4　超声波传感器的不同形式

超声波传感器的应用领域较为广泛，通常可以利用超声波进行探伤、测温、测厚度、测液位、测流量等。根据结构的不同，超声波传感器也可以分为直探头式、斜探头式和多探头式。

11.2　红外辐射传感器

红外探测技术在工农业生产、医学、遥感、天文、气象、地质及科学研究领域早已广泛应用。在军事方面，它的应用更为重要，特别是在夜视、瞄准、预警、目标探测与武器制导方面已成为现代战争中不可缺少的设备。

11.2.1　红外辐射的基本原理

任何物质，只要它的温度高于热力学零度(−273.15 ℃)，就会向外辐射能量，故而称热辐射，又称红外辐射或红外线辐射。红外线是一种不可见光，其光谱位于可见光中红色以外，所以称红外线，波长为 0.75～100 μm，是介于可见光和微波之间的电磁波，和电磁波一样，以波的形式在空间传播。和可见光一样，红外线具有反射、折射、散射、干涉和吸收等性质，在真空中以光速传播。

红外辐射的物理本质是热辐射，人、动物、植物、水、火都有热辐射，只是波长不同而已，一个炽热的物体向外辐射的能量大部分通过红外线辐射出来，温度越高，辐射红外线越多，辐射能量越强。辐射源根据其几何尺寸、距离远近可视为点源或面源，红外辐射源的基准是黑体炉。

工程上把红外线占据的电磁波谱中的位置分为近红外、中红外、远红外和极远红外4个波段。由于红外波长比无线电波波长长，因此红外仪器的空间分辨力比雷达的高，另外，红外波长比可见光的波长长，因此红外线透过阴霾的能力比可见光的强。

11.2.2 红外辐射传感器的分类

红外辐射传感器是将红外辐射能量的变化装换为电量变化的一种传感器，也常称红外探测器，是红外探测系统的核心。它性能的好坏将直接影响系统性能的优劣。按照探测机理不同，红外辐射传感器可以分为热传感器（热电型）和光子传感器（量子型）两大类。

红外热传感器的工作是利用辐射热效应。探测器件接收辐射能后引起温度升高，再由接触型测温元件测量温度变量，从而输出电信号。

通常红外热传感器吸收红外辐射后温度升高，可以使探测材料产生温差电动势、电阻率变化、自发极化强度变化等，而这种变化与吸收的红外辐射能量成一定的关系，测量出这些物理量的变化就可以测定被吸收的红外辐射能的大小，从而得到被测非电量的值。利用这些物理现象制成的热电探测器，在理论上对一切波长的红外辐射具有相同的响应，但是实际上存在误差。热探测器主要优点是响应波段宽，响应范围可扩展到整个红外区域，可以在常温下工作，使用方便，应用相当广泛。

热电偶传感器、热敏电阻传感器和热释电传感器都属于红外热传感器或热探测器。

红外光子传感器的工作原理是基于光电效应，通过改变电子能量状态引起电学现象。常用的光子效应有光电效应、光生伏特效应、光电磁效应和光电导效应。红外光子传感器的主要特点是灵敏度高、响应速度快、响应频率高，但需要在低温下才能工作，故需要配备液氦、液氮等制冷设备。

11.2.3 红外辐射传感器的应用

目前红外辐射传感器普遍应用于红外测温、红外遥测、红外摄像机、夜视镜等，红外摄像管成像、电荷耦合器件（CCD）成像是目前较为成熟的红外成像技术。另外，工业上的红外无损检测是通过测量热流或热量来检测、鉴定金属或非金属材料的质量和内部缺陷的。许多场合下，人们不仅需要知道物体表面的平均温度，更需要了解物体的温度分布情况，以便分析研究物体的结构、内部缺陷状况。红外成像技术就是将物体的温度分布以图像的形式直观地显示出来。红外监控报警器、自动门、自动水龙头等是日常生活中常见的红外传感器的应用实例。

1. 红外测温

利用红外辐射测温的测量过程不影响被测目标的温度分布，可用于对远距离、带电及其他不能直接接触的物体进行温度测量。其测量响应速度快，适宜对高速运动的物体进行测量，不仅灵敏度高，能分辨微小的温度变化，而且测温范围宽。

比色温度计是通过测量热辐射体在两个或两个以上波长的光谱辐射亮度之比来测量温度的，是一种不需要修正读数的红外测温计。

比色温度计的结构分为单通道和双通道两种。单通道又可分为单光路和多光路两种，双通道又有带光调制和不带光调制之分，如图 11-5 所示。所谓单通道和双通道，是针对在比色温度计中使用探测器的个数。单通道是只用一只探测器接收两种波长光束的能量，双通道是用两只探测器分别接收两种波长光束的能量。所谓单光路和双光路，是针对光束在进行调制前或调制后是否由一束光分成两束进行分光处理。没有分光的称为单光路，分光的称为双光路。

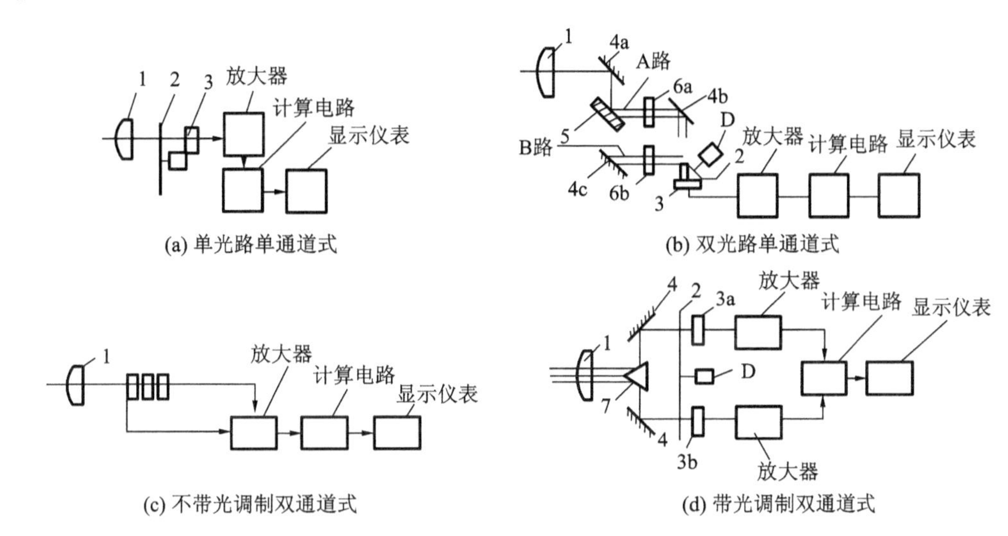

图 11-5　比色温度计原理结构图

2. 红外遥测

利用红外光电探测器和光学机械扫描成像技术构成的现代遥测装置，可以代替空中照相技术，从空中获取地球环境的各种图像资料。在气象卫星上采用的双通道扫描仪装有可见光探测器和红外探测器。红外探测器还可用于森林资源、矿产资源、水文地质、地图绘制等勘测工作。

3. 红外线气体分析

红外线气体分析仪是利用不同气体对红外波长的电磁波能量具有特殊吸收特性的原理而进行气体成分和含量分析的仪器。所谓吸收，是指红外线通过某些物质，使其中的一些频率的光强度大为减弱，甚至消失。近代物理学研究证明，吸收现象的实质在于光辐射的能量转移到物质的分子或原子中去。

只要在红外波段范围内存在吸收带的任何气体，都可用红外辐射进行分析。该法的特点是测量灵敏度高、反应速度快、精度高、可连续分析和长期观察气体浓度的瞬时变化。在红外线气体分析仪器中，实际使用的红外线波长为 1～50 μm。

红外线气体分析仪的工作原理是：用人工的方法制造一个包括被测气体特征吸收峰波长在内的连续光谱辐射源，让这个光谱通过固定长度的、含有被测气体的混合组分。在混合组分的气体层中，被测气体的浓度不同，吸收固体波长红外线的能量也不相同，继而转换成的热量也不同。在一个特制的红外线检测器中，再将能量、热量转换成为温度或压力，测量这个温度或压力，就可以准确测量出被分析气体的浓度。

工业过程红外线分析仪选择性好，灵敏度高，测量范围广，精度较高，响应速度快。能吸收红外线的 CO、CO_2、CH_4、SO_2 等气体、液体都可以进行分析。它广泛应用于大气检测、大气污染、燃烧、石油及化工过程、热处理气体介质、煤炭及焦炭生产等过程中的气体检测。此外，红外线气体分析仪器还可用于水中微量油分的测定、医学中肺功能的测定，以及在水果、粮食的储藏和保管等农业生产应用中。

11.3 光纤传感器

光导纤维(optical fiber)简称光纤，是 20 世纪后半叶人类的重要发明之一。它与激光器、半导体光电探测器一起构成了新的光电技术。光纤最早应用于通信，随着光纤技术的发展，光纤传感器得到进一步的发展，至今光纤传感器已日趋成熟。与其他传感器相比，光纤传感器灵敏度高、相应速度快、动态范围大、防电磁干扰、超高电绝缘、防燃、防爆、体积小、材料资源丰富、成本低，可以制成任意形状的光纤传感器。光纤传感器的应用范围也非常广泛，可以用于高压、电气噪声、高温、腐蚀或其他的恶劣环境，目前研制的不同的光纤传感器能够用于磁、声、压力、温度、加速度、陀螺、位移、液面、扭矩、光以及应变等物理量的测量。

11.3.1 光纤的基本原理

光纤是用比头发丝还细的石英玻璃丝制成的，每一根光纤由一个圆柱形纤芯和包层组成。光纤的导光能力取决于纤芯和包层的性质，即要求内芯的折射率略大于包层的折射率，如图 11-6 所示。入射到光纤中的光线都能被限制在光纤中。随着光纤的路线传送到很远的距离，当光纤的直径比光的波长大得多时，可以用几何光学原理说明光在光纤内的传播。

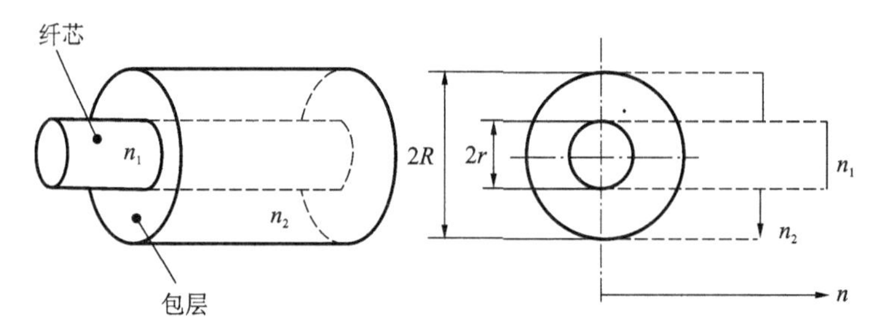

图 11-6 光纤的结构

斯涅尔(Snell)定理指出，当光密物质(折射率大)出射到光疏物质(折射率小)时，发生折射，折射角大于入射角，且满足 $n_1\sin\theta_i=n_2\sin\theta_r$。即当 $n_1>n_2$ 时，$\theta_r>\theta_i$，如图 11-7(a)所示。

光纤的传播基于光的全反射原理，当光线以不同角度入射到光纤端面时，在端面发生折射后进入光纤。光进入光纤后入射到纤芯(光密介质)与包层(光疏介质)的交界面，一部分透射到包层，一部分反射回纤芯。当入射角 θ_i 增大时，折射角 θ_r 也随之增大，且满足 $\theta_r>\theta_i$。随着入射角的增大，折射角增大到 $\theta_r=90°$时，$\theta_i\leqslant 90°$，出射光沿着交界面传播，如图11-7(b)所示，称为临界状态。临界状态的入射角称为临界角 θ_{i_0}。根据斯涅尔定理有

$$\theta_{i_0}=\arcsin\left(\frac{n_2}{n_1}\right) \tag{11-1}$$

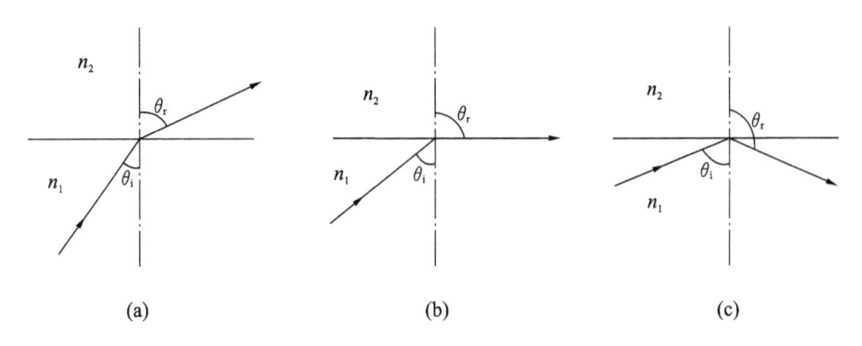

图 11-7　光在不同物质分界面的传播

式中：n_1、n_2 分别为纤芯和包层的折射率。

当入射角继续增大，超过临界状态时，即 $\theta_r>90°$ 时，便发生全反射，出射光不再发生折射现象，而是全部被反射回来，如图 11-7(c)所示。

图 11-8 所示的为光从端面入射进入光纤的示意图。n_0 为入射光线在空间中的折射率，一般为空气折射率，故 $n_0\approx1$。根据斯涅尔定理和图 11-8 中的几何关系有

$$n_0\sin\theta_i=n_1\sin\theta_j \tag{11-2}$$

$$n_1\sin\theta_k=n_2\sin\theta_r \tag{11-3}$$

$$\theta_j+\theta_k=90° \tag{11-4}$$

利用上述 3 个式子，将 $n_0=1$ 代入整理有

$$\sin\theta_i=\sqrt{n_1^{\ 2}-n_2^{\ 2}\ \sin^2\theta_r} \tag{11-5}$$

在 $\theta_r=90°$ 的临界状态下，$\theta_i=\theta_{i_0}$，且有

$$\sin\theta_{i_0}=\sqrt{n_1^{\ 2}-n_2^{\ 2}} \tag{11-6}$$

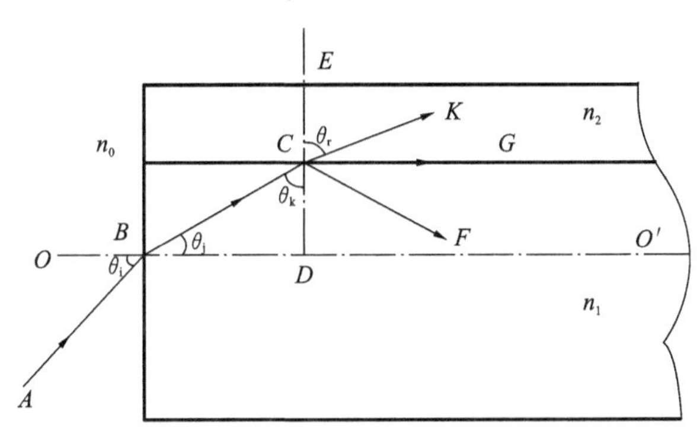

图 11-8　光从端面入射进入光纤

工程光学中把式(11-6)中的 $\sin\theta_{i_0}$ 定义为数值孔径 NA(numerical aperture)。由于 n_1 与 n_2 相差较小，取 $n_1+n_2\approx2n_1$，故式(11-6)可因式分解为

$$\sin\theta_{i_0}=n_1\sqrt{2\Delta} \tag{11-7}$$

式中：$\Delta=\dfrac{n_1-n_2}{n_1}$，称为相对折射率差。

当 $\theta_r=90°$ 时，$\theta_{i_0}=\arcsin\mathrm{NA}$；

当 $\theta_r>90°$ 时，发生全反射，$\theta_i<\theta_{i_0}=\arcsin\mathrm{NA}$；

当 $\theta_r<90°$ 时，$\theta_i>\arcsin NA$，光线消失。

所以，入射角 $\theta_i>\arcsin NA$ 的那些光线进入光纤后都不能传播，消失在包层中；入射角 $\theta_i<\arcsin NA$ 的那些光线可以进入光纤被全反射传播，从光纤的另一端面射出。

11.3.2 光纤传感器的组成与分类

光纤传感器是一种把被测非电量的状态转变成为可测的光信号的装置。由光发送器、敏感元件（光纤或非光纤的）、光接收器、信号处理系统及光纤构成，如图 11-9 所示。由光发送器发出的光经光纤引导至敏感元件，经敏感元件后光的某一性质受到被测量的调制。调制后的光经接收光纤耦合到光接收器，使光信号变为电信号，最后经信号处理电路得到被测量。

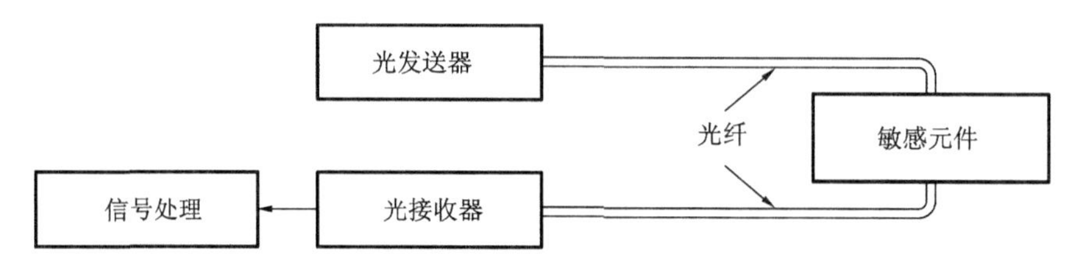

图 11-9 光纤传感器的组成示意图

光纤传感器的类型较多，大致可以分为功能性和非功能型两大类。

功能型光纤传感器又称全光纤型传感器，光纤在其中不仅是导光媒介，也是敏感元件，光在光纤内受被测量调制。这种类型的传感器结构紧凑、灵敏度高，但是，需要特殊的光纤和先进的检测技术，因此成本高。它典型的例子如光纤陀螺、光纤水听器等。

非功能型光纤传感器又称传光型传感器，光纤在结构中仅仅起导光作用，光照在光敏元件上受被测量调制。此类光纤传感器无须特殊光纤和特殊处理技术，比较容易实现，成本低，但是灵敏度也较低，适用于对灵敏度要求不高的场合，是目前使用较多的光纤传感器。

11.3.3 光纤传感器的应用

利用光纤传感器可以测量的量很多，通常可以用光纤传感器测压力、温度、位移、加速度等，在此以光纤压力传感器为例介绍光纤传感器的应用。

光纤压力传感器主要有强度调制型、相位调制型和偏振调制型三类。强度调制型光纤压力传感器大多是基于弹性元件受压变形，将压力信号转换成为位移信号进行测量，因此常用于位移的检测；相位调制型光纤压力传感器利用光纤本身作为敏感元件；偏振调制型光纤压力传感器主要是利用晶体的光弹性效应。

1. 采用弹性元件的光纤压力传感器

此类型的光纤压力传感器都是利用弹性体的受压形变，将压力信号转换成位移信号，从而对光强进行调制的。图 11-10 所示的是膜片反射式光纤压力传感器示意图。它在 Y 形光纤束前端放置一片感压膜片，当膜片受压变形时，光纤与膜片之间的距离发生变化，从而使输出的光强受到调制。

这种光纤压力传感器的结构简单，体积小，使用方便，但光源不稳或长期使用后会导致反射率下降，影响测量精度，可以特殊结构的光纤束改善膜片反射式光纤压力传感器的性能。

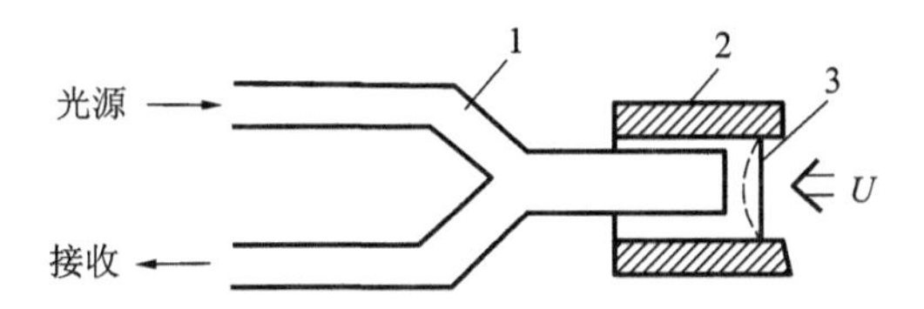

图 11-10　膜片反射式光纤压力传感器

1—Y 形光纤；2—壳体；3—膜片

2. 光弹性式光纤压力传感器

晶体在受压后，其折射率发生变化，从而呈现双折射的现象称为光弹性效应。利用此效应可以构造光弹性式光纤压力传感器，其结构如图 11-11 所示。其中，LED 发出的光经起偏器后变成直线偏振光。当有与入射光偏振方向呈 45°的压力作用于晶体时，发生双折射现象，从而使出射光变成椭圆偏振光。由检偏器检测出与入射光偏振方向相垂直方向上的光强，即可测出压力的变化。

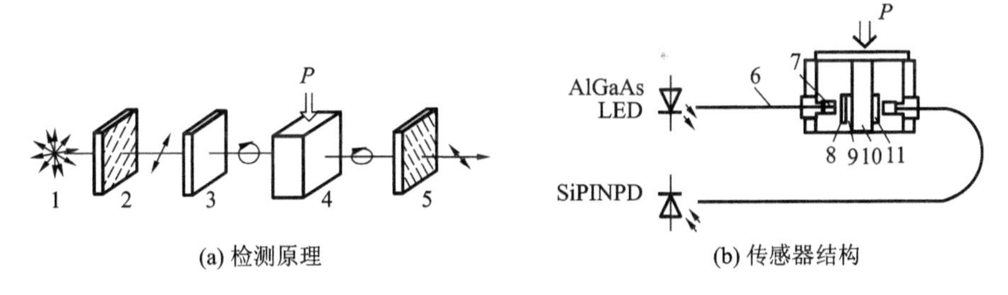

图 11-11　光弹性式光纤压力传感器的结构

1—光源；2，8—起偏器；3，9—1/4 波长板；4，10—光弹性元件；

5，11—检偏器；6—光纤；7—自聚焦透镜

光弹性式光纤压力传感器的 1/4 波长板用于提供一个偏置，提高系统的灵敏度。为了获得更高的精度和稳定度，还有另外一种检测的方法，其结构图如图 11-12 所示。输出光可以用偏振分光镜分别检测出两个相互垂直方向上的偏振分量，并将用“差/和”电路处理这两个分量，使输出与光源强度、光纤损耗无关。这种结构的传感器在光弹性元件上加上质量块后，也可以用于振动和加速度的检测。

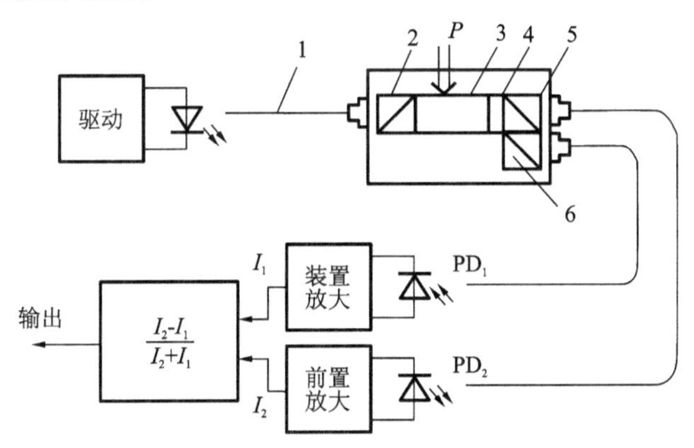

图 11-12　光弹性式光纤压力传感器的另一结构

3. 微弯式光纤压力传感器

微弯式光纤压力传感器式基于光纤的微弯效应，即由压力引起变形器产生位移，使光纤弯曲而调制光的强度。图 11-13 给出了两种用于声压检测的微弯式光纤水听器的探头结构。图 11-13(a)中，光纤从两块变形器中穿过。上面的变形板与弹性聚碳酸酯薄膜相连，随着声压的作用产生位移；下面的固定变形板固定在探头的十字底座上，在可调节螺钉的帮助下，可以给光纤施加初始压力，设置传感器的直流工作点。图 11-13(b)所示的结构中，光纤绕在一个有凹槽的圆柱体上，光纤向凹槽内弯曲，使得输出光强受到调制作用。这种结构的特点是可以增加光纤在圆柱体上的圈数，提高传感器的灵敏度。因此，这种结构的传感器的灵敏度和分辨率比一般的微弯式光纤压力传感器的有明显的提高。

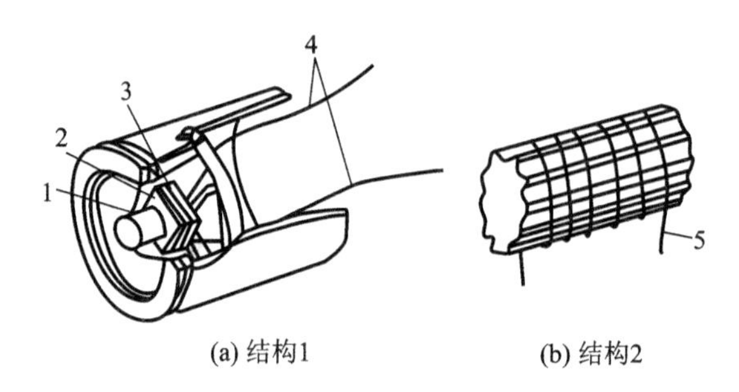

图 11-13　微弯式光纤水听器的探头结构

1—聚碳酸酯薄膜；2—可动变形板；3—固定变形板；4，5—光纤

思　考　题

1. 什么是超声波？其频率是多少？

2. 超声波在通过两种介质界面时，会发生什么现象？

3. 超声波传感器在发射与接收时分别利用什么效应？检测原理是什么？

4. 利用超声波测厚的基本方法是什么？

5. 红外辐射探测器分为哪两种类型，这两种探测器有哪些不同？试比较它们的优缺点。

6. 说明光纤的组成并分析其导光原理，指出光纤导光的必要条件。

7. 光纤传感器分为几大类？试举例说明。

8. 计算 $n_1=1.64$，$n_2=1.45$ 的阶跃折射率光纤的数值孔径值。如果外部媒质为空气，$n_0=1$，求该光纤的最大入射角。

第12章 传感技术的智能化发展

12.1 智能化传感器的概述

12.1.1 智能化传感器定义

智能化传感器是将一个或多个敏感元件、精密模拟电路、数字电路、微处理器(MCU)、通信接口、智能软件系统相结合的产物,并将硬件集成在一个封装组件内。该类传感器具备数据采集、数据处理、数据存储、自诊断、自补偿、在线校准、逻辑判断、双向通信、数字输出/模拟输出等功能,极大地提高了传感器的准确度、稳定性和可靠性。由于采用标准的数字接口,智能化传感器有着很强的互换性和兼容性。

智能化传感器从用户使用角度来看是一个具有标准数字接口的模块单元,用户可以按照面向对象的方法来设计自己的产品或应用系统。其标准仪表的数据接口满足 IEEE 14.5.1 协议,使得任何符合该协议的硬件设备均可与其连接和互换。其标准传感器的数据接口满足 MSD-SYS 接口规范,使得任何符合该协议的硬件设备均可与其连接和互换。

智能化传感器内嵌了标准的通信协议和标准的数字接口,使构造同类和/或不同类的复合传感器(多个传感器的结合)变得非常容易;同时借助标准的通信支持组件,智能化传感器可轻而易举地组成网络或作为用户网络内的一个节点。

12.1.2 智能化传感器的发展历程

现代信息技术的三大基础是信息采集(即传感器技术)、信息传输(通信技术)和信息处理(计算机技术)。传感器属于信息技术的前沿尖端产品,近百年来,传感器的发展大致经历了以下三个阶段:①传统的分立式传感器(含敏感元件);②模拟集成传感器;③智能传感器。目前,国际上新型传感器正从模拟式向数字式,由集成化向智能化、网络化的方向发展。

(1)传统的分立式传感器:该类传感器是用非集成化工艺制造的,仅具有获取信号的功能。

(2)模拟集成传感器:集成传感器是采用硅半导体集成工艺制成的,因此亦称硅传感器或单片集成传感器。模拟集成传感器是在 20 世纪 80 年代问世的。它是将传感器集成在一个芯片上,可完成测量及模拟信号输出功能的专用 IC。模拟集成传感器的主要特点是功能单一(仅测量某一物理量)、测量误差小、价格低、响应速度快、传输距离远、体积小、微功耗等,适合远距离测量、控制,不需要进行非线性校准,外围电路简单。

(3)智能传感器(intelligent sensor):智能传感器(亦称数字传感器)是在 20 世纪 90 年代中期问世的。它是微电子技术、计算机技术和自动测试技术的结晶。目前,国际上已开发出多种智能传感器系列产品。智能传感器内部都包含传感器、A/D 转换器、信号处理器、存储器(或寄存器)和接口电路。有的产品还带多路选择器、中央控制器(CPU)、随机存取存储器

(RAM)和只读存储器(ROM)。智能传感器的特点是,能输出测量数据及相关的控制量,适配各种微控制器(MCU),并且它是在硬件的基础上通过软件来实现测试功能的,其智能化程度也取决于软件的开发水平。

12.1.3 智能化传感器的功能和特点

1. 功能

智能化传感器一般都有下列全部或部分功能:

(1)具有自校零、自标定、自校正功能;

(2)具有自动补偿功能;

(3)能够自动采集数据,并对数据进行预处理;

(4)能够自行进行检验、自选量程、自寻故障;

(5)具有数字存储、记忆与信息处理功能;

(6)具有双向通信、标准化数字输出或符号输出功能;

(7)具有判断、决策处理能力。

2. 特点

与传统的传感器相比,智能化传感器的特点如下:

(1)精度高。智能化传感器有多项功能来保证它的高精度,如:通过自动校零去除零点误差;与标准参考基准实时对比以自动进行整体系统标定;自动进行整体非线性等系统误差的校正;通过对采集的大量数据的统计处理以消除偶然误差的影响。

(2)高可靠性与高稳定性。智能化传感器能自动补偿因工作条件与环境参数发生变化后引起系统特性的漂移,比如:温度变化而产生的零点和灵敏度的漂移;在被测参数变化后能自动改换量程;能实时自动进行系统的自我检验,分析、判断所采集的数据的合理性,并给出异常情况的应急处理(报警或故障提示)。因此,有多项功能保证了智能化传感器的高可靠性与高稳定性。

(3)高信噪比与高分辨率。智能化传感器具有数据存储、记忆与信息处理功能,通过软件进行数字滤波、相关分析等处理,可以去除输入数据中的噪声,将有用的信号提取出来。通过数据融合、神经网络技术,可以消除多参数状态下交叉灵敏度的影响,从而保证在多参数状态下对特定参数测量的分辨能力。故智能化传感器具有高的信噪比与分辨率。

(4)强的自适应性。智能化传感器具有判断、分析和处理功能,它能根据系统工作情况决定各部分的供电情况、与上位计算机的数据传输速率,使系统工作在最优低功耗状态和优化的传输速率下。

(5)高的性能价格比。智能化传感器所具有的上述高性能,不是像传统传感器技术那样为追求传感器本身的完善,对传感器的各个环节进行精心设计与调试、进行"手工艺品"式的精雕细琢来获得,而是通过与微处理器/计算机相结合,采用廉价的集成电路工艺和芯片以及强大的软件来实现的。所以智能化传感器具有高的性价比。

12.1.4 智能化传感器的意义

智能化设计是传感器传统设计理念中的一次革命,是世界传感器的发展趋势。传感器的智能化和任何其他事物一样有它的必然性，传感器作为信息系统的前端产品，它的特性、输出信息的可靠性对整个系统质量至关重要，但是长期以来与计算机技术的飞速发展相比，传感器技术前进的步伐明显落后。采用传统的传感器技术设计和生产，使得传感器的性价比很低。据有关资料介绍，从 1970 年到 1990 年，计算机的性价比提高了 1000 倍，而传感器的性价比只提高了 3 倍。然而，传统传感器技术已达到了技术极限，它的性价比不可能再有大幅度的提高。另外，它在以下几个方面存在着严重的不足：

(1)输入-输出特性存在非线性，且随时间漂移；

(2)参数易受环境条件变化的影响；

(3)信噪比低，易受噪声干扰；

(4)存在交叉灵敏度，选择性、分辨率不高。

随着工农业生产和科技事业的发展，不仅对传感器的性能要求越来越高，而且对它的数量要求也越来越大，再用传统的方法设计和手工操作为主的作坊式生产模式，质与量均满足不了需求。一方面传感器大量的使用要求把传感器的成本降下来，另一方面传感器在各个领域的使用又要求把性能提上新台阶。只有智能化传感器才能满足上述两方面的要求。

12.2　智能化传感器的实现

智能化传感器的“智能”主要体现在强大的信息处理功能上。在技术上有以下一些途径来实现。在先进的传感器中至少综合了其中两种趋势，往往同时体现了几种趋势。

(1)采用新的检测原理和结构实现信息处理的智能化。采用新的检测原理，通过微机械精细加工工艺设计新型结构，使之能真实地反映被测对象的完整信息，这也是传感器智能化的重要技术途径之一。例如，多振动智能传感器就是利用这种方式实现传感器智能化的。工程中的振动通常是多种振动模式的综合效应，常用频谱分析方法分析、解析振动。由于传感器在不同频率下灵敏度不同，势必造成分析上的失真。采用微机械加工技术，可在硅片上制作出极其精细的沟、槽、孔、膜、悬臂梁、共振腔等，构成性能优异的微型多振动传感器。目前，已能在 2 mm×4 mm 的硅片上制成有 50 条振动板、谐振频率为 4～14 kHz 的多振动智能化传感器。

(2)应用人工智能材料实现信息处理的智能化。利用人工智能材料的自适应、自诊断、自修复、自完善、自调节和自学习特性，制造智能化传感器。人工智能材料具有感知环境条件变化(普通传感器的功能)、自我判断(处理器的功能)及发出指令和自我采取行动(执行器的功能)功能。因此，利用人工智能材料就能实现智能化传感器所要求的对环境检测和反馈信息调节与转换的功能。人工智能材料种类繁多，例如，半导体陶瓷、记忆合金、氧化物薄膜等。人工智能材料按电子结构和化学键分为金属、陶瓷、聚合物和复合材料等几大类；按功能特性又分为半导体、压电体、铁弹体、铁磁体、铁电体、导电体、光导体、电光体和电致流变体等几种；按形状分为块材、薄膜和芯片智能材料。

(3)集成。集成智能化传感器是利用集成电路工艺和微机械技术将传感器敏感元件与功能强大的电子线路集成在一个芯片上(或二次集成在同一外壳内)，通常具有信号提取、信号处理、逻辑判断、双向通信等功能。和经典的传感器相比，集成化使得智能化传感器具有体积小、成本低、功耗小、速度快、可靠性高、精度高以及功能强大等优点。

(4)软件化。传感器与微处理器相结合的智能化传感器,利用计算机软件编程的优势,实现对测量数据的信息处理功能。其主要包括以下两方面:

①运用软件计算实现非线性校正、自补偿、自校准等,提高传感器的精度、重复性等。

②用软件实现信号滤波,如快速傅里叶变换、短时傅里叶变换、小波变换等技术,简化硬件、提高信噪比、改善传感器动态特性;运用人工智能、神经网络、模糊理论等,使传感器具有更高智能,即分析、判断、自学习的功能。

(5)多传感器信息融合技术。单个传感器在某一采样时刻只能获取一组数据。由于数据量少,经过处理得到的信息只能用来描述环境的局部特征,且存在着交叉敏感度的问题。多传感器系统通过多个传感器获得更多种类和数量的传感数据,经过处理得到多种信息,能够对环境进行更加全面和准确的描述。

(6)网络化。独立的智能化传感器虽然能够做到快速准确地检测环境信息,但随着测量和控制范围的不断扩大,单节点、被动的信息获取方式已经不能满足人们对分布式测控的要求。智能化传感器与通信网络技术相结合,形成网络化智能传感器。网络化智能传感器使传感器由单一功能、单一检测向多功能和多点检测发展,从被动检测向主动进行信息处理方向发展,从就地测量向远距离实时在线测控发展。传感器可以就近接入网络,传感器与测控设备间无须点对点连接,大大简化了连接线路,节省投资,也方便了系统的维护和扩充。

12.3　无线传感器应用分析

12.3.1　无线传感器概述

WSN 是 wireless sensor network 的简称,即无线传感器网络。无线传感器网络就是由部署在监测区域内大量的廉价微型传感器节点组成,通过无线通信方式形成的一个多跳的自组织的网络系统,其目的是协作地感知、采集和处理网络覆盖区域中被感知对象的信息,并发送给观察者。传感器、感知对象和观察者构成了无线传感器网络的三个要素。

微机电系统(micro-electro-mechanism system, MEMS)、片上系统(SOC, system on chip)、无线通信和低功耗嵌入式技术的飞速发展,孕育出无线传感器网络,并以其低功耗、低成本、分布式和自组织的特点带来了信息感知的一场变革。

无线传感器网络所具有的众多类型的传感器可探测包括地震、电磁、温度、湿度、噪声、光强度、压力、土壤成分,以及移动物体的大小、速度和方向等周边环境中多种多样的量。基于 MEMS 的微传感技术和无线联网技术为无线传感器网络赋予了广阔的应用前景。这些潜在的应用领域可以归纳为军事、航空、反恐、防爆、救灾、环境、医疗、保健、家居、工业、商业等领域。

目前,无线传感器网络已成为世界各国的研究热点,ZigBee 技术以其低复杂度、低成本、低功耗等优点,被广泛地应用于无线传感器网络中。

ZigBee 是基于 IEEE 802.15.4 标准的低功耗局域网协议。根据国际标准规定,ZigBee 技术是一种短距离、低功耗的无线通信技术。这一名称(又称紫蜂协议)来源于蜜蜂的八字舞,蜜蜂(bee)是靠飞翔和“嗡嗡”(zig)地抖动翅膀的“舞蹈”来与同伴传递花粉所在方位信息的,也就是说，蜜蜂依靠这样的方式构成了群体中的通信网络。其特点是近距离、低复杂度、自组织、低功耗、低数据传输速率，主要适合用于自动控制和远程控制领域，可以嵌入各种设备。简而言之，ZigBee 就是一种便宜的、低功耗的近距离无线组网通信技术。ZigBee 是一种低速、短距离传输的无线网络协议。ZigBee 协议从下到上分别为物理层(PHY)、媒体访问控制层(MAC)、传输层(TL)、网络层(NWK)、应用层(APL)等。其中物理层和媒体访问控制层遵循 IEEE 802.15.4标准的规定。SoC 解决方案 CC2530 是 ZigBee 解决方案之一。

12.3.2　CC2530 中断的使用

中断的使用：CC2530 的中断系统是为了让 CPU 对内部或外部的突发事件及时地作出响应，并执行相应中断的程序。中断由中断源引起，中断源由相应的寄存器来控制。当需要使用中断时，需配置相应的中断寄存器来开启中断。当中断发生时，程序将跳入中断服务函数中执行此中断所需要处理的事件。

中断源与中断向量：CC2530 有 18 个中断源，每个中断源都可以产生中断请求，中断请求可以通过设置中断使能 SFR 寄存器的中断使能位 IEN0、IEN1 或 IEN2 使能或禁止中断。当相应的中断源使能并发生时，中断标志位将自动置 1，然后程序跳往中断服务程序的入口地址执行中断服务程序。待中断服务程序处理完毕后，由硬件清除中断标志位。

中断服务程序的入口地址即中断向量，CC2530 的 18 个中断源对应了 18 个中断向量，中断向量定义在头文件“ioCC2530.h”中。

中断发生时，CC2530 硬件自动完成以下处理。

中断申请：中断源向 CPU 发出中断请求信号(中断申请一般需要在程序初始化中配置相应的中断寄存器开启、中断)。

中断响应：CPU 检测中断申请，把主程序中断的地址保存到堆栈，转入中断向量入口地址。

中断处理：按照中断向量中设定好的地址，转入相应的中断服务程序。

中断返回：中断服务程序执行完毕后，CPU 执行中断返回指令，把堆栈中保存的数据从堆栈弹出，返回原来的程序。

中断编程的一般过程如下。

中断设置：外设不同，具体的设置是不同的，一般至少包含启用中断。

中断函数编写：这是中断编程的主要工作，需要注意的是，中断函数尽可能地减少耗时或不进行耗时操作。

```
以 CC2530 的外部中断为例：
/P0 中断标志清 0
P0IFG |=0x00;
//P0.4 有上拉、下拉能力
P0INP &=~0X30;
//P0.4 和 P0.5 中断使能
P0IEN |=0x30;
//P0.4 和 P0.5，下降沿触发
```

```
PICTL|=0X01;
//开中断
EA=1;
//端口 0 中断使能
IEN1 |=0X20;
```

CC2530 所使用的编译器为 IAR。在 IAR 编译器中用关键字__ interrupt 来定义一个中断函数。使用♯progma vector 来提供中断函数的入口地址,并且中断函数没有返回值,没有函数参数。

```
# pragma vector=P0INT_VECTOR
__interrupt  void P0_ISR (void)
{
⋮                                //中断程序代码
}
```

在中断函数编写中,当程序进入中断服务程序之后,需要执行以下几个步骤:

(1)将对应的中断关掉(不是必需的,需要根据具体情况来处理);

(2)如果需要判断具体的中断源,则根据中断标志位进行判断(例如,所有 I/O 中断共用 1 个中断向量,需要通过中断标志区分是哪个引脚引起的中断);

(3)清中断标志(不是必需的,CC2530 中中断发生后由硬件自动清中断标志位);

(4)处理中断事件,此过程要尽可能少耗时;

(5)如果在第一步中关闭了相应的中断源,则需要在退出中断服务程序之前打开对应的中断。

```
//中断函数入口地址
# pragma vector=P0INT_VECTOR
//定义一个中断函数
__interrupt void P0_ISR(void)
{
   //关端口 P0.4、P0.5 中断
   P0IEN &=~0x30;
   //判断中断发生
   if(P0IFG>0)
   {
     //清中断标志
P0IFG=0;
/** 中断事件的处理**/
     ⋮
       }
   //开中断
   P0IEN |=0x30;
}
```

12.3.3 CC2530输入/输出(I/O)端口

CC2530包括3个8位输入/输出(I/O)端口,分别是P0、P1和P2。其中P0和P1有8个引脚,P2有5个引脚,共21个数字I/O引脚,具有以下功能:

(1)通用I/O;

(2)外设I/O;

(3)外部中断源输入口;

(4)弱上拉输入或推拉输出。

1. 通用I/O

用作通用I/O时,引脚可以组成3个8位端口,端口0、端口1和端口2,3个端口分别用P0、P1和P2来表示。

所有的端口均可以通过SFR寄存器P0、P1和P2进行位寻址和字节寻址。

每个端口引脚都可以单独设置为通用I/O或外部设备I/O。

其中P1.0和P1.1具备20 mA的输出驱动能力,其他所有的端口只具备4 mA的输出驱动能力。

通用I/O包括通用I/O配置寄存器、功能寄存器PxSEL、方向寄存器PxDIR、工作模式寄存器PxINP(其中x表示0,1,2)。

1)配置寄存器PxSEL(其中x表示0,1,2)

寄存器PxSEL用来设置端口的每个引脚为通用I/O或者是外部设备I/O(复位之后,所有的数字输入、输出引脚都设置为通用输入引脚)。以P0SEL为例讲解。表12-1所示的为寄存器PxSEL说明。

表12-1 寄存器PxSEL

位	名称	复位	R/W	描述
7:0	SELP0[7:0]	0x00	R/W	P0.7～P0.0功能选择。 0:通用I/O。 1:外设I/O

```
//P0.4和P0.5设置为普通的I/O口
P0SEL &=~0x30;
//P0.4和P0.5设置为外设的I/O口
P0SEL |=0x30;{HT
```

2)配置寄存器PxDIR(其中x表示0,1,2)

如果需要改变端口引脚方向,需要使用寄存器PxDIR来设置每个端口引脚的输入和输出。以P0DIR为例讲解。表12-2所示的为寄存器PxDIR说明。

表 12-2　寄存器 PxDIR

位	名称	复位	R/W	描述
7：0	DIRP0[7：0]	0x00	R/W	P0.7～P0.0 的 I/O 方向选择。 0:输入。 1:输出

```
//P0.4 和 P0.5 设为输入
P0DIR &=~0x30;
//P0.4 和 P0.5 设置为输出低电平
P0_4=0;
P0_5=0;
//P1.0 和 P1.1 设置为输出
P1DIR |=0x03;
//P1.0 和 P1.1 设置为输出高电平
P1_0=1;
P1_1=1;//P1.0 和 P1.1 设置为输出
P1DIR |=0x03;
//P1.0 和 P1.1 设置为输出高电平
P1_0=1;
P1_1=1;
```

2. 通用 I/O 中断

在设置 I/O 口的中断时必须要将其设置为输入状态，通过外部信号的上升或下降沿触发中断。通用 I/O 的所有外部中断共用一个中断向量，根据中断标志位来判断是哪个引脚发生中断。

通用 I/O 中断寄存器有三类：中断使能寄存器、中断状态标志寄存器和中断控制寄存器，中断使能寄存器包括 IENx 和 PxIEN(其中 x 代表 0、1、2)，其功能是使 I/O 口进行中断使能。中断状态标志寄存器为 PxIFG，其功能是当发生中断时，I/O 口所对应的中断状态标志自动置 1。中断控制寄存器为 PICTL，其功能是控制 I/O 口的中断触发方式。中断使能寄存器 IENx (其中 x 为 0,1,2)包括 3 个 8 位寄存器：IEN0、IEN1 和 IEN2。IENx 中断主要是配置总中断和 P0～2 端口的使能。

IEN1. P0 IE：P0 端口中断使能。

IEN2. P1 IE：P1 端口中断使能。

IEN2. P2 IE：P2 端口中断使能。

中断配置，为了使能任一中断，应该采取以下步骤：

(1)设置需要发生中断的 I/O 口为输入方式。

(2)清除中断标志，即将需要设置中断的引脚所对应的寄存器 PxIFG 状态标志位置 0。

(3)设置具体的 I/O 引脚中断使能,即设置中断的引脚所对应的寄存器 PxIEN 的中断使能位为 1。

(4)设置 I/O 口的中断触发方式。

(5)设置寄存器 IEN1 和 IEN2 中对应引脚的端口的中断使能位为 1。

(6)设置 IEN0 中的 EA 位为 1,使能全局中断。

编写中断服务程序。通过外部中断改变 LED1 亮灭。利用按键 SW5 和 SW6 触发 P0.4 和 P0.5 下降沿发生中断,控制 LED1 的亮灭,即当按下 SW5 或者 SW6 时,LED1 灯的状态发生改变,解决问题的步骤如下:

(1)LED 初始化:关闭 4 个 LED。

(2)外部中断初始化:清空 P0 中断标志位,开启 P0 口中断以及总中断。

(3)中断处理函数的编写。

```
#include <ioCC2530.h>
#define uint unsigned int
#define LED1 P1_0
#define LED2 P1_1
#define LED3 P1_2
#define LED4 P1_3 /****************************
* LED 初始化
****************************/
void InitLED(void)
{
  //P1 为普通 I/O 口
  P1SEL=0x00;
  // P1.0 P1.1 P1.2 P1.3 输出
  P1DIR=0x0F;
  //关闭 LED1
  LED1=1;
  //关闭 LED2
  LED2=1;
  //关闭 LED3
  LED3=1;
  //关闭 LED4
  LED4=1;


}
/* I/O 及外部中断初始化* /
void InitIO(void)
{
```

```
    //P0 中断标志清 0
    P0IFG |=0x00;
    //P0.4 有上拉、下拉能力
    P0INP &=~0X30;
    //P0.4 和 P0.5 中断使能
    P0IEN |=0x30;
    //P0.4 和 P0.5,下降沿触发
    PICTL|=0X01;
    //开中断
    EA=1;
    //端口 0 中断使能
    IEN1 |=0X20;

};
/********************************
* main()函数
*********************************/
void main(void)
{
//LED 初始化
InitLED();
//I/O 及外部中断初始化
InitIO();
//等待中断
Delay(100);
while(1);
}
/********************************
* 中断服务子程序
********************************/
# pragma vector=P0INT_VECTOR
__interrupt void P0_ISR(void)
{
        //关中断
P0IEN &=~0x30;
//判断按键中断
        if(P0IFG>0)
```

```
        {
          //清中断标志
          P0IFG=0;
          //LED1 改变状态
          LED1=! LED1;
        }
        //开中断
        P0IEN |=0x30;
    }
```

3. 外设 I/O

外设 I/O 是 I/O 的第二功能，当 I/O 配置为外设 I/O 时，可以通过软件配置连接到 ADC、串口、定时器和调试接口等。当设置为外设 I/O 时，需要将对应的寄存器位 PxSEL 置 1，每个外设单元对应两组可以选择的 I/O 引脚，即"外设位置 1"和"外设位置 2"。例如，USART 在 SPI 模式下，"外设位置 1"为 P0.2～P0.5，"外设位置 2"为 P1.2～P1.5。

整个 P0 口可作为 ADC 使用，因此可以使用多达 8 个 ADC 输入引脚。此时 P0 引脚必须配置为 ADC 输入。APCFG 寄存器（ADC 模拟外设 I/O 配置寄存器）可以配置 P0 的某个引脚为一个 ADC 输入，且相应的位必须设置为 1。表 12-3 所示的为 APCFG 寄存器说明。

表 12-3　APCFG 寄存器

位	名称	复位	R/W	描述
7:0	APCFG[7:0]	0x00	R/W	模拟外设 I/O 配置，APCFG[7:0]选择 P0.7～P0.0 作为模拟 I/O。 0:模拟 I/O 禁止。 1:模拟 I/O 使能

```
    //设置 P0.7 为 ADC 输入
    PICTL |=0x80;
```

外设串口：USART0 和 USART1 均有两种模式，分别是异步 UART 模式或同步 SPI 模式，并且每种模式下所对应的外设引脚有两种，即"外设位置 1"和"外设位置 2"。

P2SEL.PRI3P1 和 P2SEL.PRI0P1 为端口 1 指派外设优先顺序，当两者都设置为 0 时，USART0 优先。

12.3.4　CC2530 串口模式

当 UxCSR.MODE 设置为 1 时，就选择了 UART 模式。当 USART 收/发数据缓冲器 UxDBUF 写入数据时，该字节发送到输出引脚 TXD。UxDBUF 寄存器是双缓冲的。表 12-4 所示的为 UxDBUF 寄存器说明。

表 12-4　UxDBUF 寄存器

位	名称	复位	R/W	描述
7:0	DATA[7:0]	0x00	R/W	USART 接收和传送数据。当写这个寄存器时，数据被写到内部的传送数据寄存器，当读取该寄存器的时候，数据来自内部读取的数据寄存器

```
//定义一个字符型变量
unsigned char temp;
//读出 U0DBUF 中的数据
temp=U0DBUF;
```

1. UART **发送过程**

当字节传送开始时，UxCSR. ACTIVE 位变为高电平，而当字节传送结束时为低电平。当传送接收结束时，UxCSR. TX_BYTE 位设置为 1。当 USART 收/发数据缓冲寄存器就绪，准备接收新的发送数据时，就产生了一个中断请求。该中断在传送开始之后立刻发生，因此，当字节正在发送时，新的字节能够装入数据缓存器。

2. UART **接收过程**

当 1 写入 UxCSR. RE 位时，在 UART 上数据接收开始。UART 在输入引脚 RXDx 中寻找有效起始位，并且设置 UxCSR. ACTIVE 位为 1。当检测出有效起始位时，收到的字节就传入接收寄存器，UxCSR. RX_BYTE 位设置为 1。该操作完成时，产生接收中断。同时 UxCSR. ACTIVE变为低电平。通过寄存器 UxDBUF 提供收到的数据字节。

当 UxDBUF 读出时，UxCSR_BYTE 位由硬件清零。

```
void initUARTtest(void)
{
    //初始化时钟
    InitClock();
    //使用串口备用位置 1 P0 口
    PERCFG=0x00;
    //P0 用作串口
    P0SEL=0x3c;
    //选择串口 0 优先作为串口
    P2DIR &=~0XC0;
    //UART 方式
    U0CSR |=0x80;
    //波特率 baud_e 的选择
```

```
    U0GCR |=10;
    //波特率设为 57600
    U0BAUD |=216;
    //串口 0 发送中断标志清零
    UTX0IF=0;
}
串口发送字符串函数
void UartTX_Send_String(char * Data,int len)
{
  int j;
  for(j=0;j<len;j++)
  {
    U0DBUF=*Data++;
    while(UTX0IF==0);
    UTX0IF=0;
  }
}
```

12.3.5　CC2530 的 ADC

CC2530 的 ADC 支持多达 14 位的模拟数字转换，具有多达 12 位的有效数字位。它包括一个模拟多路转换器，具有多达 8 个各自可配置的通道，一个参考电压发生器。转换结果通过 DMA 写入存储器。ATEST 寄存器 ADC 的转换分为 ADC 序列转换和 ADC 单个转换。ADC 执行一系列的转换，并把转换结果通过 DMA 移动到存储器，不需要任何 CPU 的干预。

1. ADC 转换

ADC 序列转换与 APCFG 寄存器的设置有关，APCFG 有 8 位模拟输入的 I/O 引脚，对每一位都可以进行设置。如果模拟 I/O 使能，则每一个通道正常情况下应是 ADC 序列的一部分。如果相应的模拟 I/O 被禁用，将启用差分输入，处于差分的两个引脚必须在 APCFG 寄存器中设置为模拟输入引脚。ADCCON2.SCH 寄存器位用于定义一个 ADC 序列转换，它来自 ADC 输入。如果 ADCCON2.SCH 设置为一个小于 8 的值，则转换序列来自 AIN0～AIN7 的每个通道上；当 ADCCON2.SCH 设置为一个在 8 和 12 之间的值时，则序列包括差分输入；当 ADCCON2.SCH 设置为大于或等于 12 时，为单个 ADC 转换。

```
//开启 AD
ADCCON1=0x40;
```

ADC 的数字转换结果存放在寄存器 ADCH 和 ADCL 中：

```
//将转换的结果从 ADC:ADCH 中取出放入 temp 中
temp[1]=ADCL;
```

```
temp[0]=ADCH;
```

CC2530 还具有不同的运行模式。ADC 模块的框架图如 12-1 所示。

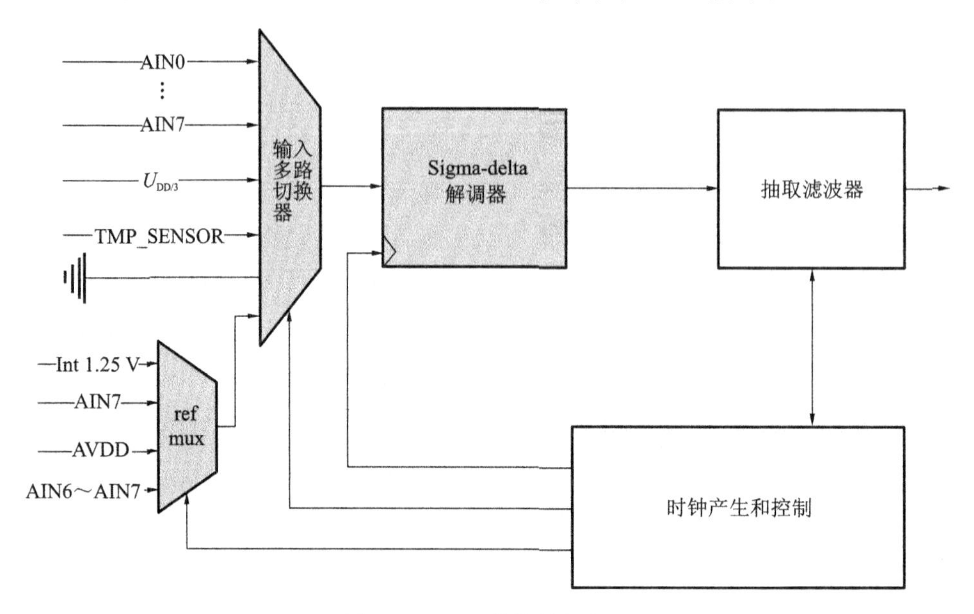

图 12-1　ADC 模块的框架图

CC2530 ADC 转换寄存器，其并口 P0 的 8 位都可以作 A/D 转换使用。CC2530 内部还有一个温度传感器，也属于 A/D 转换的输入。A/D 转换的精度可以设置为 8～14 位。

2. CC2530 ADC 数据的换算

CC2530 的 ADC 采集时，参考电压为 AVDD5(3.3 V)，采样率为 512(14 位有效数据)。由于在实验中采用单端转换方式，故实际数据只有 13 位。如这时将 ADC 采集到的数据记为 x，则 ADC 采集数据转换为电压为 $U=3.3x/8192$ V。

12.4　智能化传感器的应用

12.4.1　温湿度传感器 SHT10

1. 概述

SHT10 温湿度传感器是一款含有已校准数字信号输出的温湿度复合传感器。它应用拥有专利的工业 COMS 过程微加工技术(CMOSens®)，确保产品具有极高的可靠性与卓越的长期稳定性。

传感器包括一个电容式聚合体测湿元件和一个能隙式测温元件，并与一个 14 位的 ADC 及串行接口电路在同一芯片上实现无缝连接。该产品具有品质卓越、超快响应、抗干扰能力强、性价比极高等优点。

每个 SHT10 传感器芯片都在极为精确的湿度校验室中进行校准。校准系数以程序的形式储存在 OTP 内存中，传感器内部在检测信号的处理过程中要调用这些校准系数。

两线制串行接口和内部基准电压使系统集成变得简易快捷。超小的体积、极低的功耗，使其成为各类应用甚至极为苛刻的应用场合的上佳选择。

2. 结构框架

SHT10结构如图12-2所示。

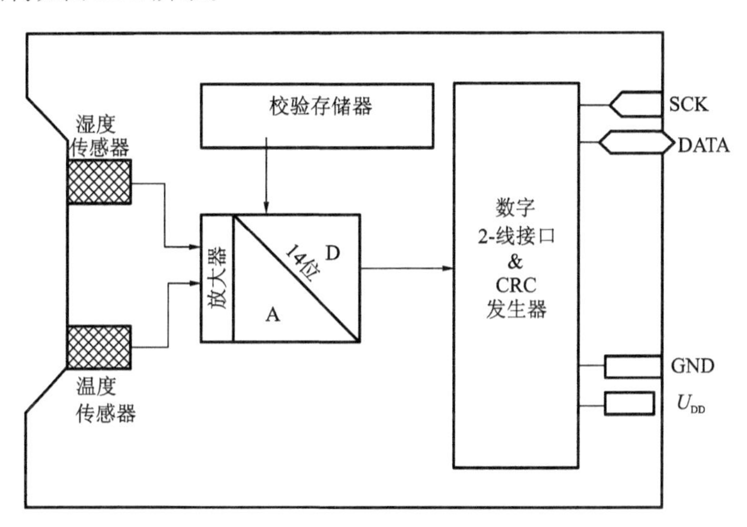

图12-2　SHT10结构框架

3. 使用方法

SHT10类似I2C的串行接口，在传感器信号的读取及电源损耗方面，都做了优化处理；传感器不能按照I2C协议编址，但是，如果I2C总线上没有挂接别的元件，传感器可以挂接到I2C总线上，但单片机必须按照传感器的协议工作。因此在实验中采用GPIO口，模拟类似I2C的串行协议时序与SHT10温湿度传感器进行通信。SHT10与微处理器的连接方法如图12-3所示。

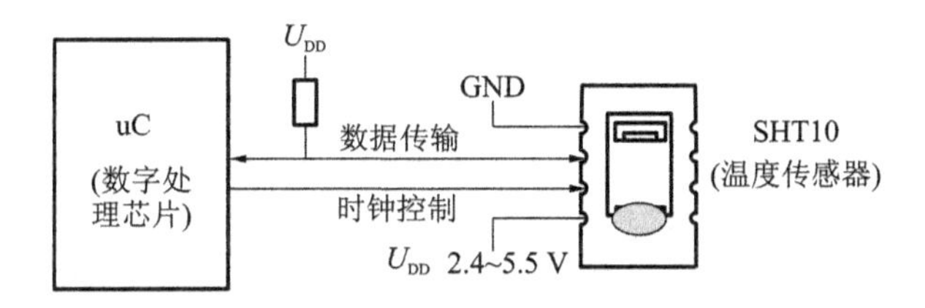

图12-3　SHT10与微处理器的连接方法

1)启动传感器

选择供电电压后将传感器通电，上电速率不能低于1 V/ms。通电后传感器需要11 ms进入休眠状态，在此之前不允许对传感器发送任何命令。

2)发送命令

用一组启动传输时序，来完成数据传输的初始化。它包括：当SCK时钟为高电平时，DATA从高电平翻转为低电平，紧接着SCK变为低电平，随后是在SCK时钟为高电平时，DATA翻转为高电平，时序工作图如图12-4所示。

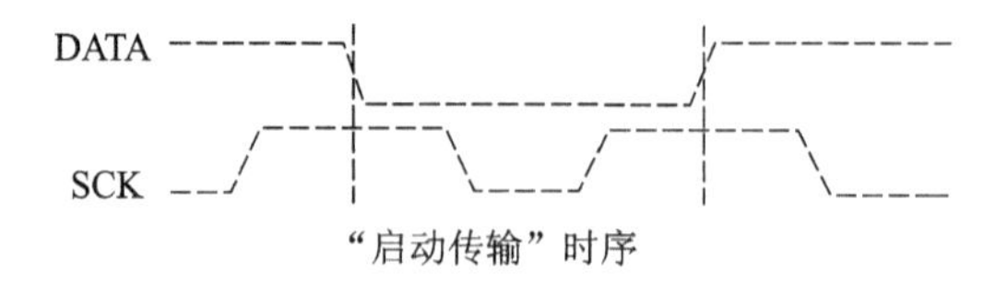

图 12-4　时序工作图

3)温湿度的测量

发送一组测量命令(“00000101”表示相对湿度 RH 测量,“00000011”表示温度 T 测量)后,控制器要等待测量结束。这个过程需要大约 20/80/320 ms,分别对应 8/12/14 位测量。确切的时间随内部晶振速度,最多可能有－30%的变化。SHT10 通过下拉 DATA 至低电平并进入空闲模式,表示测量结束。控制器在再次触发 SCK 时钟前,必须等待这个“数据准备好”信号来读出数据。检测数据可以先被存储,这样控制器可以继续执行其他任务,在需要时再读出数据。接着传输 2 个字节的测量数据和 1 个字节的 CRC 奇偶校验(可选择读取)。控制器需要通过下拉 DATA 为低电平,以确认每个字节。所有的数据从 MSB(最高有效位)开始,右值有效(例如:对于 12 位数据,从第 5 个 SCK 时钟起算作 MSB;而对于 8 位数据,首字节则无意义)。在收到 CRC 的确认位之后,通信结束。如果不使用 CRC-8 校验,则控制器可以在测量值 LSB 后,通过保持 ACK 为高电平终止通信。在测量和通信完成后,SHT10 自动转入休眠模式。

其中:相对湿度测量时序示例,数值“0000 0100 0011 0001”＝0x431＝1073＝35.5%RH(未包含温度补偿)。

4)温湿度传感器的接口电路

温湿度传感器的接口电路如图 12-5 所示。通过 CC2530 的 I/O 口仿真 SHT10 要求的串行接口时序,以读出 SHT10 温湿度传感器采集的当前温度和湿度值。SHT10 与 Zigbee 的接口电路如图 12-5。

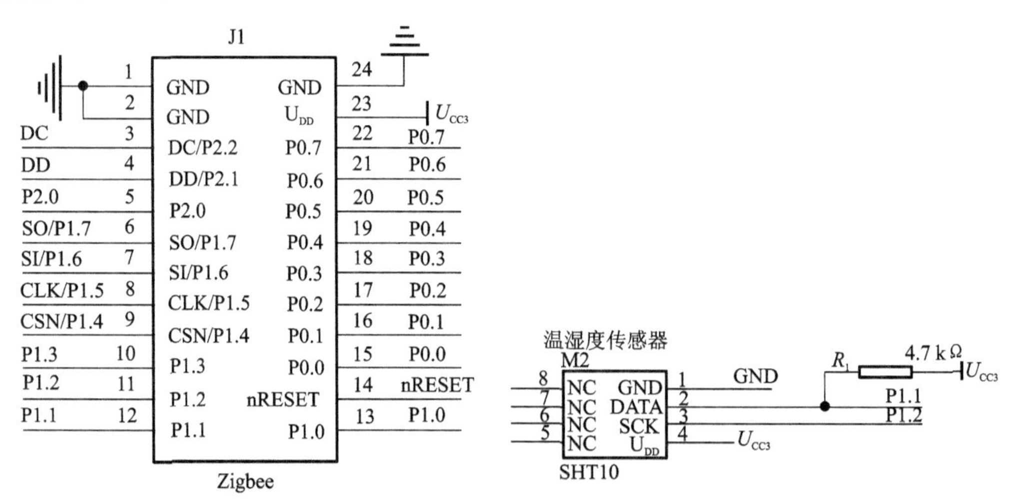

图 12-5　SHT10 与 Zigbee 的接口电路

4. 主程序核心代码

```
void main(void)

{
⋮
  Sensor_PIN_INT();//传感器用到的 I/O 口初始化
  UartTX_Send_String("Testing…\r'n",12); //通过串口打印出提示信息
  while(1){
    lTemp=ReadSHT1(3);             //参数 3 表示 00011 温度地址,即采集温度数据
    lTemp=lTemp>>8;                //删除低 8 位 CRC 校验数据后,即为采集的数据
    RHTValue=lTemp;
    RHTValue=0.01*RHTValue-39.7;//温湿度传感器温度补偿
    buf[0]=(uint8)RHTValue;         //获取整数值
    buf[0]=(((buf[0]/10)<<4)+(buf[0]%10));//转换为 ASCⅡ码,串口显示字符
是 ASCⅡ码形式的
    buf[1]=(buf[0]>>4)&0xf;//获取数据十位的数值
    buf[2]=(buf[0])&0xf;      //获取数据个位的数值
lTemp=ReadSHT1(5);  //参数 5 表示 00101 湿度地址,即采集湿度数据
  lTemp=lTemp>>8;  //删除 8 位 CRC 校验数据
  RHTValue=lTemp;
  RHTValue=
-2.048+0.0367*RHTValue-41.5955*RHTValue*RHTValue/1000000;
  //湿度数据补偿
  buf[3]=(uint8)RHTValue;                          //获取数据整数位的值
  buf[3]=(((buf[3]/10)<<4)+(buf[3]%10));
  buf[4]=(buf[3]>>4)&0xf;                          //获取数据十位的数值
  buf[5]=(buf[3])&0xf;                             //获取数据个位的数值
UartTX_Send_String("Temperature=",14);             //打印温度提示
    UartTX_Send_String(&buf[1],1);                 //打印温度十位
    UartTX_Send_String(&buf[2],1);                 //打印温度个数位
    UartTX_Send_String("    ",4);                  //打印空格
    UartTX_Send_String("humidity=",11);            //打印湿度提示
    UartTX_Send_String(&buf[4],1);                 //打印湿度十位
    UartTX_Send_String(&buf[5],1);                 //打印湿度个位
    UartTX_Send_String("\r\n",2);                  //回车换行,准备打印下一条
⋮
```

12.4.2 超声波传感器

1. 原理

超声波传感器是利用超声波的特性研制而成的传感器。超声波探头主要由压电晶片组成，既可以发射超声波，也可以接收超声波。小功率超声探头多作探测作用。超声探头的核心是其塑料外套或者金属外套中的一块压电晶片。构成晶片的材料可以有许多种。晶片的大小，如直径和厚度也各不相同，因此每个探头的性能是不同的，我们使用前必须预先了解它的性能。

当电压作用于压电陶瓷时，压电陶瓷会随电压和频率的变化产生机械变形。另一方面，当振动压电陶瓷时，则会产生一个电荷。利用这一原理，当给由两片压电陶瓷或一片压电陶瓷和一个金属片构成的振动器(称为双压电晶片器件)施加一个电信号时，就会因弯曲振动发射出超声波。相反，当向双压电晶片器件施加超声振动时，就会产生一个电信号。基于以上原理，便可以将压电陶瓷用作超声波传感器。

2. 主程序循环

超声波传感器使用简单，通过在超声波传感器的触发端 Trig 发送一个 10 μs 以上的高电平脉冲，当发射的超声波遇到障碍物时将有反射回声产生，在超声波传感器的回声端 Echo 就可以接收到一个高电平脉冲。知道此高电平脉冲的高电平长度，就可以计算出障碍物离超声波传感器的距离。计算公式为

$$L=\text{检测端高电平时间(s)}\times 340(\text{m/s})/2$$

```
void main(void){
⋮
while(1){
    P2_0=~P2_0;
    SendASignal();               //初始化超声波传感器
    while(1){
      if(P1_1==1)break;          //超声波发出后,开始计数
   }
    counter =0;                  //counter 保存高电平长度,单位为 50 μs

    while(1){
      if(P1_1==0)break;//接收到返回波后,停止计数
   }
    distance=counter;
    distance=(distance*50/1000000*340/2*100);//时间乘以声音传播
速度即可计算出距离
    counter=(unsigned int)distance;
//50 μs 定时器中断程序
```

```
# pragma vector=T1_VECTOR      //定时器 1 中断函数每 50 μs 产生一次中断
__interrupt void Timer1(void){
    counter++;                 //50 μs 计数
    //P0_0=~P0_0;
}
```

思　考　题

1. 智能化传感器的特点有哪些？试分析智能化传感器的意义。
2. 智能化传感器的实现方法有哪些？
3. 无线传感器网络应用在哪些领域？试举一个具体事例说明。
4. 智能温湿度传感器 SHT10 的内部结构、工作原理是什么？

附录A　常用热电偶分度表

表A.1　铂铑10-铂热电偶(S型)$E(t)$分度表

温度/(℃)	0	1	2	3	4	5	6	7	8	9
	热电势/mV									
−50	−0.236									
−40	−0.194	−0.199	−0.203	−0.207	−0.211	−0.215	−0.220	−0.224	−0.228	−0.232
−30	−0.150	−0.155	−0.159	−0.164	−0.168	−0.173	−0.177	−0.181	−0.186	−0.190
−20	−0.103	−0.108	−0.112	−0.117	−0.122	−0.127	−0.132	−0.136	−0.141	−0.145
−10	−0.053	−0.058	−0.063	−0.068	−0.073	−0.078	−0.083	−0.088	−0.093	−0.098
−0	−0.000	−0.005	−0.011	−0.016	−0.021	−0.027	−0.032	−0.037	−0.042	−0.048
0	0.000	0.005	0.011	0.016	0.022	0.027	0.033	0.038	0.044	0.050
10	0.055	0.061	0.067	0.072	0.078	0.084	0.090	0.095	0.101	0.107
20	0.113	0.119	0.125	0.131	0.137	0.142	0.148	0.154	0.161	0.167
30	0.173	0.179	0.185	0.191	0.197	0.203	0.210	0.216	0.222	0.228
40	0.235	0.241	0.247	0.254	0.260	0.266	0.273	0.279	0.286	0.292
50	0.299	0.305	0.312	0.318	0.325	0.331	0.338	0.345	0.351	0.358
60	0.365	0.371	0.378	0.385	0.391	0.398	0.405	0.412	0.419	0.425
70	0.432	0.439	0.446	0.453	0.460	0.467	0.474	0.481	0.488	0.495
80	0.502	0.509	0.516	0.523	0.530	0.537	0.544	0.551	0.558	0.566
90	0.573	0.580	0.587	0.594	0.602	0.609	0.616	0.623	0.631	0.638
100	0.654	0.653	0.660	0.667	0.675	0.682	0.690	0.697	0.704	0.712
110	0.719	0.727	0.734	0.742	0.749	0.757	0.764	0.772	0.780	0.787
120	0.795	0.802	0.810	0.818	0.825	0.833	0.841	0.848	0.856	0.864
130	0.872	0.879	0.887	0.895	0.903	0.910	0.918	0.926	0.934	0.942
140	0.950	0.957	0.965	0.973	0.981	0.989	0.997	0.1005	0.1013	0.1021
150	1.029	1.037	1.045	1.053	1.061	1.069	1.077	1.085	1.093	1.101
160	1.109	1.117	1.125	1.133	1.141	1.149	1.158	1.166	1.174	1.182
170	1.190	1.198	1.207	1.215	1.223	1.231	1.240	1.248	1.256	1.264

续表

温度/(℃)	0	1	2	3	4	5	6	7	8	9
	热电势/mV									
180	1.273	1.281	1.289	1.297	1.306	1.314	1.322	1.331	1.339	1.347
190	1.356	1.364	1.373	1.381	1.389	1.398	1.406	1.415	1.423	1.432
200	1.440	1.448	1.457	1.465	1.474	1.482	1.491	1.499	1.508	1.516
210	1.525	1.534	1.542	1.551	1.559	1.568	1.576	1.585	1.594	1.602
220	1.611	1.620	1.628	1.637	1.645	1.654	1.663	1.671	1.680	1.689
230	1.698	1.706	1.715	1.724	1.732	1.741	1.750	1.759	1.767	1.776
240	1.785	1.794	1.802	1.811	1.820	1.829	1.838	1.846	1.855	1.864
250	1.873	1.882	1.891	1.899	1.908	1.917	1.926	1.935	1.944	1.953
260	1.962	1.971	1.979	1.988	1.997	2.006	2.015	2.024	2.033	2.042
270	2.051	2.060	2.069	2.078	2.087	2.096	2.105	2.114	2.123	2.132
280	2.141	2.150	2.159	2.168	2.177	2.186	2.195	2.204	2.213	2.222
290	2.232	2.241	2.250	2.259	2.268	2.277	2.286	2.295	2.304	2.314
300	2.323	2.332	2.341	2.350	2.359	2.368	2.378	2.387	2.396	2.405
310	2.414	2.424	2.433	2.442	2.451	2.460	2.470	2.479	2.488	2.497
320	2.506	2.516	2.525	2.534	2.543	2.553	2.562	2.571	2.581	2.590
330	2.599	2.608	2.618	2.627	2.636	2.646	2.655	2.664	2.674	2.683
340	2.692	2.702	2.711	2.720	2.730	2.739	2.748	2.758	2.767	2.776
350	2.786	2.795	2.805	2.814	2.823	2.833	2.842	2.852	2.861	2.870
360	2.880	2.889	2.899	2.908	2.917	2.927	2.936	2.946	2.955	2.965
370	2.974	2.984	2.993	3.003	3.012	3.022	3.031	3.041	3.050	3.059
380	3.069	3.078	3.088	30.97	3.107	3.117	3.126	3.136	3.145	3.155
390	3.164	3.174	3.183	3.193	3.202	3.212	3.221	3.231	3.241	3.250
400	3.260	3.269	3.279	3.288	3.298	3.308	3.317	3.327	3.336	3.346
410	3.356	3.365	3.375	3.384	3.394	3.404	3.413	3.423	3.433	3.442
420	3.452	3.462	3.471	3.481	3.491	3.500	3.510	3.520	3.529	3.539
430	3.549	3.558	3.568	3.578	3.587	3.597	3.607	3.616	3.626	3.636
440	3.645	3.655	3.665	3.675	3.684	3.694	3.704	3.714	3.723	3.733
450	3.743	3.752	3.762	3.772	3.782	3.791	3.801	3.811	3.821	3.831
460	3.840	3.850	3.860	3.870	3.879	3.889	3.899	3.909	3.919	3.928

续表

温度/(℃)	0	1	2	3	4	5	6	7	8	9
	热电势/mV									
470	3.938	3.948	3.958	3.968	3.977	3.987	3.997	4.007	4.017	4.027
480	4.036	4.046	4.056	4.066	4.076	4.086	4.095	4.105	4.115	4.125
490	4.135	4.145	4.155	4.164	4.174	4.184	4.194	4.204	4.214	4.224
500	4.234	4.243	4.253	4.263	4.273	4.283	4.293	4.303	4.313	4.323
510	4.333	4.343	4.352	4.362	4.372	4.382	4.392	4.402	4.412	4.422
520	4.432	4.442	4.452	4.462	4.472	4.482	4.492	4.502	4.512	4.522
530	4.532	4.542	4.552	4.562	4.572	4.582	4.592	4.602	4.612	4.622
540	4.632	4.642	4.652	4.662	4.672	4.682	4.692	4.702	4.712	4.722
550	4.732	4.742	4.752	4.762	4.772	4.782	4.792	4.802	4.812	4.822
560	4.832	4.842	4.852	4.862	4.873	4.883	4.893	4.903	4.913	4.923
570	4.933	4.943	4.953	4.963	4.973	4.984	4.994	5.004	5.014	5.024
580	5.034	5.044	5.054	5.065	5.075	5.085	5.095	5.105	5.115	5.125
590	5.136	5.146	5.156	5.166	5.176	5.186	5.197	5.207	5.217	5.227
600	5.237	5.247	5.258	5.268	5.278	5.288	5.298	5.309	5.319	5.329
610	5.339	5.350	5.360	5.370	5.380	5.391	5.401	5.411	5.421	5.431
620	5.442	5.452	5.462	5.473	5.483	5.498	5.503	5.514	5.524	5.534
630	5.544	5.555	5.565	5.575	5.586	5.596	5.606	5.617	5.627	5.637
640	5.648	5.658	5.668	5.679	5.689	5.700	5.710	5.720	5.731	5.741
650	5.751	5.762	5.772	5.782	5.793	5.803	5.813	5.823	5.833	5.845
660	5.855	5.866	5.876	5.887	5.897	5.907	5.918	5.928	5.939	5.949
670	5.960	5.970	5.980	5.991	6.001	6.012	6.022	6.033	6.043	6.054
680	6.064	6.075	6.085	6.096	6.106	6.117	6.127	6.138	6.148	6.159
690	6.169	6.180	6.190	6.201	6.211	6.222	6.232	6.243	6.253	6.264
700	6.274	6.285	6.295	6.306	6.316	6.327	6.338	6.348	6.359	6.369
710	6.380	6.390	6.401	6.412	6.422	6.433	6.443	6.454	6.465	6.475
720	6.486	6.496	6.507	6.518	6.528	6.539	6.549	6.560	6.571	6.581
730	6.592	6.603	6.613	6.624	6.635	6.645	6.656	6.667	6.677	6.688
740	6.699	6.709	6.720	6.731	6.741	6.752	6.763	6.773	6.784	6.795
750	6.805	6.816	6.827	6.838	6.848	6.859	6.870	6.880	6.891	6.902

续表

温度/(℃)	0	1	2	3	4	5	6	7	8	9
	热电势/mV									
760	6.913	6.923	6.934	6.945	6.956	6.966	6.977	6.988	6.999	7.009
770	7.020	7.031	7.042	7.053	7.063	7.074	7.085	7.096	7.107	7.117
780	7.128	7.139	7.150	7.161	7.171	7.182	7.193	7.204	7.215	7.225
790	7.236	7.247	7.258	7.269	7.280	7.291	7.301	7.312	7.323	7.334
800	7.345	7.356	7.367	7.377	7.388	7.399	7.410	7.421	7.432	7.443
810	7.454	7.465	7.476	7.486	7.497	7.508	7.519	7.530	7.541	7.552
820	7.563	7.574	7.585	7.596	7.607	7.618	7.629	7.640	7.651	7.661
830	7.672	7.683	7.694	7.705	7.716	7.727	7.738	7.749	7.760	7.771
840	7.782	7.793	7.804	7.815	7.826	7.837	7.848	7.859	7.870	7.881
850	7.892	7.904	7.915	7.926	7.937	7.948	7.959	7.970	7.981	7.992
860	8.003	8.014	8.025	8.036	8.047	8.058	8.069	8.081	8.092	8.103
870	8.114	8.125	8.136	8.147	8.158	8.169	8.180	8.192	8.203	8.214
880	8.225	8.236	8.247	8.258	8.270	8.281	8.292	8.303	8.314	8.325
890	8.336	8.348	8.359	8.370	8.381	8.392	8.404	8.415	8.426	8.437
900	8.448	8.460	8.471	8.482	8.493	8.504	8.516	8.527	8.538	8.549
910	8.560	8.572	8.583	8.594	8.605	8.617	8.628	8.639	8.650	8.662
920	8.673	8.684	8.695	8.707	8.718	8.729	8.741	8.752	8.763	8.774
930	8.786	8.797	8.808	8.820	8.831	8.842	8.854	8.865	8.876	8.888
940	8.899	8.910	8.922	8.933	8.944	8.956	8.967	8.978	8.990	9.001
950	9.012	9.024	9.035	9.047	9.058	9.069	9.081	9.092	9.103	9.115
960	9.126	9.138	9.149	9.160	9.172	9.183	9.195	9.206	9.217	9.229
970	9.240	9.252	9.263	9.275	9.286	9.298	9.309	9.320	9.332	9.343
980	9.355	9.366	9.378	9.389	9.401	9.412	9.424	9.435	9.447	9.458
990	9.470	9.481	9.493	9.504	9.516	9.527	9.539	9.550	9.562	9.573
1000	9.585	9.596	9.608	9.619	9.631	9.642	9.654	9.665	9.677	9.689
1010	9.700	9.712	9.723	9.735	9.746	9.758	9.770	9.781	9.793	9.804
1020	9.816	9.828	9.839	9.851	9.862	9.874	9.886	9.897	9.909	9.920
1030	9.932	9.944	9.955	9.967	9.979	9.990	10.002	10.013	10.025	10.037
1040	10.048	10.060	10.072	10.083	10.095	10.107	10.118	10.130	10.142	10.154

续表

温度/(℃)	0	1	2	3	4	5	6	7	8	9
	热电势/mV									
1050	10.165	10.177	10.189	10.200	10.212	10.224	10.235	10.247	10.259	10.271
1060	10.282	10.294	10.306	10.318	10.329	10.341	10.353	10.364	10.376	10.388
1070	0.400	10.411	10.423	10.435	10.447	10.459	10.470	10.482	10.494	10.506
1080	10.517	10.529	10.541	10.553	10.565	10.576	10.588	10.600	10.612	10.624
1090	10.635	10.647	10.659	10.671	10.683	10.694	10.706	10.718	10.730	10.742
1100	10.754	10.765	10.777	10.789	10.801	10.813	10.825	10.836	10.848	10.860
1110	10.872	10.884	10.896	10.908	10.919	10.931	10.943	10.955	10.967	10.979
1120	10.991	11.003	11.014	11.026	11.038	11.050	11.062	11.074	11.086	11.098
1130	11.110	11.121	11.133	11.145	11.157	11.169	11.181	11.193	11.205	11.217
1140	11.229	11.241	11.252	11.264	11.276	11.288	11.300	11.312	11.324	11.336
1150	11.348	11.360	11.372	11.384	11.396	11.408	11.420	11.432	11.443	11.455
1160	11.467	11.479	11.491	11.503	11.515	11.527	11.539	11.551	11.563	11.575
1170	11.587	11.599	11.611	11.623	11.635	11.647	11.659	11.671	11.683	11.695
1180	11.707	11.719	11.731	11.743	11.755	11.767	11.779	11.791	11.803	11.815
1190	11.827	11.839	11.851	11.863	11.875	11.887	11.899	11.911	11.923	11.935
1200	11.947	11.959	11.971	11.983	11.995	12.007	12.019	12.031	12.043	12.055
1210	12.067	12.079	12.091	12.103	12.116	12.128	12.140	12.152	12.164	12.176
1220	12.188	12.200	12.212	12.224	12.236	12.248	12.260	12.272	12.284	12.296
1230	12.308	12.320	12.332	12.345	12.357	12.369	12.381	12.393	12.405	12.417
1240	12.429	12.441	12.453	12.465	12.477	12.489	12.501	12.514	12.526	12.538
1250	12.550	12.562	12.574	12.586	12.598	12.610	12.622	12.634	12.647	12.659
1260	12.671	12.683	12.695	12.707	12.719	12.731	12.743	12.755	12.767	12.780
1270	12.792	12.804	12.816	12.828	12.840	12.852	12.864	12.876	12.888	12.901
1280	12.913	12.925	12.937	12.949	12.961	12.973	12.985	12.997	13.010	13.022
1290	13.034	13.046	13.058	13.070	13.082	13.094	13.107	13.119	13.131	13.143
1300	13.155	13.167	13.179	13.191	13.203	13.216	13.228	13.240	13.252	13.264
1310	13.276	13.288	13.300	13.313	13.325	13.337	13.349	13.361	13.373	13.385
1320	13.397	13.410	13.422	13.434	13.446	13.458	13.470	13.482	13.495	13.507
1330	13.519	13.531	13.543	13.555	13.567	13.579	13.592	13.604	13.616	13.628

续表

温度/(℃)	0	1	2	3	4	5	6	7	8	9
	热电势/mV									
1340	13.640	13.652	13.664	13.677	13.689	13.701	13.713	13.725	13.737	13.749
1350	13.761	13.774	13.786	13.798	13.810	13.822	13.834	13.846	13.859	13.871
1360	13.883	13.895	13.907	13.919	13.931	13.944	13.956	13.968	13.980	13.992
1370	14.004	14.016	14.028	14.040	14.053	14.065	14.077	14.089	14.101	14.113
1380	14.125	14.138	14.150	14.162	14.174	14.186	14.198	14.210	14.222	14.235
1390	14.247	14.259	14.271	14.283	14.295	14.307	14.319	14.332	14.344	14.356
1400	14.368	14.380	14.392	14.404	14.416	14.429	14.441	14.453	14.465	14.477
1410	14.489	14.501	14.513	14.526	14.538	14.550	14.562	14.574	14.586	14.598
1420	14.610	14.622	14.635	14.647	14.659	14.671	14.683	14.695	14.707	14.719
1430	14.731	14.744	14.756	14.768	14.780	14.792	14.804	14.816	14.828	14.840
1440	14.852	14.865	14.877	14.889	14.901	14.913	14.925	14.937	14.949	14.961
1450	14.973	14.985	14.998	15.010	15.022	15.034	15.046	15.058	15.070	15.082
1460	15.094	15.106	15.118	15.130	15.143	15.155	15.167	15.179	15.191	15.203
1470	15.215	15.227	15.239	15.251	15.263	15.275	15.287	15.299	15.311	15.324
1480	15.336	15.348	15.360	15.372	15.384	15.396	15.408	15.420	15.432	15.444
1490	15.456	15.468	15.480	15.492	15.504	15.516	15.528	15.540	15.552	15.564
1500	15.576	15.589	15.601	15.613	15.625	15.637	15.649	15.661	15.673	15.685
1510	15.697	15.709	15.721	15.733	15.745	15.757	15.769	15.781	15.793	15.805
1520	15.817	15.829	15.841	15.853	15.865	15.877	15.889	15.901	15.913	15.925
1530	15.937	15.949	15.961	15.973	15.985	15.997	16.009	16.021	16.033	16.045
1540	16.057	16.069	16.080	16.092	16.104	16.116	16.128	16.140	16.152	16.164
1550	16.176	16.188	16.200	16.212	16.224	16.236	16.248	16.260	16.272	16.284
1560	16.296	16.308	16.319	16.331	16.343	16.355	16.367	16.379	16.391	16.403
1570	16.415	16.427	16.439	16.451	16.462	16.474	16.486	16.498	16.510	16.522
1580	16.534	16.546	16.558	16.569	16.581	16.593	16.605	16.617	16.629	16.641
1590	16.653	16.664	16.676	16.688	16.700	16.712	16.724	16.736	16.747	16.759
1600	16.771									

表 A.2 镍铬-镍硅(K型)热电偶 $E(t)$ 分度表

分度号:K　　　　参考端温度:0 ℃

T/(℃)	0	−1	−2	−3	−4	−5	−6	−7	−8	−9
0	0	−0.039	−0.079	−0.118	−0.157	−0.197	−0.236	−0.275	−0.314	−0.353
−10	−0.392	−0.431	−0.47	−0.508	−0.547	−0.586	−0.624	−0.663	−0.701	−0.739
−20	−0.778	−0.816	−0.854	−0.892	−0.93	−0.968	−1.006	−1.043	−1.081	−1.119

热电势 $E(t)$/mV

T/(℃)	0	1	2	3	4	5	6	7	8	9
0	0	0.039	0.079	0.119	0.158	0.198	0.238	0.277	0.317	0.357
10	0.397	0.437	0.477	0.517	0.557	0.597	0.637	0.677	0.718	0.758
20	0.798	0.838	0.879	0.919	0.96	1	1.041	1.081	1.122	1.136
30	1.203	1.244	1.285	1.326	1.366	1.407	1.448	1.489	1.53	1.571
40	1.612	1.653	1.694	1.735	1.776	1.817	1.858	1.899	1.941	1.982
50	2.023	2.064	2.106	2.147	2.188	2.23	2.271	2.312	2.354	2.395
60	2.436	2.478	2.519	2.561	2.602	2.644	2.685	2.727	2.768	2.81
70	2.851	2.893	2.934	2.976	3.017	3.059	3.1	3.142	3.184	3.225
80	3.267	3.308	3.35	3.391	3.433	3.474	3.516	3.557	3.599	3.64
90	3.682	3.723	3.765	3.806	3.848	3.889	3.931	3.972	4.013	4.055
100	4.096	4.138	4.179	4.22	4.262	4.303	4.344	4.385	4.427	4.468
110	4.509	4.55	4.591	4.633	4.674	4.715	4.756	4.797	4.838	4.879
120	4.92	4.961	5.002	5.043	5.084	5.124	5.165	5.206	5.247	5.288
130	5.328	5.369	5.41	5.45	5.491	5.532	5.572	5.613	5.653	5.694
140	5.735	5.775	5.815	5.856	5.896	5.937	5.977	6.017	6.058	6.098
150	6.138	6.179	6.219	6.259	6.299	6.339	6.38	6.42	6.46	6.5
160	6.54	6.58	6.62	6.66	6.701	6.741	6.781	6.821	6.861	6.901
170	6.941	6.981	7.021	7.06	7.1	7.14	7.18	7.22	7.26	7.3
180	7.34	7.38	7.42	7.46	7.5	7.54	7.579	7.619	7.659	7.699
190	7.739	7.779	7.819	7.859	7.899	7.939	7.979	8.019	8.059	8.099
200	8.138	8.178	8.218	8.258	8.298	8.338	8.378	8.418	8.458	8.499
210	8.539	8.579	8.619	8.659	8.699	8.739	8.779	8.819	8.86	8.9
220	8.94	8.98	9.02	9.061	9.101	9.141	9.181	9.222	9.262	9.302
230	9.343	9.383	9.423	9.464	9.504	9.545	9.585	9.626	9.666	9.707

续表

T/(℃)	0	1	2	3	4	5	6	7	8	9
240	9.747	9.788	9.828	9.869	9.909	9.95	9.991	10.031	10.072	10.113
250	10.153	10.194	10.235	10.276	10.316	10.357	10.398	10.439	10.48	10.52
260	10.561	10.602	10.643	10.684	10.725	10.766	10.807	10.848	10.889	10.93
270	10.971	11.012	11.053	11.094	11.135	11.176	11.217	11.259	11.3	11.341
280	11.382	11.423	11.465	11.506	11.547	11.588	11.63	11.671	11.712	11.753
290	11.795	11.836	11.877	11.919	11.96	12.001	12.043	12.084	12.126	12.167
300	12.209	12.25	12.291	12.333	12.374	12.416	12.457	12.499	12.54	12.582
310	12.624	12.665	12.707	12.748	12.79	12.831	12.873	12.915	12.956	12.998
320	13.04	13.081	13.123	13.165	13.206	13.248	13.29	13.331	13.373	13.415
330	13.457	13.498	13.54	13.582	13.624	13.665	13.707	13.749	13.791	13.833
340	13.874	13.916	13.958	14	14.042	14.084	14.126	14.167	14.209	14.251
350	14.293	14.335	14.377	14.419	14.461	14.503	14.545	14.587	14.629	14.671
360	14.713	14.755	14.797	14.839	14.881	14.923	14.965	15.007	15.049	15.091
370	15.133	15.175	15.217	15.259	15.301	15.343	15.385	15.427	15.469	15.511
380	15.554	15.596	15.638	15.68	15.722	15.764	15.806	15.849	15.891	15.933
390	15.975	16.071	16.059	16.102	16.144	16.186	16.228	16.27	16.313	16.355
400	16.397	16.439	16.482	16.524	16.566	16.608	16.651	16.693	16.735	16.778
410	16.82	16.862	16.904	16.947	16.989	17.031	17.074	17.116	17.158	17.201
420	17.243	17.285	17.328	17.37	17.413	17.455	17.497	17.54	17.582	17.624
430	17.667	17.709	17.752	17.794	17.837	17.879	17.921	17.964	18.006	18.049
440	18.091	18.134	18.176	18.218	18.261	18.303	18.346	18.388	18.431	18.473
450	18.516	18.558	18.601	18.643	18.686	18.728	18.771	18.813	18.856	18.898
460	18.941	18.983	19.026	19.068	19.111	19.154	19.196	19.239	19.281	19.324
470	19.366	19.409	19.451	19.494	19.537	19.579	19.622	19.664	19.707	19.75
480	19.792	19.835	19.877	19.92	19.962	20.005	20.048	20.09	20.133	20.175
490	20.218	20.261	20.303	20.346	20.389	20.431	20.474	20.516	20.559	20.602
500	20.644	20.687	20.73	20.772	20.815	20.857	20.9	20.943	20.985	21.028
510	21.071	21.113	21.156	21.199	21.241	21.284	21.326	21.369	21.412	21.454
520	21.497	21.54	21.582	21.625	21.668	21.71	21.753	21.796	21.838	21.881
530	21.924	21.966	22.009	22.052	22.094	22.137	22.179	22.222	22.265	22.307

续表

T/(℃)	0	1	2	3	4	5	6	7	8	9
540	22.35	22.393	22.435	22.478	22.521	22.563	22.606	22.649	22.691	22.734
550	22.776	22.819	22.862	22.904	22.947	22.99	23.032	23.075	23.117	23.16
560	23.203	23.245	23.288	23.331	23.373	23.416	23.458	23.501	23.544	23.586
570	23.629	23.671	23.714	23.757	23.799	23.842	23.884	23.927	23.97	24.012
580	24.055	24.097	24.14	24.182	24.225	24.267	24.31	24.353	24.395	24.438
590	24.48	24.523	24.565	24.608	24.65	24.693	24.735	24.778	24.82	24.863
600	24.905	24.948	24.99	25.033	25.075	25.118	25.16	25.203	25.245	25.288
610	25.33	25.373	25.415	25.458	25.5	25.543	25.585	25.627	25.67	25.712
620	25.755	25.797	25.84	25.882	25.924	25.967	26.009	26.052	26.094	26.136
630	26.179	26.221	26.263	26.306	26.348	26.39	26.433	26.475	26.517	26.56
640	26.602	26.644	26.687	26.729	26.771	26.814	26.856	26.898	26.94	26.983
650	27.025	27.067	27.109	27.152	27.194	27.236	27.278	27.32	27.363	27.405
660	27.447	27.489	27.531	27.574	27.616	27.658	27.7	27.742	27.784	27.826
670	27.869	27.911	27.953	27.995	28.037	28.079	28.121	28.163	28.205	28.247
680	28.289	28.332	28.374	28.416	28.458	28.5	28.542	28.584	28.626	28.668
690	28.71	28.752	28.794	28.835	28.877	28.919	28.961	29.003	29.045	29.087
700	29.129	29.171	29.213	29.255	29.297	29.338	29.38	29.422	29.464	29.506
710	29.548	29.589	29.631	29.673	29.715	29.757	29.798	29.84	29.882	29.924
720	29.965	30.007	30.049	30.09	30.132	30.174	30.216	30.257	30.299	30.341
730	30.382	30.424	30.466	30.507	30.549	30.59	30.632	30.674	30.715	30.757
740	30.798	30.84	30.881	30.923	30.964	31.006	31.047	31.089	31.13	31.172
750	31.213	31.255	31.296	31.338	31.379	31.421	31.462	31.504	31.545	31.586
760	31.628	31.699	31.71	31.752	31.793	31.834	31.876	31.917	31.958	32
770	32.041	32.082	32.124	32.165	32.206	32.247	32.289	32.33	32.371	32.412
780	32.453	32.498	32.536	32.577	32.618	32.659	32.7	32.742	32.783	32.824
790	32.865	32.906	32.947	32.988	33.029	33.07	33.111	33.152	33.193	33.234
800	33.275	33.316	33.357	33.398	33.439	33.48	33.521	33.562	33.602	33.644
810	33.685	33.726	33.767	33.808	33.848	33.889	33.93	33.971	34.012	34.053
820	34.093	34.134	34.175	34.216	34.257	34.297	34.338	34.379	34.42	34.46
830	34.501	34.542	34.582	34.623	34.664	34.704	34.745	34.786	34.826	34.867

续表

T/(℃)	0	1	2	3	4	5	6	7	8	9
840	34.908	34.948	34.989	35.029	35.07	35.11	35.151	35.192	35.232	35.273
850	35.313	35.354	35.394	35.435	35.475	35.516	35.556	35.596	35.637	35.677
860	35.718	35.758	35.798	35.839	35.879	35.92	35.96	36	36.041	36.081
870	36.121	36.162	36.202	36.242	36.282	36.323	36.363	36.403	36.443	36.484
880	36.524	36.564	36.604	36.644	36.685	36.725	36.765	36.805	36.845	36.885
890	36.925	36.965	37.006	37.046	37.086	37.126	37.166	37.206	37.246	37.286
900	37.326	37.366	37.406	37.446	37.486	37.526	37.566	37.606	37.646	37.686
910	37.725	37.765	37.805	37.845	37.885	37.925	37.965	38.005	38.044	38.084
920	38.124	38.164	38.204	38.243	38.283	38.323	38.363	38.402	38.442	38.482
930	38.522	38.561	38.601	38.641	38.68	38.72	38.76	38.799	38.839	38.878
940	38.918	38.958	38.997	39.037	39.076	39.116	39.155	39.195	39.235	39.274
950	39.314	39.353	39.393	39.432	39.471	39.511	39.55	39.59	39.629	39.669
960	39.708	39.747	39.787	39.826	39.866	39.905	39.944	39.984	40.023	40.062
970	40.101	40.141	40.18	40.219	40.259	40.298	40.337	40.376	40.415	40.455
980	40.494	40.533	40.572	40.611	40.651	40.69	40.729	40.768	40.807	40.846
990	40.885	40.924	40.963	41.002	41.042	41.081	41.12	41.159	41.198	41.237
1000	41.276	41.315	41.354	41.393	41.431	41.47	41.509	41.548	41.587	41.626
1010	41.665	41.704	41.743	41.781	41.82	41.859	41.898	41.937	41.976	42.014
1020	42.053	42.092	42.131	42.169	42.208	42.247	42.286	42.324	42.363	42.402
1030	42.44	42.479	42.518	42.556	42.595	42.633	42.672	42.711	42.749	42.788
1040	42.826	42.865	42.903	42.942	42.98	43.019	43.057	43.096	43.134	43.173
1050	43.211	43.25	43.288	43.327	43.365	43.403	43.442	43.48	43.518	43.557
1060	43.595	43.633	43.672	43.71	43.748	43.787	43.825	43.863	43.901	43.94
1070	43.978	44.016	44.054	44.092	44.13	44.169	44.207	44.245	44.283	44.321
1080	44.359	44.397	44.435	44.473	44.512	44.55	44.588	44.626	44.664	44.702
1090	44.74	44.778	44.816	44.853	44.891	44.929	44.967	45.005	45.043	45.081
1100	45.119	45.157	45.194	45.232	45.27	45.308	45.346	45.383	45.421	45.459
1110	45.497	45.534	45.572	45.61	45.647	45.685	45.723	45.76	45.798	45.836
1120	45.873	45.911	45.948	45.986	46.024	46.061	46.099	46.136	46.174	46.211
1130	46.249	46.286	46.324	46.361	46.398	46.436	46.473	46.511	46.548	46.585

续表

T/(℃)	0	1	2	3	4	5	6	7	8	9
1140	46.623	46.66	46.697	46.735	46.772	46.809	46.847	46.884	46.921	46.958
1150	46.995	47.033	47.07	47.107	47.144	47.181	47.218	47.256	47.293	47.33
1160	47.367	47.404	47.441	47.478	47.515	47.552	47.589	47.626	47.663	47.7
1170	47.737	47.774	47.811	47.848	47.884	47.921	47.958	47.995	48.032	48.069
1180	48.105	48.142	48.179	48.216	48.252	48.289	48.326	48.363	48.399	48.436
1190	48.473	48.509	48.546	48.582	48.619	48.656	48.692	48.729	48.765	48.802
1200	48.838	48.875	48.911	48.948	48.984	49.021	49.057	49.093	49.13	49.166
1210	49.202	49.239	49.275	49.311	49.348	49.384	49.42	49.456	49.493	49.529
1220	49.565	49.606	49.637	49.674	49.71	49.746	49.782	49.818	49.854	49.89
1230	49.926	49.962	49.998	50.034	50.07	50.106	50.142	50.178	50.214	50.25
1240	50.286	50.322	50.358	50.393	50.429	50.465	50.501	50.537	50.572	50.6089
1250	50.644	50.68	50.715	50.751	50.787	50.822	50.858	50.894	50.929	50.965
1260	51	51.036	51.071	51.107	51.142	51.178	51.213	51.249	51.284	51.32
1270	51.355	51.391	51.426	51.461	51.497	51.532	51.567	51.603	51.638	51.673
1280	51.708	51.744	51.779	51.814	51.849	51.885	51.92	51.955	51.99	52.025
1290	52.06	52.095	52.13	52.165	52.2	52.235	52.27	52.305	52.34	52.375
1300	52.41	52.445	52.48	52.515	52.55	52.585	52.62	52.654	52.689	52.724
1310	52.759	52.794	52.828	52.863	52.898	52.932	52.967	53.002	53.037	53.071
1320	53.106	53.14	53.175	53.21	53.244	53.279	53.313	53.348	53.382	53.417
1330	53.451	53.486	53.52	53.555	53.589	53.623	53.658	53.692	53.727	53.761
1340	53.795	53.83	53.864	53.898	53.932	53.967	54.001	54.035	54.069	54.104
1350	54.138	54.172	54.206	54.24	54.274	54.308	54.343	54.377	54.411	54.445
1360	54.479	54.513	54.547	54.581	54.615	54.649	54.683	54.717	54.751	54.785
1370	54.819	54.852	54.886							

附录 B　Pt100 热电阻分度表

温度/(℃)	0	−1	−2	−3	−4	−5	−6	−7	−8	−9
	电阻/Ω									
−200	18.52									
−190	22.83	22.40	21.97	21.54	21.11	20.68	20.25	19.82	19.38	18.95
−180	27.10	26.67	26.24	25.82	25.39	24.97	24.54	24.11	23.68	23.25
−170	31.34	30.91	30.49	30.07	29.64	29.22	28.80	28.37	27.95	27.52
−160	35.54	35.12	34.70	34.28	33.86	33.44	33.02	32.60	32.18	31.76
−150	39.72	39.31	38.89	38.47	38.05	37.64	37.22	36.80	36.38	35.96
−140	43.88	43.46	43.05	42.63	42.22	41.80	41.39	40.97	40.56	40.14
−130	48.00	47.59	47.18	46.77	46.36	45.94	45.53	45.12	44.70	44.29
−120	52.11	51.70	51.29	50.88	50.47	50.06	49.65	49.24	48.83	48.42
−110	56.19	55.79	55.38	54.97	54.56	54.15	53.75	53.34	52.93	52.52
−100	60.26	59.85	59.44	59.04	58.63	58.23	57.82	57.41	57.01	56.60
−90	64.30	63.90	63.49	63.09	62.68	62.28	61.88	61.47	61.07	60.66
−80	68.33	67.92	67.52	67.12	66.72	66.31	65.91	65.51	65.11	64.70
−70	72.33	71.93	71.53	71.13	70.73	70.33	69.93	69.53	69.13	68.73
−60	76.33	75.93	75.53	75.13	74.73	74.33	73.93	73.53	73.13	72.73
−50	80.31	79.91	79.51	79.11	78.72	78.32	77.92	77.52	77.12	76.73
−40	84.27	83.87	83.48	83.08	82.69	82.29	81.89	81.50	81.10	80.70
−30	88.22	87.83	87.43	87.04	86.64	86.25	85.85	85.46	85.06	84.67
−20	92.16	91.77	91.37	90.98	90.59	90.19	89.80	89.40	89.01	88.62
−10	96.09	95.69	95.30	94.91	94.52	94.12	93.73	93.34	92.95	92.55
0	100.00	99.61	99.22	98.83	98.44	98.04	97.65	97.26	96.87	96.48

温度/(℃)	0	1	2	3	4	5	6	7	8	9
	电阻/Ω									
0	100.00	100.39	100.78	101.17	101.56	101.95	102.34	102.73	103.12	103.51
10	103.90	104.29	104.68	105.07	105.46	105.85	106.24	106.63	107.02	107.40
20	107.79	108.18	108.57	108.96	109.35	109.73	110.12	110.51	110.90	111.29
30	111.67	112.06	112.45	112.83	113.22	113.61	114.00	114.38	114.77	115.15
40	115.54	115.93	116.31	116.70	117.08	117.47	117.86	118.24	118.63	119.01

续表

温度/(℃)	0	1	2	3	4	5	6	7	8	9
	电阻/Ω									
50	119.40	119.78	120.17	120.55	120.94	121.32	121.71	122.09	122.47	122.86
60	123.24	123.63	124.01	124.39	124.78	125.16	125.54	125.93	126.31	126.69
70	127.08	127.46	127.84	128.22	128.61	128.99	129.37	129.75	130.13	130.52
80	130.90	131.28	131.66	132.04	132.42	132.80	133.18	133.57	133.95	134.33
90	134.71	135.09	135.47	135.85	136.23	136.61	136.99	137.37	137.75	138.13
100	138.51	138.88	139.26	139.64	140.02	140.40	140.78	141.16	141.54	141.91
110	142.29	142.67	143.05	143.43	143.80	144.18	144.56	144.94	145.31	145.69
120	146.07	146.44	146.82	147.20	147.57	147.95	148.33	148.70	149.08	149.46
130	149.83	150.21	150.58	150.96	151.33	151.71	152.08	152.46	152.83	153.21
140	153.58	153.96	154.33	154.71	155.08	155.46	155.83	156.20	156.58	156.95
150	157.33	157.70	158.07	158.45	158.82	159.19	159.56	159.94	160.31	160.68
160	161.05	161.43	161.80	162.17	162.54	162.91	163.29	163.66	164.03	164.40
170	164.77	165.14	165.51	165.89	166.26	166.63	167.00	167.37	167.74	168.11
180	168.48	168.85	169.22	169.59	169.96	170.33	170.70	171.07	171.43	171.80
190	172.17	172.54	172.91	173.28	173.65	174.02	174.38	174.75	175.12	175.49
200	175.86	176.22	176.59	176.96	177.33	177.69	178.06	178.43	178.79	179.16
210	179.53	179.89	180.26	180.63	180.99	181.36	181.72	182.09	182.46	182.82
220	183.19	183.55	183.92	184.28	184.65	185.01	185.38	185.74	186.11	186.47
230	186.84	187.20	187.56	187.93	188.29	188.66	189.02	189.38	189.75	190.11
240	190.47	190.84	191.20	191.56	191.92	192.29	192.65	193.01	193.37	193.74
250	194.10	194.46	194.82	195.18	195.55	195.91	196.27	196.63	196.99	197.35
260	197.71	198.07	198.43	198.79	199.15	199.51	199.87	200.23	200.59	200.95
270	201.31	201.67	202.03	202.39	202.75	203.11	203.47	203.83	204.19	204.55
280	204.90	205.26	205.62	205.98	206.34	206.70	207.05	207.41	207.77	208.13
290	208.48	208.84	209.20	209.56	209.91	210.27	210.63	210.98	211.34	211.70
300	212.05	212.41	212.76	213.12	213.48	213.83	214.19	214.54	214.90	215.25
310	215.61	215.96	216.32	216.67	217.03	217.38	217.74	218.09	218.44	218.80
320	219.15	219.51	219.86	220.21	220.57	220.92	221.27	221.63	221.98	222.33
330	222.68	223.04	223.39	223.74	224.09	224.45	224.80	225.15	225.50	225.85
340	226.21	226.56	226.91	227.26	227.61	227.96	228.31	228.66	229.02	229.37

续表

温度/(℃)	0	1	2	3	4	5	6	7	8	9
	电阻/Ω									
350	229.72	230.07	230.42	230.77	231.12	231.47	231.82	232.17	232.52	232.87
360	233.21	233.56	233.91	234.26	234.61	234.96	235.31	235.66	236.00	236.35
370	236.70	237.05	237.40	237.74	238.09	238.44	238.79	239.13	239.48	239.83
380	240.18	240.52	240.87	241.22	241.56	241.91	242.26	242.60	242.95	243.29
390	243.64	243.99	244.33	244.68	245.02	245.37	245.71	246.06	246.40	246.75
400	247.09	247.44	247.78	248.13	248.47	248.81	249.16	249.50	245.85	250.19
410	250.53	250.88	251.22	251.56	251.91	252.25	252.59	252.93	253.28	253.62
420	253.96	254.30	254.65	254.99	255.33	255.67	256.01	256.35	256.70	257.04
430	257.38	257.72	258.06	258.40	258.74	259.08	259.42	259.76	260.10	260.44
440	260.78	261.12	261.46	261.80	262.14	262.48	262.82	263.16	263.50	263.84
450	264.18	264.52	264.86	265.20	265.53	265.87	266.21	266.55	266.89	267.22
460	267.56	267.90	268.24	268.57	268.91	269.25	269.59	269.92	270.26	270.60
470	270.93	271.27	271.61	271.94	272.28	272.61	272.95	273.29	273.62	273.96
480	274.29	274.63	274.96	275.30	275.63	275.97	276.30	276.64	276.97	277.31
490	277.64	277.98	278.31	278.64	278.98	279.31	279.64	279.98	280.31	280.64
500	280.98	281.31	281.64	281.98	282.31	282.64	282.97	283.31	283.64	283.97
510	284.30	284.63	284.97	285.30	285.63	285.96	286.29	286.62	286.85	287.29
520	287.62	287.95	288.28	288.61	288.94	289.27	289.60	289.93	290.26	290.59
530	290.92	291.25	291.58	291.91	292.24	292.56	292.89	293.22	293.55	293.88
540	294.21	294.54	294.86	295.19	295.52	295.85	296.18	296.50	296.83	297.16
550	297.49	297.81	298.14	298.47	298.80	299.12	299.45	299.78	300.10	300.43
560	300.75	301.08	301.41	301.73	302.06	302.38	302.71	303.03	303.36	303.69
570	304.01	304.34	304.66	304.98	305.31	305.63	305.96	306.28	306.61	306.93
580	307.25	307.58	307.90	308.23	308.55	308.87	309.20	309.52	309.84	310.16
590	310.49	310.81	311.13	311.45	311.78	312.10	312.42	312.74	313.06	313.39
600	313.71	314.03	314.35	314.67	314.99	315.31	315.64	315.96	316.28	316.60
610	316.92	317.24	317.56	317.88	318.20	318.52	318.84	319.16	319.48	319.80
620	320.12	320.43	320.75	321.07	321.39	321.71	322.03	322.35	322.67	322.98
630	323.30	323.62	323.94	324.26	324.57	324.89	325.21	325.53	325.84	326.16
640	326.48	326.79	327.11	327.43	327.74	328.06	328.38	328.69	329.01	329.32
650	329.64	329.96	330.27	330.59	330.90	331.22	331.53	331.85	332.16	332.48
660	332.79									

参考文献

[1] 郁有文,常建,程继红.传感器原理及工程应用[M].3版.西安:西安电子科技大学出版社,2008.
[2] 赵燕.传感器原理及应用[M].北京:北京大学出版社,2010.
[3] 夏银桥,吴亮,李莫.传感器技术及应用[M].武汉:华中科技大学出版社,2011.
[4] 胡向东.传感器与检测技术[M].2版.北京:机械工业出版社,2013.
[5] 王卫兵.传感器技术及其应用实例[M].2版.北京:机械工业出版社,2016.
[6] 吕俊芳,钱政,袁梅.传感器调理电路设计理论及应用[M].北京:北京航空航天大学出版社,2010.
[7] 王庆有.图像传感器应用技术[M].2版.北京:电子工业出版社,2013.
[8] 周杏鹏,孙永荣,仇国富.传感器与检测技术[M].北京:清华大学出版社,2010.
[9] 吴建平.传感器原理及应用[M].3版.北京:机械工业出版社,2016.
[10] 蒙彪,韦抒.自动检测技术[M].北京:北京理工大学出版社,2009.
[11] 梁森,欧阳三泰,王侃夫.自动检测技术及应用[M].2版.北京:机械工业出版社,2012.
[12] 余成波.传感器与自动检测技术[M].2版.北京:高等教育出版社,2009.
[13] 刘笃仁,韩保君,刘靳.传感器原理及应用技术[M].2版.西安:西安电子科技大学出版社,2009.
[14] 徐甲强,张全法,范福玲.传感器技术(下册)[M].哈尔滨:哈尔滨工业大学出版社.
[15] 王军,苏剑波,席裕庚.多传感器融合综述[J].数据采集与处理,2004,19(1).